普通高等教育"十二五"规划教材
中国科学院教材建设专家委员会规划教材

Visual FoxPro 程序设计实践

张高亮　主　编

谭华山　郑志华　蒋明宇　刘云杰　余　平　副主编

科学出版社

北　京

内 容 简 介

本书是针对《Visual FoxPro 程序设计》（张高亮主编，科学出版社出版）和全国高等学校非计算机专业学生计算机等级考试教学大纲要求编写的配套教材。

本书共分两篇，上篇是 Visual FoxPro 程序设计实验，包括 Visual FoxPro 语言基础、数据库与表操作、面向对象程序设计、表单操作、报表与菜单操作等共 20 个验证型和设计型实验，对读者学习和掌握相应知识与技能具有极大的帮助。下篇是例题分析及习题，以《Visual FoxPro 程序设计》内容为主轴，围绕相应知识要点进行讲解和练习，以利于对所学内容的掌握及巩固，同时有利于读者参加全国高等院校（各考区）非计算机专业学生计算机等级考试。本书最后还附有全国高等学校（重庆考区）非计算机专业学生计算机等级考试 VFP 笔试与上机考试试题。

本书内容丰富、文字通俗易懂，包含大量的上机操作实验、例题分析和丰富的习题内容。本书紧扣教学内容和教学大纲，内容取舍得当，既可作为各类高等院校的 Visual FoxPro 程序设计课程的学习指导用书，也可用作参加全国高等学校非计算机专业学生计算机等级考试的参考教材。

本书提供丰富的网络教学资源，请访问网站——计算机基础教学网站（http://jsjjc.cqnu.edu.cn）。

图书在版编目（CIP）数据

Visual FoxPro 程序设计实践 / 张高亮主编. —北京：科学出版社，2011

（普通高等教育"十二五"规划教材·中国科学院教材建设专家委员会规划教材）

ISBN 978-7-03-032844-1

Ⅰ.① V⋯ Ⅱ.①张⋯ Ⅲ.①关系数据库－数据库管理系统，Visual Foxpro－程序设计－高等学校－教材 Ⅳ.①TP311.138

中国版本图书馆 CIP 数据核字（2011）第 239339 号

责任编辑：吕燕新　李太铼　艾冬冬 / 责任校对：刘玉靖

责任印制：吕春珉 / 封面设计：耕者设计工作室

科 学 出 版 社 出版

北京东黄城根北街 16 号
邮政编码：100717
http://www.sciencep.com

天津翔远印刷有限公司印刷

科学出版社发行　各地新华书店经销

2012 年 2 月第 一 版　开本：787×1092 1/16
2019 年 1 月第七次印刷　印张：17 3/4
字数：400 000

定价：39.00元
（如有印刷质量问题，我社负责调换〈翔远〉）

销售部电话 010-62142126　编辑部电话 010-62138978-8220

前　　言

人类社会已迈入信息处理与知识经济时代，如何高效地进行信息处理是摆在人们面前的首要课题。数据是信息最形象、最直观的表现形式。现代社会对于信息的处理，直接体现为数据处理。数据库技术作为专门进行数据处理的技术，是研究如何科学、有效地组织数据，搜集、处理、检索和管理数据信息的有力工具。

Visual FoxPro 是一个集数据库技术与可视化程序设计为一体的小型关系数据库系统开发软件，在众多数据库系统软件中有着不可替代的作用，长期以来享有"大众数据库"的美誉。Visual FoxPro 系统具有操作界面友好、功能完善、简单易学，辅助开发工具丰富、便于实现快速开发应用系统等特点。它提供了交互式操作方式、支持面向过程和面向对象的可视化编程技术，为广大数据库开发人员提供了强有力的数据库技术支持，也为非计算机专业的计算机基础教学提供了一个非常优秀的数据库程序设计教学软件。

为使读者更好地理解和掌握 Visual FoxPro 系统的知识和技能，达到设计和开发小型数据库应用系统的能力，针对于《Visual FoxPro 程序设计》内容和全国高等院校非计算机专业学生计算机等级考试教学大纲要求，作者编写了本教材。

本书共分为两篇，上篇是 Visual FoxPro 程序设计实验，是根据教学内容精心组织和设计的 20 个实验项目，包括实验目的、实验内容和实验要求，有大量的操作性和设计性实验内容，对读者学习相应知识和掌握相应技能具有极大的帮助。下篇是 Visual FoxPro 例题讲解及习题内容，以《Visual Fox 程序设计》内容为主轴，围绕相应知识要点进行练习，以利于对所学内容的掌握及巩固，同时有利于读者参加全国高等学校非计算机专业学生计算机等级考试。本书还附有全国高等学校（重庆考区）非计算机专业学生计算机等级考试 VFP 笔试与上机考试试题。全书所有命令和程序均在 Visual FoxPro 6.0 系统中调试通过。

本书内容丰富、文字通俗易懂，包含大量的上机操作实验、例题分析和丰富的习题内容。本书紧扣教学内容和教学大纲，内容取舍得当，既可作为各类高等学校的 Visual FoxPro 程序设计课程的学习指导用书，也可用作参加全国高等学校非计算机专业学生计算机等级考试的参考教材。

本书上篇实验 1 和下篇练习 1 由郑志华编写，上篇实验 2～8、11～13 和下篇练习 2、练习 3、练习 6 及附录由张高亮编写，上篇实验 9、实验 10 和下篇练习 4、练习 5 由蒋明宇和余平编写，上篇实验 14～实验 17、实验 20 和下篇练习 7 由谭华山编写，上篇实验 18、实验 19 和下篇练习 8、练习 9 由刘云杰编写。全书由重庆师范大学的张高亮主编并负责组织、策划、统稿等工作。

本书在编写过程中，得到了重庆师范大学同仁和科学出版社的大力支持，在此表示最衷心的感谢！

由于编者水平有限，书中难免存在不足或疏漏之处，欢迎广大读者批评指正。

编　者

2011 年 11 月于重庆

目 录

上篇 VFP 程序设计实验

下篇　VFP 例题分析及习题

上篇

VFP 程序设计实验

实验 1　VFP 工作环境及项目管理器

1.1　实验目的

1）熟悉 VFP 窗口工作界面。
2）熟悉 VFP 中菜单系统、常用工具的使用。
3）熟练掌握 VFP 中工作环境设置方法。
4）掌握创建项目文件的方法、步骤。
5）认知和使用项目管理器。

1.2　实验内容

1. VFP 6.0 的启动及退出

启动 Visual FoxPro 6.0 常用方法有两种。

方法 1：双击 Windows 桌面上的 Visual FoxPro 6.0 图标 进入其工作界面。

方法 2：单击"开始"按钮，选择"所有程序"下的 Microsoft Visual FoxPro 6.0 选项，再选择 Microsoft Visual FoxPro 6.0 选项，则进入 VFP 系统的工作界面。

Visual FoxPro 6.0 系统使用完毕，可采用以下方法之一退出。

方法 1：选择"文件"菜单下的"退出"功能。

方法 2：单击 Visual FoxPro 6.0 窗口右上角的"关闭"按钮。

方法 3：在命令窗口中输入"QUIT"命令后按 Enter 键。

方法 4：按组合键 Alt+F4。

2. VFP 6.0 的工作界面

Visual FoxPro 6.0 主窗口界面如实验图 1.1 所示，主要构成及功能如下。

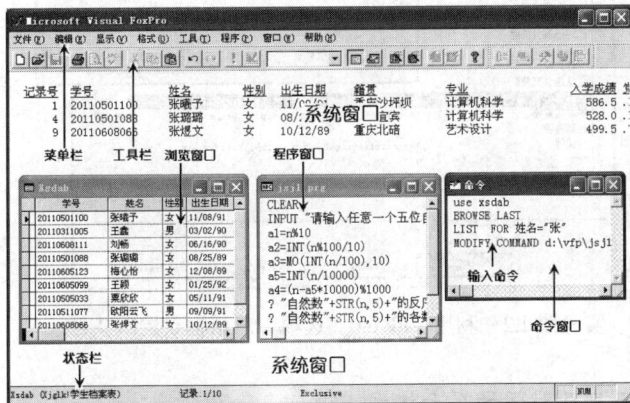

实验图 1.1　VFP 6.0 工作界面

系统窗口：显示命令执行结果或程序运行结果。

命令窗口：输入 VFP 系统命令、函数、变量等实现相应功能。

菜单栏：为用户操作 VFP 系统的功能。

工具栏：VFP 系统中常用命令的快捷操作方式。

浏览窗口：以浏览形式查看当前打开的数据表的内容。

程序窗口：供用户输入程序文件使用。

状态栏：用来显示当前操作的相应状态或结果。

3. 设置 VFP 中常用的工作环境

为了在 VFP 系统中操作更快捷方便，可以设置一个保存和打开文件的默认目录，每次直接从默认目录中存取文件，其菜单设置方法如下：

第 1 步，选择"工具"菜单中的"选项…"功能，打开"选项"对话框，单击"文件位置"选项卡，如图 1-2 所示。

第 2 步，单击文件类型列表框中的"默认目录"栏，再单击"修改…"命令按钮，则弹出"更改文件位置"对话框，如实验图 1.2 所示。

第 3 步，在"定位(L)默认目录"处的文本框中输入"D:\VFP"（可以是用户自己保存文件的其他目录路径），或单击文本框右边的"…"按钮，在弹出的"选择目录"对话框中选择存取文件的目录路径。

第 4 步，单击"更改文件位置"对话框中的"确定"按钮返回"选项"对话框。

第 5 步，单击"设置为默认值"按钮，再单击"确定"按钮，则默认目录设置完毕。

也可使用命令来设置默认目录。方法是：在命令窗口中输入并执行如下命令：

```
SET DEFAULT TO D:\VFP
```

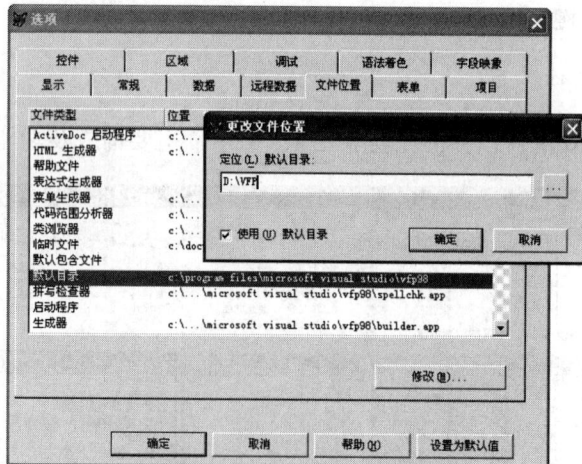

实验图 1.2　利用 VFP 6.0"选项"对话框设置默认目录

4. 设置系统日期及时间的显示格式

请参照以上方法，在"选项"对话框的"区域"选项卡中，设置系统日期及时间的显示格式。要求：

① 设置日期的中文显示格式为 yy/mm/dd（系统默认显示月/日/年）。

② 设置年份用 4 位显示（系统默认两位年份显示）。

提示

完成选择设置后须单击"选项"对话框中"设置为默认值"按钮，再单击"确定"按钮。

---

5. 创建项目文件

1）命令方式

在 VFP 命令窗口中输入并执行如下命令，则弹出"项目管理器"，如实验图 1.4 所示。

```
CREATE PROJECT 学生档案管理系统
```

2）菜单方式

第 1 步，选择"文件"菜单中的"新建"功能，弹出"新建"对话框，如实验图 1.3 所示。

第 2 步，在"文件类型"中选择"项目"选项，单击"新建文件"按钮，在弹出的"创建"对话框中指定项目文件的保存位置，比如 D:\VFP。

第 3 步，在"项目文件"文本框中输入文件名，比如"学生档案管理系统.pjx"，单击"保存"按钮，则弹出"项目管理器"，如实验图 1.4 所示。

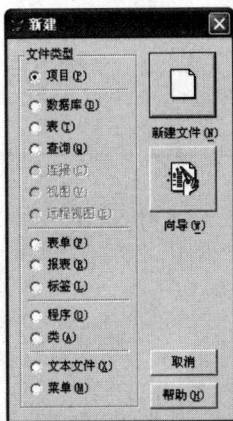

实验图 1.3 "新建"对话框   实验图 1.4 项目管理器

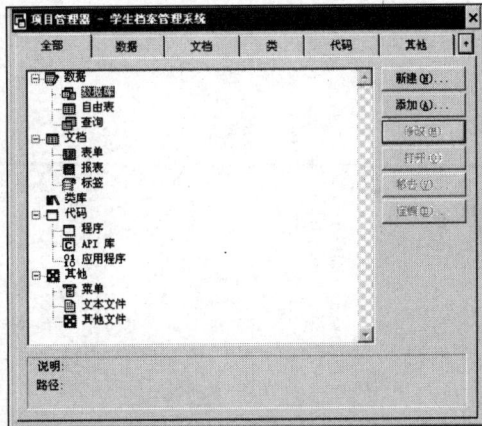

要打开已有的项目文件，可选择"文件"菜单中的"打开"功能实现，也可以在 VFP 命令窗口输入如下命令形式打开：

```
MODIFY PROJECT 学生档案管理系统
```

6. 项目管理器的使用

在项目管理器中，可以完成以下工作：

（1）建立、编辑、管理数据库文件。

（2）建立、浏览、编辑数据库表及自由表文件。

（3）建立、编辑、运行程序文件。

（4）建立、运行视图及查询文件。

（5）建立、编辑、管理、运行菜单文件。

（6）建立、编辑、管理、运行报表文件。

以上操作可以在后续学习中逐渐完成，请同学们参照《Visual FoxPro 程序设计》教材中"项目管理器"相关内容，完成项目管理器的移动、缩放、折叠、拆分操作，熟悉项目管理器中各选项卡及按钮的功能。

1.3　实验要求

请完成以下要求：

① 在"我的电脑"中，D 盘根目录下建立名称为"VFP"的子目录，在 VFP 环境中将其设置为今后操作的默认目录。

② 将 VFP 系统的显示日期格式设置为"年/月/日"（年份为 4 位）。

③ 建立一个名称为"学生档案管理系统.pjx"的空项目文件。

实验2 常量、变量及表达式

2.1 实验目的

1) 认识常量、变量掌握不同数据类型常量的表示方法。
2) 掌握内存变量的赋值、输出，区分常量与变量的不同。
3) 掌握数组的定义及赋值方法。
4) 掌握各类运算符的功能、运算规则以及运算优先顺序。
5) 理解表达式的概念、含义和书写方法。
6) 掌握各种类型表达式的计算方法、计算结果。
7) 学会使用输出命令输出常量、变量、数组、表达式的值及格式控制。

2.2 实验内容

1. 常量的含义、数据类型、表示方法及输出

在 VFP 命令窗口中，正确输入并执行以下系列命令。每执行一条命令，请仔细观察系统窗口中的显示结果（包括常量的值、显示位置等），并正确理解其含义。

> **提示**
>
> 在 VFP 命令窗口中，若某命令执行时出错，可将光标定位到该命令，改正错误之处后，按 Enter 键重新执行。对于每条命令，均可多次执行。

```
? 256                                    && 输出数值型常量
?? -88, 789.3456
? "Abc", 'Visual FoxPro 6.0',100          && 输出字符型常量
?? "I'm student!", [ China]
? '美丽的山城', "重庆" AT 20, [是我家，], "需要我们共同爱护她!" AT 25
? "今天的日期是: ",{^2011-10-01}           && 输出日期及时间型常量
?? "现在的时间是: ",{^2011-10-20 15:30:35}
SET CENTURY ON
? {^1988-06-5},DATE()
SET CENTURY OFF
? "逻辑真可表示为: ",.T.,.t.,.Y.,.y.
? "逻辑假可表示为: ",.F.,.f.,.N.,.n.
```

> **说明**
>
> ① 一条命令输入完毕，按 Enter 键则立即执行，若输入出错，可光标定位于该修改出错字符后，按 Enter 键再次执行，而不必重新输入整条命令。

② && 为注释内容，解释该命令的功能，用户输入命令时可以省略（不输入）。

③ 命令窗口中的标点符号必须使用英文方式输入，否则会发出错误警告并拒绝执行。

④ 在 VFP 系统中，英文字母只有出现在字符型常量中时，要区别大小写，其他情况均不区分大小写（即作用相同），比如，英文字母出现在变量名、表达式、文件名中。

⑤ 一个英文字符存储时占 1B（字节）、显示时占 1 个位置，而一个中文字符存储时占 2B、显示时占 2 个位置。

⑥ 每执行一条命令，应观察屏幕的输出结果，以便于正确学习和理解相应知识点。

2. 内存变量的含义、值、赋值和输出

在 VFP 命令窗口中，正确输入并执行以下系列命令。每执行一条命令，请仔细观察系统窗口中的显示结果，并正确理解其含义。

```
x=100                              && 一次只能给一个内存变量赋值
m1="重庆"
m2="大学城"
t={^2011-10-25 13:30:25}
store 12345.6789 to y,z            && 一次可给多个内存变量赋值
? x,y,z
? x,y,z at 21          && 请注意输出结果与上一条命令的区别，请分析原因
? m1,"我向往的地方",m1+m2 AT 21,"梦开始的地方！"
? "现在的时间是：",t
x="五个"
? x+m1                && 请注意变量 x 前后值的变化，体会"变"的真正含义
LIST MEMO                          && 滚动显示当前内存中各内存变量的值
DISP MEMO                          && 分屏显示当前内存中各内存变量的值
```

3. 数组的应用

在命令窗口中输入以下系列命令，建立两个数组变量 A 和 B，观察不同情况下数组中各个元素的赋值、数据类型和值的变化情况。

```
DIMENSION  a(5),b(2,4)
DISP MEMO LIKE a*                  && 显示字母 A 开头的内存变量
CLEAR                              && 清除屏幕（系统窗口）原有显示信息
a=10                              && 将数组 A 所有元素重新赋值为 10
m=2
a(1)="计算机"                      && 给数组元素赋值
a(m)=a(1)+ "程序设计"
b(1,1)=200
B(2,m)= "Computer"                 && 数组名的字母大小写等效
```

```
    b(m+3)=99                      && 通过一维数组形式引用二维数组元素
    b(7)=.T.
    ? a(1),a(2),a(3),a(4),a(5)     && 观察各数组元素值的变化
    ? b(1,1),b(1,2),b(1,3),b(4),b(5),b(2,2),b(2,3),b(8)
    ? b(2,5)                       && 观察为什么出错
    DISP MEMO                      && 观察所有内存变量的值
```

4. 变量的保存、清除及恢复

```
    SAVE TO temp1 ALL              && 将所有内存变量保存到文件 temp1.mem 中
    SAVE TO temp2 ALL LIKE a*.*
    RELEASE ALL                    && 清除当前内存中的所有内存变量
    ? x,m1,a(3),b(2,3)             && 看看这些变量在当前内存中是否还存在
    DISP MEMO LIKE m*              && 看看是否还有字母 m 开头的内存变量
    RESTORE FROM TEMP2             && 恢复内存变量文件 temp2.mem
    ? a(1),a(2),a(3),a(4),a(5)     && 看看这些变量是否恢复
```

5. 表达式的计算、输出

在 VFP 命令窗口中输入以下系列命令，观察其执行结果与你推算的是否一致，思考其中缘由。注意其数据类型及运算符的先后顺序。

```
    CLEAR                          && 清除屏幕（系统窗口）原有显示信息
    x=23
    k1=x+10
    k2=x*x-k1/3
    k3=x*3%7
    ? k1,k2,k3
    ? x%7,x%-7,-x%7,-x%-7          && 观察并分析显示结果
    s="计算  "
    t="机"
    ? s,t,s+t,s-t,"***"            && 观察并分析显示结果
    ? s+"    "+t,s+"    "-t+"***"  && 观察并分析显示结果
    ? 5>3,5<3,5<=3
    ?? s>t
    ? s="计算机",t="  机",s+t=s,s+t==s&& 显示结果：.F. .F. .T. .F. 请分析原因
    SET EXACT ON                   && 设置字符串精确比较
    ? s="计算机",t="  机",s+t=s,s+t==s&& 显示结果：.F. .F. .F. .F. 请分析原因
    SET EXACT OFF                  && 设置字符串模糊比较，系统默认为 OFF
    ? s$s+t,t$(s+t),s+t$s
    k="*"
    i="2"
```

```
a12=12
a22="计算机"
? 12&k.3, a1&i, a&i.2                          && 宏替换运算的使用
? {^2011-10-01}>{^2010-01-01}
? {^2011-01-01}+45, {^2011-01-01}-45
? {^2011-01-01}-{^2009-10-01}
SET CENTURY ON                                && 设置 4 位年份
SET MARK TO "-"                               && 设置分隔符为 "-"
SET DATE TO YMD                               && 设置为 "年/月/日" 格式
? {^2011-10-25}
SET CENTURY OFF                               && 还原为默认格式（2 位年份）
SET MARK TO                                   && 恢复系统默认的斜杠分隔符
SET DATE TO AMERICAN                          && 还原为默认格式 "月/日/年"
a=3
b=4
c=5
? a>=b+c AND b<=c                             && 逻辑运算符的使用
? a>=8 AND b>=8 AND c>=a
? a=10 OR b>=0 AND c=5
? a=10 OR b>=0 OR c=5
```

2.3 实验要求

请完成以下要求（上机前应事先写出命令序列）：

① 清屏，清除所有内存变量。

② 用赋值号 "=" 给变量 a、b、c、d、e 分别赋值为数值 10、字符串 "ABC   "、"重庆"、今天日期、逻辑真；用 STORE 命令给 x、y、z 均赋值为 10。

③ 换行输出 a、b、c、d、e、a*2、a**2 的值，换行输出 b+c、b−c 的值，不换行（当前行）输出 x、y、z 的值。

④ 输出变量 e 和字符串 "e" 的值，注意二者的区别。

⑤ 将以下代数式转换为 VFP 的合法表达式，输出其结果。

$$1+\frac{1}{2}+\frac{1}{3}+\frac{1}{4}+\frac{1}{5}$$

$$a^3+\frac{\dfrac{x^2}{y}-10}{x+\sqrt{xy+y}}+\frac{x}{\dfrac{y}{2}} \quad （假设 x=3.3，y=8）$$

实验 3 常用函数使用

3.1 实验目的

1）体会函数的三要素，即函数名、函数值、数据类型。
2）掌握常用函数的格式和参数的含义。
3）初步掌握常用函数的功能及用法。
4）学会灵活运用函数解决一些基本问题。

3.2 实验内容

在 VFP 系统中，通过以下操作，先体会各类函数的格式及功能。注意函数格式、函数参数的选用及对应的数据类型、函数值及数据类型、表达式的值及数据类型。然后，根据实际问题的需要，运用所学的常量、变量、运算符、函数、表达式等有关知识，解决提出的问题。

> **提示**
>
> 正确的学习方法是：上机操作前，应该先考虑各条命令的作用，推算并写出其运算结果，然后在 VFP 命令窗口中输入以下命令，观察其执行结果与你推算的结果是否一致，思考其中缘由。

在命令窗口中，正确输入并执行以下系列命令。每执行一条命令，请仔细观察系统窗口中的显示结果，并正确理解其含义。

1. 常用数值处理函数

```
m=100
n=345.678
? ABS(-m),ABS(m),SQRT(n),SIGN(-n)
? LOG(m),LOG10(n)
? EXP(3),MAX(m,n,100),MIN(m,n,100)
? INT(n),INT(-n),INT(m/3)
? MOD(n,m),MOD(n,-m),n%m
? ROUND(n,2),INT(n*100+0.5)/100
=RAND(-1)                        && 随机函数初始化
? RAND()                         && 随机产生一个 0~1 的纯小数，请多次执行
? INT(100+RAND()*900)            && 随机产生一个三位自然数，请多次执行
a=100+INT(RAND()*900)
b=100+INT(RAND()*900)
? a,b,a+b                        && 观察系统窗口显示结果
```

***** 以下 8 行命令序列为：输入任一五位自然数，反序输出及按位求和。请重复执行 3 次，输入 56378、80234、12915 三个五位数，看看显示结果是否符合要求？*****

```
INPUT "请输入任意一个五位自然数：" TO n      && 键盘输入任一五位自然数
a1=n%10
a5=INT(n/10000)
a2=INT(n%100/10)
a3=MOD(INT(n/100),10)
a4=INT((n-a5*10000)/1000)
? "自然数"+STR(n,5)+"的反序数为：", a1*10000+a2*1000+a3*100+a4*10+a5
?? "自然数"+STR(n,5)+"的各数位之和为：",a1+a2+a3+a4+a5
```

2. 常用字符处理函数

```
_SCREEN.FONTSIZE=16                           && 设置屏幕显示字号
STORE "My Computer" TO c
? LEN(c)
a="宜居重庆、畅通重庆、森林重庆、平安重庆和健康重庆"
t=SUBSTR(a,5,4)
? SUBSTR(c,4,8)
? REPL("*",10)+"五个"+t FONT "隶书",20 style 'BI' AT 6
                          && 设置当前显示字符的字体、字号、字型
?? LEFT(a,4)+" "+SUBSTR(a,11,4) +" " FONT "隶书",20 style 'BI'
?? SUBSTR(a,21,4) +" "+SUBSTR(a,31,4) FONT "隶书",20 style 'BI'
?? " "+LEFT(RIGHT(a,8),4)+REPL("*",10) FONT "隶书",20 style 'BI'
? AT(t,a), AT(t,a,3), AT(a,t)
? REPL("*",5)+STUFF(LEFT(a,8),1,4,"五个")+REPL("*",5)
_SCREEN.FONTSIZE=12
```

3. 常用日期和时间函数

```
? DATE(),TIME(),DATETIME()
d=date()
t=datetime()
? YEAR(d),MONTH(d),DAY(d)
? hour(t),minute(t),sec(t)
? dow(d),cdow(d)
```

4. 常用数据类型转换函数

```
STORE 188.456 TO s
? "s="+STR(s,8,2),STR(-s,9,3),STR(-s,3),STR(s,6),STR(s)
? VAL("Computer"),VAL("-255.3abc"), VAL("12.3e2abc")
```

```
? "内存变量 s 的值为",s
? "内存变量 s 的值为",alltrim(str(s))    && 请注意与上一行命令的区别, 作
                                        用是控制格式

? "内存变量 s 的值为"+alltrim(str(s))
? LOWER("Computer"),UPPER("Computer")
? CTOD("10/20/11")+30
? "今天的日期是: "+DTOC(DATE())
? "今年是"+RIGHT(DTOC(DATE()),2)+"年!"
? "今年是"+LEFT(DTOC(DATE(),1),4)+"年!"
```

*** 以下 10 行命令序列是利用字符串处理及转换函数实现: 输入任一五位自然数, 反序输出及按位求和。请仍然输入 56378、80234、12915, 与之前显示结果对比*******

```
CLEAR
INPUT "请输入任一个五位自然数: " TO x
k=ALLTRIM(STR(x))
a1=SUBSTR(k,1,1)
a2=SUBSTR(k,2,1)
a3=SUBSTR(k,3,1)
a4=SUBSTR(k,4,1)
a5=SUBSTR(k,5,1)
? "自然数"+k+"的反序数为: ",VAL(a5+a4+a3+a2+a1)
? "自然数"+k+"各数位之和为: ",STR(VAL(a1)+VAL(a2)+VAL(a3)+VAL(a4)+
VAL(a5))
```

5. 测试函数及系统对话框函数

```
m=89
a="VFP"
c=3>5
? VARTYPE(m), VARTYPE(c), VARTYPE(a), VARTYPE(date())
? "自然数"+ALLTRIM(STR(m))
?? IIF(m%2=0,"是偶数! ","是奇数! ")
k=INT(RAND()*1000)
? "自然数"+ALLTRIM(STR(m))
?? IIF(m%2=0,"是偶数! ","是奇数! ")
```

*** 请将以上 3 行命令序列重复执行多次, 观察得到的不同显示结果 *******

```
MESSAGEBOX("排序后的学生成绩表已生成! ",0+48,"学生成绩数据")
yes= MESSAGEBOX("是否删除成绩为不及格记录?",4+32,"成绩数据")
? yes
y=GETFONT()
? y
```

```
GETCOLOR()
k=GETFONT()
? k
```

3.3 实验要求

请完成以下要求（上机前应事先写出命令序列）：

① 随机产生 1 个 100 以内的自然数，判断其奇偶性。要求至少实现 5 次。

② 随机产生 1 个 100~500 之间的自然数，判断是否含有数字 7。要求用两种方法分别实现，至少操作 5 次。

③ 利用 IIF 和 RAND 函数实现：随机产生 1 个 4 位自然数，作为年份判断是否是闰年。要求至少实现 5 次。

实验 4 建立自由表

4.1 实验目的

1）理解数据表的设计。
2）掌握数据表结构的建立方法。
3）掌握数据表中数据输入的方法，包括备注字段和通用字段。

4.2 实验内容

请使用"表设计器"新建一个自由表——学生档案表 xsdab.dbf，表结构如实验表 4.1 所示，表数据如实验表 4.2 所示。

实验表 4.1 学生档案表 xsdab.dbf 的结构设计

字段名	类 型	宽 度	小数位	字段名	类 型	宽 度	小数位
学号	字符型（C）	11		专业	字符型（C）	12	
姓名	字符型（C）	8		入学成绩	数值型（N）	6	
性别	字符型（C）	2	1	党员否	逻辑型（L）	1	1
出生日期	日期型（D）	8		照片	通用型（G）	4	
籍贯	字符型（C）	10		简历	备注型（M）	4	

实验表 4.2 学生档案表 xsdab.dbf

学 号	姓 名	性别	出生日期	籍 贯	专 业	入学成绩	党员否
20110501100	张曦予	女	1991-11-8	重庆沙坪坝	计算机科学	586.5	.F.
20110311005	王鑫	男	1990-3-2	云南昆明	汉语言文学	575.6	.T.
20110608111	刘畅	女	1990-6-16	重庆渝北	艺术设计	489.5	.F.
20110501088	张璐璐	女	1989-8-25	四川宜宾	计算机科学	528	.F.
20110605123	梅心怡	女	1989-12-8	广西桂林	艺术设计	500.8	.F.
20110605099	王颖	女	1992-1-25	山东青岛	艺术设计	485.2	.T.
20110505033	粟欣欣	女	1991-5-11	云南丽江	计算机科学	515	.F.
20110511077	欧阳云飞	男	1991-9-9	四川广安	计算机科学	536.7	.T.
20110608066	张煜文	女	1989-10-12	重庆北碚	艺术设计	499.5	.T.
20110501025	施佳明	男	1990-4-26	湖北襄樊	计算机科学	543.6	.F.

说明

为了今后操作方便，我们将使用默认目录。请先在 D 盘根目录建立一个名为 VFP 的目录，然后，在 VFP 系统中，使用实验 1 介绍的方法，将"D:\VFP"设置为今后操作的默认目录，使得操作时省略路径，自动将所有文件均保存在该目录中。

操作步骤如下。

第 1 步：选择"文件"菜单下的"新建"功能，在弹出的"新建"对话框中选择文件类型为"表"选项，如实验图 4.1 所示，单击"新建文件"按钮，弹出"创建"对话框，将文件保存在已建好的"D:\VFP"文件夹下，表文件名为 xsdab.dbf，如实验图 4.2 所示。

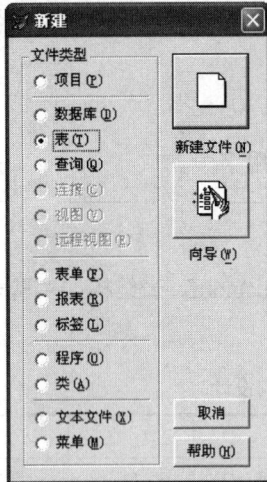

实验图 4.1 "新建"对话框   实验图 4.2 "创建"对话框

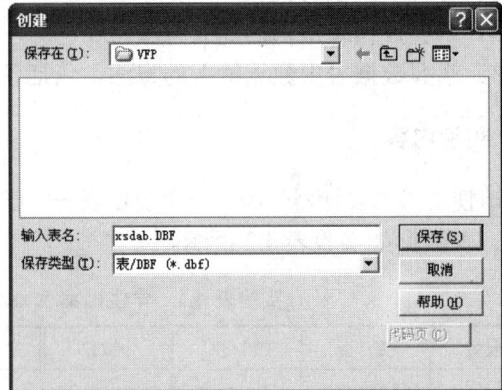

第 2 步：单击"保存"按钮，则打开"表设计器"，按学生档案表 xsdab.dbf 的结构要求，依次正确输入或选择各字段的名称、类型及宽度，如实验图 4.3 所示。

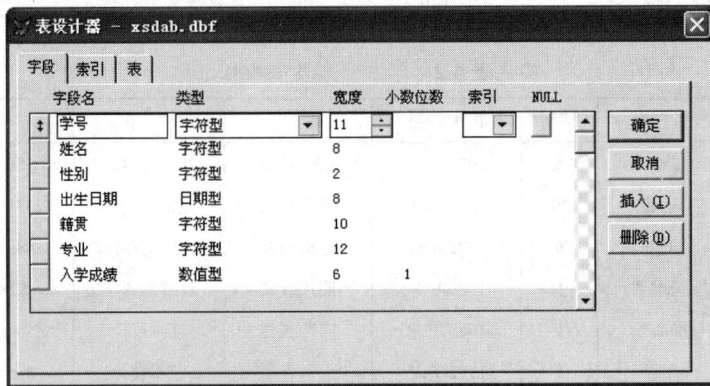

实验图 4.3 "表设计器"对话框

第 3 步：单击"确定"按钮，完成表结构的设计。将弹出"是否输入记录"对话框，单击"是"按钮。

第 4 步：进入录入数据的编辑窗口，按实验表 4.2 中记录数据的顺序，依次录入所有数据，如实验图 4.4 所示。

各记录按字段顺序依次输入实验表 4.2 中的对应数据。输入每条记录的通用型字段数据时，可双击其 Gen，弹出"xsdab.照片"窗口，然后通过剪贴板粘贴图形，或选择"编辑"菜单下的"插入对象…"功能建立对象，单击窗口的"关闭"按钮保存；输入备注型字段数据时，双击其 Memo，弹出"xsdab.简历"窗口，在此窗口中输入备注信息，单击窗口的"关闭"按钮保存，如实验图 4.4 所示。

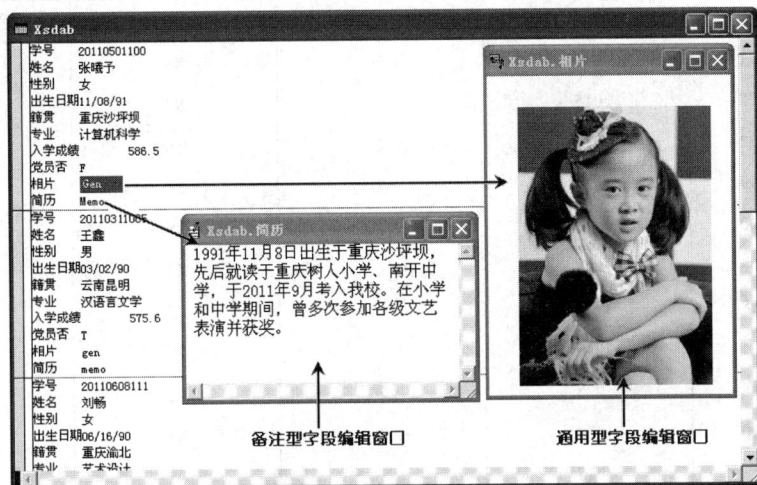

备注型字段编辑窗口　　通用型字段编辑窗口

实验图 4.4　数据录入窗口

第 5 步：所条记录的数据输入完毕，单击编辑窗口的"关闭"按钮保存数据表文件。

请采用同样的方法，建立课程表 kcb.dbf、学生成绩表 cjb.dbf 和奖学金表 jxj_1.dbf，表结构及数据如实验表 4.3、实验表 4.4 和实验表 4.5 所示。

说明

① 各表表头中的"学号/C/11"表示含义为：字段名称、类型、宽度；

② 奖学金表 jxj_1.dbf 中的"成绩平均分"、"总评分"和"奖学金等级"数据现在不录入，留待今后操作时使用替换命令 REPLACE 完成。

实验表 4.3　课程表 kcb.dbf

课程代码/C/3	课程名称/C/20	学时/N/3	学分/N/2
010	大学计算机基础	72	3
015	大学英语	240	10
008	大学语文	80	4
025	程序设计	108	5

实验表 4.4　学生成绩表 cjb.dbf

学号/C/11	课程代码/C/3	学期/C/2	成绩/N/6/1	重考成绩/N/6/1
20110501100	010	1	95	0
20110311005	015	1	45	66
20110501088	010	1	86	0

续表

学号/C/11	课程代码/C/3	学期/C/2	成绩/N/6/1	重考成绩/N/6/1
20110608111	010	1	88	0
20110501100	015	1	90	0
20110505033	025	2	56	72
20110605099	008	2	50	75
20110501100	008	2	88	0
20110311005	008	2	78	0
20110501088	015	1	75	0
20110311005	010	1	77	0
20110501088	025	2	80	0
20110501100	025	2	87	0
20110608111	015	1	85	0
20110605099	025	2	66	0
20110605123	010	1	85	0
20110511077	015	1	56	75
20110608066	008	2	85	0
20110501025	010	1	77	0

实验表 4.5　奖学金表 jxj_1.dbf

学号/C/11	姓名/C/8	成绩平均分 /N/5/1	社会活动分 /N/5/1	获奖加分 /N/5/1	总评分 /N/5/1	奖学金等级 /C/6
20110501100	张曦予		95	90		
20110311005	王鑫		70	70		
20110608111	刘畅		85	80		
20110501088	张璐璐		85	80		
20110605123	梅心怡		70	70		
20110605099	王颖		85	80		
20110505033	粟欣欣		70	60		
20110511077	欧阳云飞		90	70		
20110608066	张煜文		80	80		
20110501025	施佳明		80	70		

4.3　实验要求

请正确建立本实验中的 4 张数据表，供今后操作使用。

实验 5   数据表的基本操作 1

5.1   实验目的

1）掌握数据表打开、关闭的基本方法。

2）掌握浏览数据表的操作方法。

3）掌握记录指针定位的操作方法。

4）掌握记录的增加、删除和修改的操作方法。

5）掌握数据表结构复制、记录复制以及数据表结构修改的操作方法。

5.2   实验内容

在命令窗口中，正确输入并执行以下各部分的命令。每执行一条命令，请注意观察显示结果，并正确理解其含义。

1. 数据表的打开、关闭、记录指针定位及浏览操作

> **说明**
>
> ① 在 VFP 系统命令窗口中，输入命令难免会出错。由于 VFP 系统对于命令窗口中输入的命令具有记忆功能，若出现这种情形，可将光标（插入点）定位于出错位置进行修改，该命令正确部分不必重新输入，改错完毕按 Enter 键即重新执行该命令；
>
> ② 对于数据表的操作，一条命令可多次执行。对于某些命令，若再次执行，可能结果会发生变化，请特别注意当前的操作状态和每条命令的不同功能。比如，假设一个数据表的当前记录为第 2 条记录，执行 LIST NEXT 2 命令后，记录指针已指向第 3 条，再执行该命令，显示内容就不同了；
>
> ③ 命令中以符号 &&、* 开头的部分为注释内容，不必输入。

```
USE xsdab              && 打开学生档案表文件，默认首记录为当前记录
DISP                   && 在 VFP 系统窗口中只显示第 1 条记录内容
LIST                   && 在系统窗口中显示所有记录，如实验图 5.1 所示
```

实验图 5.1   用 LIST 命令在系统窗口中的显示结果

```
BROWSE                              && 以浏览窗口显示所有记录, 如实验图 5.2 所示
```

实验图 5.2 用 BROWSE 命令看到的浏览结果

```
USE cjb                            && 打开成绩表文件, 自动关闭学生档案表
BROWSE
USE kcb                            && 打开课程表文件, 自动关闭成绩表
BROWSE
USE jxj_1                          && 打开奖学金表文件, 自动关闭课程表
BROWSE
CLEAR
USE xsdab                          && 重新打开学生档案表件
LIST NEXT 3                        && 在 VFP 系统窗口中显示前 3 条记录内容
DISP                               && 显示当前记录 (即第 3 条记录) 内容
GO 5                               && 将第 5 条记录置为当前记录
SKIP 3                             && 记录指针移动到第 8 条记录
DISP                               && 显示当前记录即第 8 条记录内容
SKIP                               && 记录指针移动到下一条 (即第 9 条) 记录
DISP                               && 显示当前记录即第 9 条记录内容
? bof(),eof(),recno()             && 显示当前记录号、是否文件结束、文件开始
GO top
? bof(),eof(),recno()
SKIP -1
? bof(),eof(),recno()
GO bottom
? bof(),eof(),recno()
SKIP
? bof(),eof(),recno()
? 学号,姓名,出生日期,专业             && 显示当前记录各字段名变量的值
LIST FOR 姓名="张" OR 专业="计算机"
                                   && 显示姓张的或专业为计算机科学的所有记录
LIST FOR 姓名="张" AND 专业="计算机"
```

```
                              && 显示姓张的且专业为计算机科学的所有记录
LIST  FOR 出生日期>={^1990-01-01} AND 入学成绩>=500
                     && 显示 1990 年以后出生的且入学成绩在 500 分以上的记录内容
GO 5
LIST REST OFF FOR 党员否  FIELDS 学号,姓名,性别,出生日期,党员否
                     && 显示 5 号记录以后的党员的指定字段内容，不显示记录号
USE
```

2. 数据表结构的修改、复制及表记录的复制操作

```
USE xsdab
MODI STRU                         && 打开表设计器，可修改表结构
COPY STRU TO xsdab1 FIELDS 学号,姓名,性别,出生日期,专业,籍贯
USE xsdab1
LIST STRU                         && 在 VFP 系统窗口中显示表结构
USE xsdab
COPY TO xsdab2                     && 复制档案表所有记录生成新表 xsdab2.dbf
COPY TO xsdab3 FOR "6"$学号
                     && 复制学号中含有 6 的记录生成新表 xsdab3.dbf
COPY TO xsdab4 FOR RIGHT(学号,1)= "3"
                     && 复制学号中尾数为 3 的记录生成新表 xsdab4.dbf
COPY TO xsdab5 FOR 性别="女" FIELDS 姓名,性别,专业,出生日期
                     && 复制性别为女的记录的指定字段生成新表 xsdab5.dbf
USE xsdab2
LIST
USE xsdab3
BROWSE
USE xsdab4
BROWSE
USE xsdab5
BROWSE
CLOSE ALL
USE
```

3. 表记录数据的替换操作

```
*** 请特别注意替换命令的使用 ***
USE xsdab2
REPLACE ALL 入学成绩 WITH 入学成绩*1.1
         &&将刚才复制生成的表 xsdab.dbf 中所有学生的入学成绩增加 10%
BROWSE
```

```
REPLACE 姓名 WITH ALLTRIM(姓名)+"鑫"   FOR 姓名="王鑫"
                              &&修改表 xsdab.dbf 中某学生的姓名
REPLACE 学号 WITH STUFF(学号,5,2,"88")   FOR 专业="计算机科学"
                              &&将计算机科学专业学生学号的专业代码修改为 88
BROWSE
USE
```

4. 表记录的增加、删除和修改的操作

```
USE xsdab2
REPLACE ALL 入学成绩 WITH 入学成绩/1.1
REPLACE 学号 WITH STUFF(学号,5,2,"05")   FOR 专业="计算机科学"
*** 上面 2 条命令为还原刚才修改的数据 ***
APPEND                       && 弹出表记录编辑窗口，在表末尾追回记录
USE cjb
USE xsdab
GO 9
SCATTER TO k                 && 将当前记录的字段值传送到一个数组
? k(1),k(2),k(3),k(6),k(7)   && 将数组元素的值
DIMENSION  m(6)              && 定义一个数组
m(1)="20110501555"
m(2)="慕容菲菲"
m(4)={^1991-05-11}
m(5)="计算机科学"
APPEND BLANK                 && 在表尾追加一条空白记录
GATHER FROM m                && 将数组 m 各元素值传送到空白记录中
BROWSE                       && 浏览效果如实验图 5.3 所示
```

实验图 5.3　数组数据传送到表当前记录的效果

```
USE xsdab2
DELETE ALL FOR 入学成绩<500   && 逻辑删除入学成绩 500 分以下记录
BROWSE                       && 浏览结果如实验图 5.4 所示
```

实验图5.4　对满足条件的记录进行逻辑删除后的结果

```
DELETE ALL FOR NOT 党员否           && 逻辑删除非党员的所有记录
BROWSE

PACK                               && 物理删除带删除标记的所有记录
USE xsdab4

ZAP                                && 清空表 xsdab4.dbf

BROWSE                             && 浏览表，只有一个空结构，没有记录

CLOSE ALL
```

5.3　实验要求

请按以下要求进行操作（请上机前写出命令序列）：

① 先备份，建立名为 zgxsdab.dbf 文件。

② 对表 zgxsdab.dbf 完成以下操作：

- 显示 1991 年以后出生的所有记录。
- 显示女生中年龄为 21 和 22 岁的记录。
- 复制非党员的所有记录，生成一个新的表文件，文件名为 zgfdy.dbf。
- 复制 1990 以后出生的所有记录到新表文件 gz1990.dbf 中，要求只包含姓名、性别、出生日期、籍贯、专业字段。
- 将所有记录的入学成绩加 10 分。
- 在第 5 条记录之后插入一条新记录，对应各字段数据自定。

实验 6　数据表的基本操作 2

6.1　实验目的

1）掌握数据表记录的物理排序操作方法。
2）理解索引的概念，掌握建立索引的操作方法。
3）掌握数据表中记录进行查询的方法。
4）掌握对数据表进行统计计算的操作方法。

6.1　实验内容

在命令窗口中，正确输入并执行以下各部分的命令。每执行一条命令，请注意观察
显示结果，并正确理解其含义。

1.　数据表的物理排序操作

```
USE xsdab
SORT TO pxsjb ON 专业/D,学号/A
        && 按专业降序排序，专业相同时按学号升序排序生成新表 pxsjb.dbf
USE pxsjb                              && 打开产生的排序新表
BROWSE
```

2.　数据表的索引操作

```
USE xsdab
INDEX ON 学号 TO xhdab              && 按学号升序建立单索引
LIST
```
*** 所有的非党员记录按专业升序，专业相同时按出生日期升序建立单索引文件 ***
```
INDEX ON 专业+DTOC(出生日期,1) TO zycsrq FOR !党员否
        && 所有非党员记录按专业升序，专业相同时按出生日期升序建立单索引
LIST
CLEAR                                  && 清除系统窗口中原来显示内容
USE xsdab
INDEX ON 专业+STR(100-(YEAR(DATE())-YEAR(出生日期)),2)+学号 TAG
zyrqxh        && 所有的记录按专业升序、年龄降序、学号升序建立结构复合索引
clear
LIST
disp
go top
disp
```

```
go 1
disp
skip
disp
go bottom
disp            && 以上 10 行命令执行结果如实验图 6.1 所示，请注意每条命令功能
CLOSE  ALL              && 关闭所有的数据表
USE xsdab INDEX xhdab    && 打开表及索引，xhdab.idx 自动成主控索引
LIST
SET INDEX TO zycsrq      && 打开 zycsrq.idx 索引文件，设置为主控索引
LIST
SET ORDER TO zyrqxh && 设置 xsdab.cdx 的索引标识 zyrqxh 为主控索引
LIST
USE
```

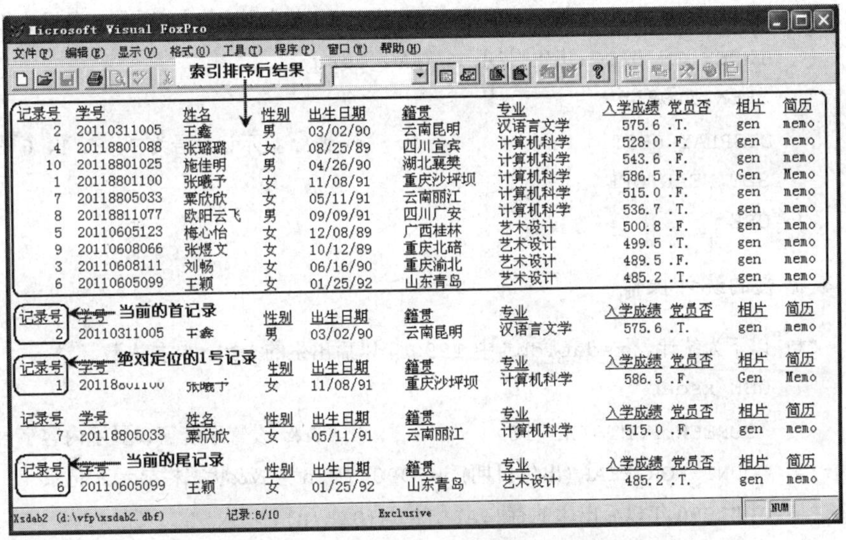

实验图 6.1　索引后的显示及记录定位效果图

3.　数据表的查询操作

*** 以下为在学生档案表 xsdab.dbf 中找出艺术设计专业的前 3 位学生记录 ***

```
CLEAR
USE xsdab
LOCATE FOR 专业="艺术设计"
DISPLAY                  && 显示记录号为 3 的"刘畅"的各项信息
? RECNO(),FOUND(),EOF()
CONTINUE
DISPLAY                  && 显示记录号为 5 的"梅心怡"的各项信息
```

```
? RECNO(),FOUND(),EOF()
CONTINUE
DISPLAY                               && 显示记录号为 6 的"王颖"的各项信息
? RECNO(),FOUND(),EOF()
USE xsdab
INDEX ON 姓名 TAG xm                  && 按姓名建立结构复合索引
FIND 张                              && 索引查询姓张的首记录
LIST WHILE 姓名="张"                  && 显示姓张的所有记录（3 条）
INDEX ON RIGHT(学号,2) +性别 TAG xhxb
SEEK "88"+"女"                        && 按表达式值进行索引查询
c="学号尾数为 88 的女学生记录！"
? IIF(FOUND(),"有"+c,"没有"+c)      && 显示有无满足条件的提示信息
DISPLAY
SET NEAR ON
```

*** 当找不到满足条件记录时,记录指针将定位于索引值大于查找内容的第 1 条记录（升序） ***

```
INDEX ON DTOC(出生日期,1) TAG csrq
SEEK "1991"
DISPLAY REST                          && 显示记录号为 7、8、1、6 的各项信息
SET NEAR OFF
USE
```

4. 数据表的统计操作

*** 以下为统计表 xsdab.dbf 中 1990 年以后出生的人数、党员人数 ***

```
USE xsdab
_SCREEN.FONTSIZE=16                   && 设置系统窗口显示内容字号为 14 磅
COUNT FOR YEAR(出生日期)>=1990 TO n   && 状态栏显示 8 记录
? "1990 年以后出生的有"+ALLTRIM(STR(n))+"人！"
COUNT TO m FOR 党员否
? "总共有", m, "个党员！"
```

*** 以下为按入学成绩求和；计算机科学专业学生按年龄求和入学成绩求和 ***

```
SUM
SET TALK OFF
SUM YEAR(DATE())-YEAR(出生日期),入学成绩 TO a,b FOR 专业="计算机"
? "计算机科学专业学生年龄之和为："+ALLTRIM(STR(a))
? "计算机科学专业学生入学成绩总和为："+LTRIM(STR(b))
SET TALK ON
```

*** 以下为按入学成绩求平均；计算机科学专业学生按年龄求入学成绩求平均值 ***

```
AVERAGE
SET TALK OFF
```

```
AVER YEAR(DATE())-YEAR(出生日期),入学成绩 TO pa,pb FOR 专业="计算机"
? "计算机科学专业学生平均年龄为："+ALLTRIM(STR(pa))
? "计算机科学专业学生入学成绩平均为："+LTRIM(STR(pb))
SET TALK ON
```

*** 以下为求入学成绩的最高分、最低分、平均分、总和；求女学生入学成绩最高分、最低分、平均分、总和 ***

```
k="入学成绩"
? "入学成绩各项值：" FONT "楷体",20 STYLE "BI"
                              && 设置当前显示内容的字体、字号和字型
CALCULATE MAX(&k),MIN(&k),AVG(&k),SUM(&k)
? "女生入学成绩的各项值：" FONT "隶书",20
SET TALK OFF
CALC MAX(&k),MIN(&k),AVG(&k),SUM(&k) FOR 性别="女" TO m1,m2,m3,m4
?"最高分:"+ALLTRIM(STR(m1,10,2)),"最低分:"+ALLTRIM(STR(m2,10,2)),
"平均分:"+ALLTRIM(STR(m3,10,2)), "总和:"+ALLTRIM(STR(m4,10,2))
SET TALK ON
```

*** 以下为按专业进行分类汇总，生成汇总表文件 zyhz.dbf ***

```
INDEX ON 专业 TAG zy
TOTAL TO zyhz ON 专业
USE zyhz
BROWSE
CLOSE ALL
```

6.3　实验要求

对于学生档案表 xsdab.dbf，按以下要求进行操作（请上机前写出命令序列）：

① 按专业建立单索引文件 zydab.idx，按性别升序、出生日期降序建立结构复合索引，索引标识为 xbrq。在系统窗口中分别显示建立索引后的所有记录。

② 顺序查找：所有年龄小于 22 岁的学生记录，显示查找结果。

③ 结构复合索引查找：查找性别为女、专业代码为"05"的所有记录，显示查找结果。

对于学生成绩表 cjb.dbf，按以下要求进行操作。

① 成绩在 80 分以上记录进行降序排序，生成一个新的表文件 pxcjb.dbf，要求只有学号、课程代码、学期、成绩字段。浏览新的表文件内容。

② 求专业代码为"05"的所有记录的成绩的总和、平均值。

实验7 多表操作

7.1 实验目的

1）理解工作区的概念。
2）掌握选择工作区的命令。
3）掌握数据表之间的关联及多表操作。

7.2 实验内容

在命令窗口中正确输入并执行以下命令。请注意观察显示结果,并正确理解其含义。

1. 多工作区操作

```
SELECT 1
USE xsdab
GO 5
DISP
SELECT B
USE cjb
SKIP 2
DISP
SELECT 0
USE kcb
LIST
SELECT 4
USE jxj_1
LIST
SELECT 1
? 学号, xsdab.姓名, 专业, b.学期, cjb.课程代码, cjb->成绩, d.社会活动分
```

2. 表间的关联及多表操作

*** 以下是使用多工作区及关联,利用表 jxj_1.dbf、cjb.dbf 计算"张曦予"的成绩平均分、总评分和奖学金等级,并显示所有学生的学号、姓名、出生日期、籍贯、专业、平均成绩分、社会活动分、获奖加分、总评分和奖学金等级数据。其中,平均成绩分为所选课程的平均值,总评分为平均成绩分占 50%、社会活动分占 30%、获奖加分占 20%,奖学金等级写入:90分以上为"优秀",否则为"不优" *******

```
SET TALK OFF
CLEAR ALL
```

```
CLEAR
SELECT 1
USE xsdab
LOCATE FOR 姓名="张曦予"
xh=学号
INDEX ON 学号 TAG xhsy
SELECT 2
USE cjb
AVERAGE 成绩 FOR 学号=xh TO m
SELECT 3
USE jxj_1
REPLACE ALL 成绩平均分 WITH m FOR 学号=xh
REPLACE ALL 总评分 WITH 成绩平均分*0.5+社会活动分*0.3+获奖加分*0.2
FOR 学号=xh
LOCATE FOR 学号=xh
a=IIF(FOUND() AND 总评分>=90, "优秀","不优")
REPLACE ALL 奖学金等级 WITH a FOR 学号=xh
SET RELATION TO 学号 INTO xsdab
LIST 学号,a.姓名,xsdab.出生日期,a.籍贯,a.专业,成绩平均分,社会活动分,
获奖加分,总评分,奖学金等级
SET RELATION TO
CLOSE ALL
SET TALK ON
```

正确执行以上命令后，系统窗口显示结果如实验图 7.1 所示。

实验图 7.1　多表操作关联后的结果

7.3　实验要求

请按以下要求进行操作（请上机前写出命令序列）：

① 分别在 4 个工作区中打开学生档案表、成绩表、课程表和奖学金表，要求在数据工作期窗口中浏览其所有记录。

② 利用多表关联，参照上述操作命令，计算出所有学生的成绩平均分、总评分和奖学金等级。

实验 8　数据库的基本操作

8.1　实验目的

1）掌握建立数据库的方法。
2）掌握数据库表之间建立永久关系的方法。
3）掌握数据库表完整性的设置方法。
4）掌握数据库表完整性约束规则（即字段级和记录级有效性规则）的设置方法。
5）掌握数据库表参照完整性约束规则的设置方法。

8.2　实验内容

1.　数据库及表间永久关系的创建

在已建"学生档案管理系统.pxj"项目中，设计一个学籍管理数据库，文件名为"xjglk.dbc"。将学生档案表、成绩表、课程表和奖学金表添加到数据库中，建立表间的永久关系。

操作方法如下：

第1步，打开"学生档案管理系统.pjx"项目文件。

第2步，选择"数据"选项卡，选择"数据库"，单击"新建"按钮，在弹出的"新建数据库"对话框中单击"新建数据库"按钮，在弹出的"创建"对话框中输入数据库名为"xjglk.dbc"，单击"保存"按钮，弹出如实验图 8.1 所示的数据库设计器窗口。

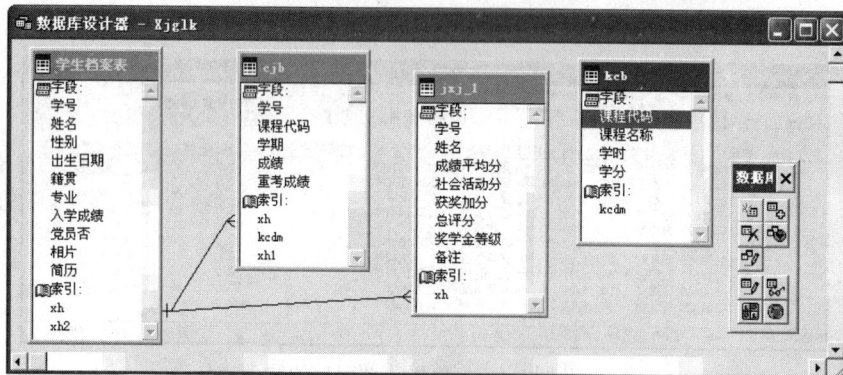

实验图 8.1　数据库设计器与建立表间的永久关系

第3步，选择"数据库"菜单下的"添加表…"功能或单击"数据库设计器"工具栏上的"添加表"按钮，将 xsdab.dbf 添加到当前数据库设计器中，同样的方法，将 cjb.dbf、kcb.dbf 和 jxj_1.dbf 添加到当前数据库设计器中，如实验图 8.1 所示。

第 4 步，右击学生档案表 xsdab.dbf，选择"修改"功能，弹出其表设计器，按学号建立索引，并在"索引"选项卡中设置为主索引。同样的方法，对于成绩表 cjb.dbf，按学号建立普通索引，对于奖学金表 jxj_1.dbf，按学号建立普通索引（实验图 8.2）。

第 5 步，数据库设计器中，拖动表 xsdab.dbf 的主索引标识 ᵇ×h 到 cjb.dbf 表的索引标识 xh 处，则建立了 xsdab.dbf 与 cjb.dbf 表之间的永久关系。同样的方法，建立 xsdab.dbf 与 jxj_1.dbf 表之间的永久关系，如实验图 8.1 所示。

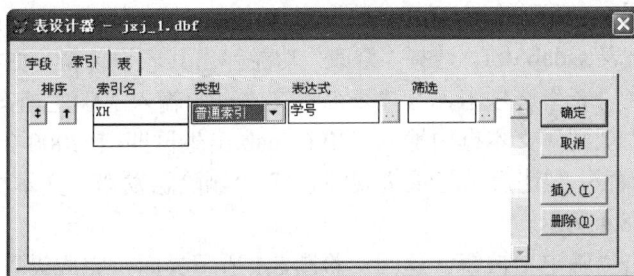

实验图 8.2　建立奖学金表的普通索引

2. 数据库表的字段属性及字段级规则设置操作

我们以数据库 xjglk.dbc 中的表 xsdab.dbf 为例，来说明如何设置数据库表的字段属性及字段级规则。

打开如实验图 8.1 所示的 xjglk.dbc 数据库设计器，按如下方法进行操作：

第 1 步，右击表 xsdab.dbf，选择"修改"功能弹出其表设计器，如实验图 8.3 所示。

第 2 步，单击"性别"字段项，在"标题"文本框中输入"学生性别"、"默认值"文本框中输入""女""、"规则"文本框中输入"性别="男" OR 性别="女""、"信息"文本框中输入""性别只能是男或女，请重新输入！""，如实验图 8.3 所示。

第 3 步，单击"确定"按钮，返回实验图 8.1 所示界面，完成设置。

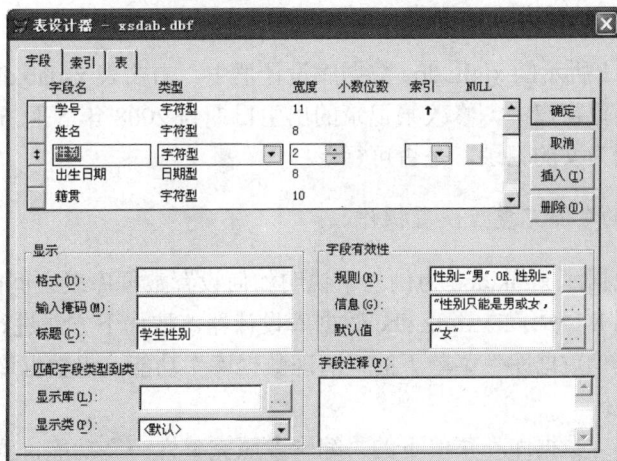

实验图 8.3　数据库表的字段属性及字段级规则设置

在如实验图 8.1 所示的 xjglk.dbc 数据库设计器中，右击表 xsdab.dbf，选择"浏览"

功能，在弹出的浏览窗口中看看性别字段的标题变化没有？修改某记录的性别为其他文字，看看是否可行？

3. 数据库表的记录级规则及触发器设置操作

我们仍然以数据库 xjglk.dbc 中的表 xsdab.dbf 为例，来说明如何设置数据库表的记录级规则及触发器。

打开如实验图 8.1 所示的 xjglk.dbc 数据库设计器，按如下方法进行操作：

第 1 步，右击表 xsdab.dbf，选择"修改"功能弹出其表设计器，如实验图 8.3 所示。

第 2 步，选择"表"选项卡，在"表名"文本框中输入"学生档案表"。

第 3 步，在"规则"文本框中输入"IIF(xsdab.出生日期<{^2000-01-01}, .T., .F.)"、"信息"文本框中输入""违反了记录级规则！""、"删除触发器"文本框中输入"性别="女""，如实验图 8.4 所示。

第 4 步，单击"确定"按钮，返回实验图 8.1 所示界面，完成设置。

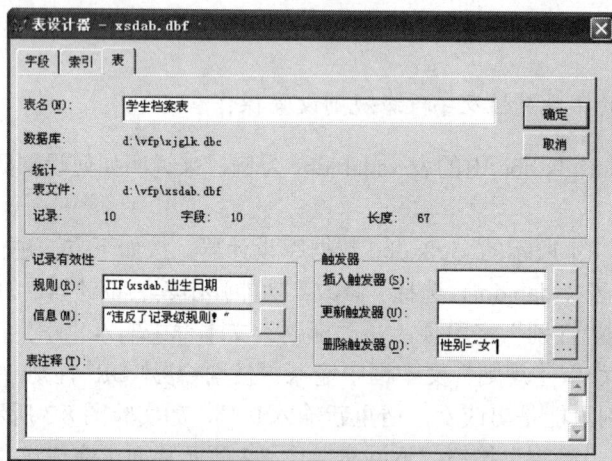

实验图 8.4　数据库表的字段属性及字段级规则设置

在如实验图 8.1 所示的 xjglk.dbc 数据库设计器中，右击表 xsdab.dbf，选择"浏览"功能，在弹出的浏览窗口中，修改某记录的出生日期为 2008 年 5 月 5 日，看看是否可行？逻辑删除性别为女的记录，是否可行？

4. 数据库表的参照完整性设置操作

我们仍然以数据库 xjglk.dbc 为例，来说明如何设置数据库表之间的参照完整性。

打开如实验图 8.1 所示的 xjglk.dbc 数据库设计器，按如下方法进行操作：

第 1 步，选择"数据库"菜单下的"清理数据库"功能，将数据库表中作删除标记的记录清除掉。

第 2 步，选择"数据库"菜单下的"编辑参照完整性…"功能，弹出"参照完整性生成器"对话框，如实验图 8.5 所示。

第 3 步，选择"更新规则"选项卡，单击"级联"单选项 级联(C):，在表格中，将父表 xsdab.dbf 与子表 cjb.dbf 间的"更新"规则设置为"级联"、"删除"规则设置为"级联"、"插入"规则设置为"限制",如实验图 8.5 所示。

第 4 步,采用同样的方法,设置父表 xsdab.dbf 与子表 jxj_1.dbf 间的"更新"规则"为"级联"、"删除"规则为"级联"、"插入"规则为"限制"。

第 5 步,单击"确定"按钮,弹出询问对话框。

第 6 步,单击"是"按钮,再弹出询问是否生成新的参照完整性代码的对话框时,也单击"是"按钮,完成参照完整性的设置。

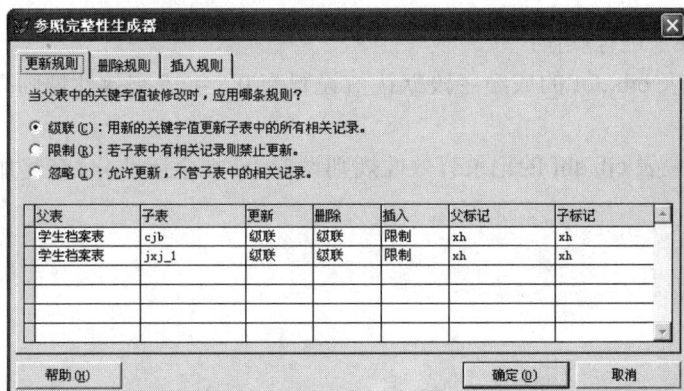

实验图 8.5 设置参照完整性的规则

在"数据库设计器"中,先双击 xsdab.dbf,弹出其浏览窗口,再双击 cjb.dbf,又弹出其浏览窗口,将 xsdab.dbf 中"王颖"的学号由"20110605099"修改为"20110605888"、"欧阳云飞"的学号由"20110511077"修改为"20110522222",单击 cjb.dbf,立即可以看到对应值被自动更新,如实验图 8.6 所示。若修改 cjb.dbf 中某记录的学号,单击其浏览窗口之外,则系统马上报"触发器失败"错误。

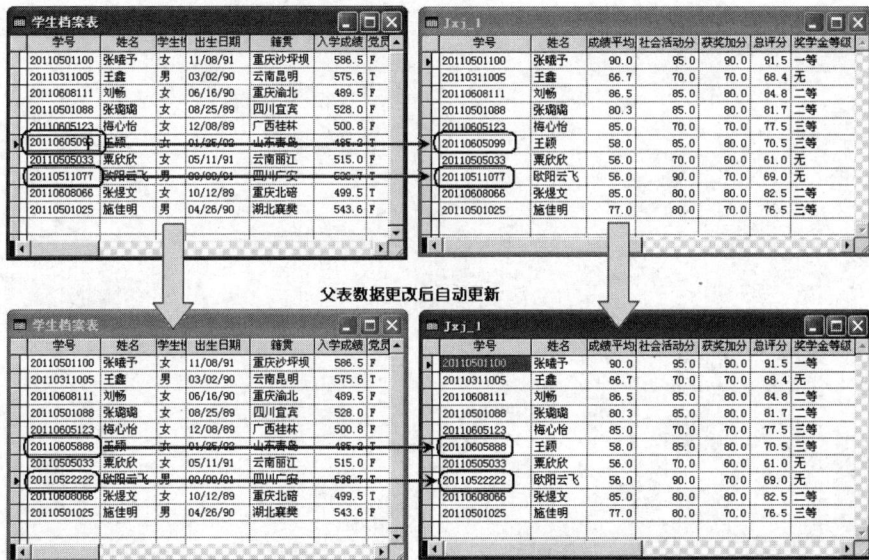

实验图 8.6 数据库表间的更新级联效果

请用户看到自动更新效果后，将数据修正为原来的值。

同样的，若对 xsdab.dbf 进行逻辑删除，则 cjb.dbf 对应记录也会自动加上删除标记。

"插入"中的"限制"规则，是指如果父表中没有相匹配的连接字段值则禁止插入子记录。比如，在 cjb.dbf 中追加一条新记录，当离开这条记录时，插入规则就马上报"触发器失败"错误。

8.3　实验要求

请按以下要求进行操作：

① 将成绩表 cjb.dbf 的成绩字段默认值设置为 0、字段有效性规则介于 0～100 范围内。

② 将奖学金表 cjb.dbf 的记录有效性规则设置为：社会活动分、获奖加分均介于 0～100 范围内。

实验 9　数据库的查询和视图

9.1　实验目的

1）掌握使用查询设计器与查询向导创建各种不同类型的查询。
2）掌握使用视图设计器与视图向导创建视图。
3）比较查询与视图的异同之处。
4）学会使用查询与视图的相关设置。

9.2　实验内容

1. 使用查询设计器创建并使用查询

（1）使用查询设计器，在 xjglk 数据库中，查询学生姓名、专业和奖学金等级，并保存为查询文件 cx1.qpr。

请按如下步骤进行操作：

第 1 步，使用"查询设计器"创建一个查询，将数据表 xsdab.dbf 和 jxj_1.dbf 添加到查询设计器中。

第 2 步，按要求，选择所需字段，如实验图 9.1 所示。

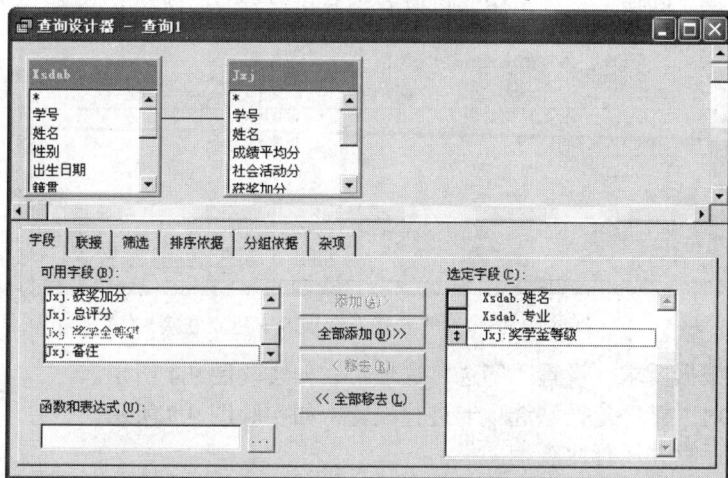

实验图 9.1　在"字段"选项卡选择字段

第 3 步，在"联接"选项卡中，设置两个表的联接条件，可以看出，由于表在数据库中已建立永久关系，联接条件已设置好，如实验图 9.2 所示。

第 4 步，查询设计完毕，在工具栏中单击"！"按钮，或选择"查询"菜单中的"运行查询"功能，或在查询保存（第 5 步）后，在命令窗口中执行 DO QUERY <查询文件名>查看所设计的查询。

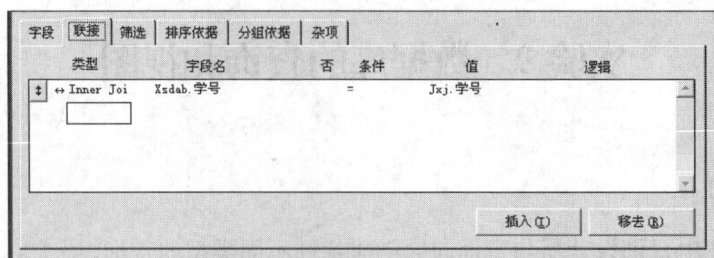

实验图 9.2 在"联接"选项卡中设置联接条件

第 5 步，单击常用工具栏中的"保存"图标，或单击"文件"菜单中的"另存为"命令，或直接关闭查询设计器，根据提示，将此查询以文件名"cx1qpr"保存。

（2）使用其他方式创建（1）中的查询。详细步骤参见主教材。

方式 1，选定"项目管理器"中的"数据"选项卡，选择"查询"，单击"新建"按钮，弹出新建查询对话框，从中选择"新建查询"按钮，即可进入查询设计器窗口。

方式 2，使用命令：CREATE QUERY <查询文件名>。

方式 3，选择"工具"菜单中"向导"功能下的"查询"功能，利用查询向导完成。

（3）在 xjglk 数据库中，查询成绩大于或等于 60 分的同学的姓名、课程名称和成绩。按姓名升序排序，姓名相同的情况下，按成绩降序排序。将此查询保存为"cx2.qpr"。

第 1 步，使用"查询设计器"创建一个查询，将数据表 xsdab.dbf、kcb 和 cjb 添加到查询设计器中。

第 2 步，根据要求，在"字段"选项卡中选中所需字段。

第 3 步，在"联接"选项卡中，可以看到联接已建立，如实验图 9.3 所示。

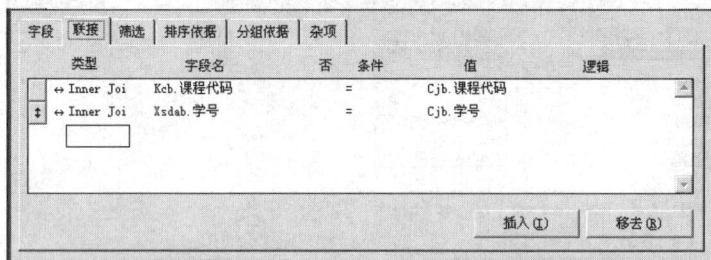

实验图 9.3 在"联接"选项卡中建立联接

第 4 步，根据要求，设置"筛选"选项卡，如实验图 9.4 所示。

第 5 步，对"排序依据"选项卡进行设置，如实验图 9.5 所示。

第 6 步，保存并运行此查询。

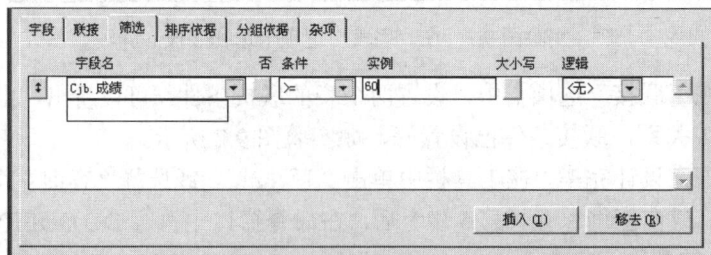

实验图 9.4 在"筛选"选项卡中设置筛选条件

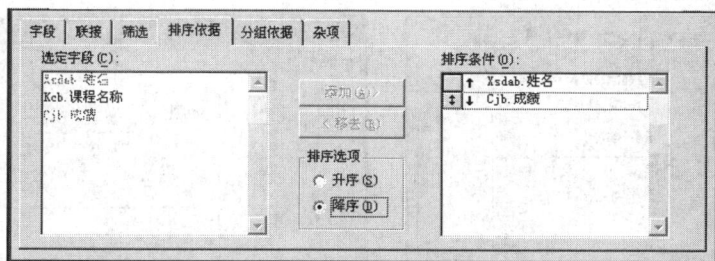

实验图 9.5　在"排序依据"选项卡中设置排序条件

（4）在 xjglk 数据库中，查询学生姓名、平均成绩和考试科目数。将此查询保存为"cx3.qpr"。

第 1 步，创建查询，并添加表。

第 2 步，设置"字段"选项卡。在"函数和表达式"处输入"AVG(成绩)"后单击"添加"，再输入"COUNT(*)"并添加，如实验图 9.6 所示。

第 3 步，设置"联接"选项卡。

第 4 步，在"分组依据"选项卡中，选择"学号"字段并"添加"。

第 5 步，保存此查询并运行。

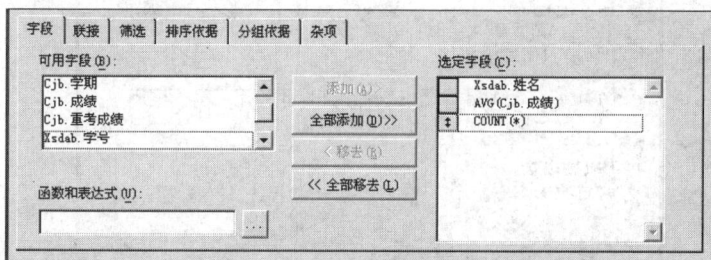

实验图 9.6　"排序依据"选项卡

（5）查看文件 cx3.qpr 中，平均成绩排名前三的学生信息。保存为 cx4.qpr。

第 1 步，使用"文件"菜单中的"打开"功能，或使用命令 MODIFY QUERY <查询文件名>，打开 cx3.qpr。

第 2 步，在查询设计器中选择"排序依据"选项卡，按 AVG(成绩)降序排序。

第 3 步，设置"杂项"选项卡，如实验图 9.7 所示。

第 4 步，保存并运行此查询。

第 5 步，在"联接"选项卡中，可以看到联接已建立，如实验图 9.3 所示。

第 6 步，根据要求，设置"筛选"选项卡，如实验图 9.4 所示。

第 7 步，对"排序依据"选项卡进行设置，如实验图 9.5 所示。

第 8 步，保存并运行此查询。

（6）打开 cx1.qpr，将查询结果分别存为同名表文件和文本文件。

第 1 步，打开 cx1.qpr，选择"查询"菜单中的"查询去向"命令。

第 2 步，在弹出的"查询去向"窗口中，单击"表"按钮，在表名中输入"cx1"，再单击"确定"按钮，即可将查询结果保存为 cx1.dbf，如实验图 9.8 所示。

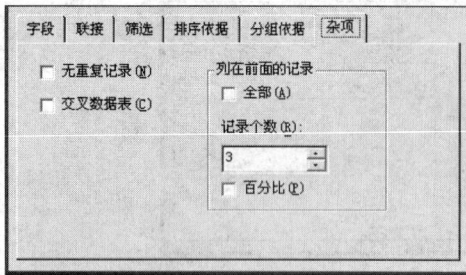

实验图 9.7　"杂项"选项卡

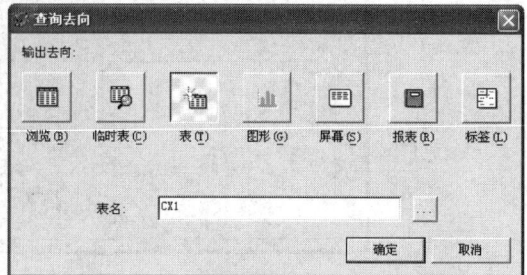

实验图 9.8　将查询结果输出为永久表文件

第 3 步，在弹出的"查询去向"窗口中，单击"屏幕"按钮，在"次级输出"中将"到文本文件"前的单选框选中，在"到文本文件"后的文本框中输入文本文件名，再单击"确定"按钮，即可将查询结果保存为 cx1.txt，同时屏幕上会输出查询结果，如实验图 9.9 所示。

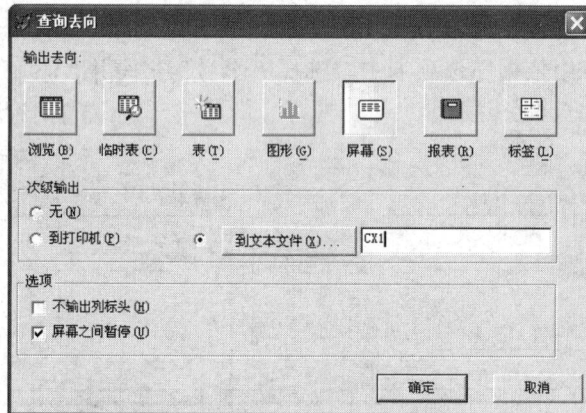

实验图 9.9　将查询结果输出为文本文件

2. 使用视图设计器创建并使用视图

（1）在 xjglk 数据库中，创建名为 st1 的视图。视图中包括学号、姓名、课程代码、课程名称、成绩和重考成绩，并按成绩降序排序。

第 1 步，选择"文件"菜单中"新建"功能，或使用命令 CREATE VIEW 创建视图。

第 2 步，视图设计器操作基本与查询设计器操作相同，按前面创建查询的实验步骤，完成此视图。

第 3 步，视图不是独立的文件，而是依赖于数据库而存在，可在数据库设计器中看到，如实验图 9.10 所示。在数据库设计器中双击 st1 标题栏，或右击标题栏，选择"浏览"功能，可浏览该视图内容。

（2）设置修改 st1，使得修改 cjb 和 st1 中任一"成绩"与"重考成绩"字段，对方的相应字段会自动修改。

在数据库设计器中，右击 t1 标题栏，选择"修改"功能，弹出"视图设计器"。对"更新条件"选项卡进行设置，如实验图 9.11 所示。

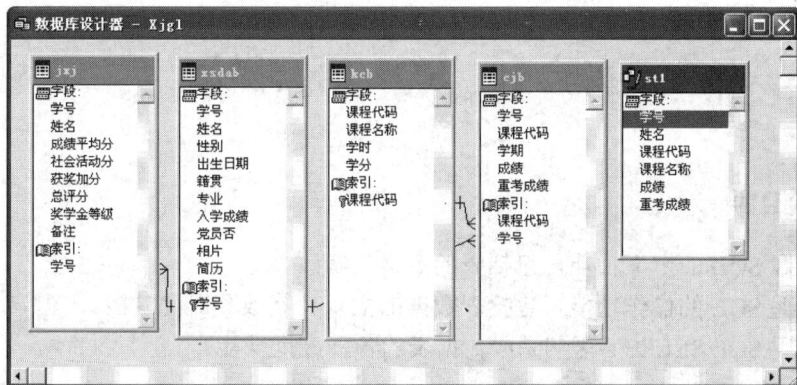

实验图 9.10　ST1 视图依赖于数据库而存在

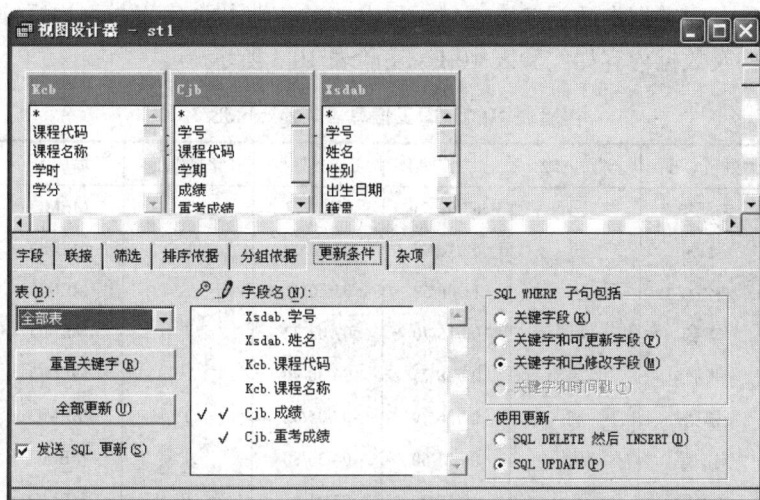

实验图 9.11　设置"更新条件"选项卡

9.3　实验要求

请按以下要求进行操作（请上机前写出命令序列）：

① 查询 xjglk 数据库中所有计算机专业学生的各项成绩，包括学号、姓名、课程代码、课程名称、成绩和重考成绩，按升序学号排序。

② 查询各专业学生的平均成绩，包括专业名称、学生人数和平均分，并按平均分降序排序，将其保存为永久表。

③ 查询参考人数大于一人的各门课程的平均分，包括课程名称、参考人数和平均分。按课程名称升序排序，并将其保存为文本文件。

④ 建立视图，查询第一学期的成绩，包括姓名、学期、课程名称、成绩和重考成绩。除姓名外，其余字段均可更新。

实验 10   SQL 语言操作

10.1   实验目的

1）掌握 SQL 的定义功能，包括表的定义与修改。
2）掌握 SQL 的操作功能，包括表数据的插入、修改和删除功能。
3）使用 SQL SELECT 语句完成数据表的各种查询功能。

10.2   实验内容

本实验将以职工档案数据库 zgda.dbc 及其中的三张数据库表为例进行操作。这三张数据表的结构及数据内容如实验表 10.1～实验表 10.3 所示。

实验表 10.1   职工信息表（zgxxb.dbf）

编号/C/4	姓名/C/8	性别/C/2	出生日期/D	工作日期/D	党员否/L	简历/M	照片/G
0102	刘润华	男	07/09/53	09/01/73	.T.	MEMO	GEN
0513	聂硕	男	03/16/77	07/01/00	.F.	MEMO	GEN
0108	冉孟权	女	11/06/62	05/30/81	.T.	MEMO	GEN
0216	李宇	女	08/15/70	07/02/92	.T.	MEMO	GEN
0132	张清	男	02/28/75	06/30/96	.F.	MEMO	GEN
0502	郑克	男	09/26/79	07/05/02	.T.	MEMO	GEN
0206	向文莲	女	06/21/60	04/30/80	.T.	MEMO	GEN
0507	周春艳	女	10/10/70	07/01/91	.F.	MEMO	GEN

实验表 10.2   职工工资表（zggzb.dbf）

编号/C/4	统计月份 C/6	基本工资 /N/7/2	奖金/N/7/2	水电/N/7/2	扣税/N/7/2	应发合计 /N/7/2	扣款合计 /N/7/2	实发合计 /N/7/2
0102	201109	1560.00	2100.00	85.10	10.00			
0513	201109	1890.00	3360.00	102.30	68.00			
0108	201109	1620.00	3615.00	56.78	78.00			
0216	201109	1720.00	2278.00	113.60	45.00			
0132	201109	1560.00	3210.00	46.20	68.00			
0502	201109	1890.00	2819.00	77.30	81.00			
0206	201109	1720.00	3301.00	82.60	62.00			
0507	201109	1720.00	2180.00	65.00	35.00			
0102	201110	1560.00	2845.00	46.80	52.00			
0513	201110	1890.00	2689.00	66.30	50.00			
0108	201110	1620.00	3345.00	51.20	50.00			

续表

编号/C/4	统计月份 C/6	基本工资 /N/7/2	奖金/N/7/2	水电/N/7/2	扣税/N/7/2	应发合计 /N/7/2	扣款合计 /N/7/2	实发合计 /N/7/2
0216	201110	1720.00	3010.00	45.00	64.00			
0132	201110	1560.00	2612.00	88.60	40.00			
0502	201110	1890.00	2209.00	72.60	26.00			
0206	201110	1720.00	3089.00	101.30	102.00			
0507	201110	1720.00	2998.00	23.60	81.00			

实验表 10.3　部门表（bmb.dbf）

部门代码/C/2	部门名称/C/10
01	计算机学院
02	文新学院
05	外语学院

1. 使用 SQL 语句定义表结构

在 VFP 命令窗口中输入如下命令并执行，创建属于数据库 zgda 的 3 个表结构。

```
CREATE DATABASE zgda
MODIFY DATABASE zgda
CREATE TABLE zgxxb(编号 C(4),姓名 C(8),性别 C(2),出生日期 D,工作日期 D,
党员否 L,简历 M,照片 G)
CREATE TABLE zggzb(编号 C(4),统计月份 C(6),基本工资 N(7,2),奖金 N(7,2),
水电 N(7,2),扣税 N(7,2),应发合计 N(7,2),扣款合计 N(7,2),实发合计
N(7,2),)
CREATE TABLE bmb(部门代码 C(2),部门名称 C(10))
```

2. 使用 SQL 语句插入与更新表记录

在 VFP 命令窗口中输入如下命令并执行，输入表 zgxxb.dbf 中的第一条记录：

```
INSERT INTO zgxxb(编号,姓名,性别,出生日期,工作日期,党员否)
VALUES("0102","刘润华","男",{^1953-7-9},{^1973-9-1},.T.)
```

使用同样命令完成表 zgxxb.dbf 中其他记录的输入。

使用类似命令完成表 zggzb.dbf 和 bmb.dbf 所有记录的输入。

3. 使用 SQL 语句修改表结构

在 VFP 命令窗口中，请正确输入以下各要求之后的命令，并按 Enter 键执行。

（1）将表 zgxxb.dbf 中的"性别"字段设置默认值"男"，并设置"字段规则"为"性

别只能为"男"或"女""。

```
ALTER TABLE zgxxb ALTER 性别 C(2) DEFAULT "男" CHECK 性别="男" OR 性
别="女"
```

（2）在表 zgxxb.dbf 中添加一个"籍贯"字段，字符型，宽度为 20 位。

```
ALTER TABLE zgxxb ADD 籍贯 C(20)
```

（3）设置表 zgxxb.dbf 中的"编号"为主索引，索引名为"BH"。

```
ALTER TABLE zgxxb ADD PRIMARY KEY 编号 TAG BH。
```

（4）修改表 zgxxb.dbf 中的"姓名"字段名称为"职工姓名"。

```
ALTER TABLE zgxxb RENAME 姓名 TO 职工姓名
```

（5）删除（1）（2）（3）（4）中添加或设置的内容。

```
ALTER TABLE zgxxb ALTER 性别 DROP DEFAULT ALTER 性别 DROP CHECK
DROP PRIMARY KEY DROP 籍贯 RENAME 职工姓名 TO 姓名
```

4. 使用 SQL 语句更新数据表

根据表 zggzb.dbf 中内容，更新应发合计、扣款合计和实发合计字段。
在 VFP 命令窗口中正确输入并执行如下命令：

```
UPDATE zggzb SET 应发合计=基本工资+奖金,扣款合计=水电+扣税,实发合计=应发合
计-扣款合计
```

5. 使用 SQL 语句查询数据表

在 VFP 命令窗口中，请正确输入以下各要求之后的命令，并按 Enter 键执行。
（1）在 zgxxb 中，查询年龄在 40 岁（按年份计算）以上的男性员工信息。

```
SELECT * FROM zgxxb WHERE YEAR(DATE())-YEAR(出生日期)>=40 AND 性别="男"
```

（2）在 zgxxb 中，查询出现过的性别。

```
SELECT DISTINCT 性别 FROM zgxxb
```

（3）在 zggzb 中查询记录数，最大实发合计、最小实发合计和平均实发合计。

```
SELECT COUNT(*) AS 记录数,MAX(实发合计) AS 最大实发合计,MIN(实发合计) AS
最小实发合计,AVG(实发合计) AS 平均实发合计 FROM zggzb
```

（4）在 zgxxb 中查询信息。先按性别降序排序，性别相同按出生日期升序排序。

```
SELECT * FROM zgxxb ORDER BY 性别 DESC,出生日期
```

（5）在 zgxxb 中，按性别查询平均年龄和工龄（按年份计算）。

```
SELECT 性别,AVG(YEAR(DATE())-YEAR(出生日期)) AS 平均年龄,
```

AVG(YEAR(DATE())-YEAR(工作日期)) AS 平均工龄 FROM zgxxb GROUP BY 性别

（6）查询 zggzb 中实发合计在 4000 元以上的基本工资等级。

SELECT 基本工资 FROM zggzb GROUP BY 基本工资 HAVING 实发合计>=4000

（7）在 zggzb 中，各员工的两月总收入，并按降序排序。

SELECT 编号,SUM(实发合计) AS 总收入 FROM zggzb GROUP BY 编号 ORDER BY 实发合计 DESC

（8）查询姓名，统计月份和实发合计。

SELECT 姓名,统计月份,实发合计 FROM zgxxb,zggzb WHERE zggzb.编号=zgxxb.编号

（9）查询 2011 年 9 月的编号、姓名、部门名称与实发合计。

SELECT zgxxb.编号,姓名,bmb.部门名称,实发合计 FROM zgxxb,zggzb,bmb WHERE zggzb.编号=zgxxb.编号 AND LEFT(zggzb.编号,2)=bmb.部门代码 AND 统计月份="201109"

（10）查询 2011 年 10 月，各部门人员领取工资的人数和平均工资。

SELECT 部门名称,COUNT(*) AS 领取人数,AVG(实发合计) AS 平均工资 FROM zggzb,bmb WHERE LEFT(zggzb.编号,2)=bmb.部门代码 AND 统计月份="201110" GROUP BY 部门名称

（11）查询任一个月实发合计高于 4000 元的职工姓名。

SELECT 姓名 FROM zgxxb WHERE 编号 IN(SELECT 编号 FROM zggzb WHERE 实发合计>=4000)

（12）查询两个月实发合计高于 4000 元的职工姓名。

SELECT 姓名 FROM zgxxb WHERE 编号 NOT IN(SELECT 编号 FROM zggzb WHERE 实发合计<4000)

（13）将查询（9）的结果，分别存为名为 cx9 的永久表、临时表、文本文件和数组。

SELECT zgxxb.编号,姓名,bmb.部门名称,实发合计 FROM zgxxb,zggzb,bmb WHERE zggzb.编号=zgxxb.编号 AND LEFT(zggzb.编号,2)=bmb.部门代码 AND 统计月份="201109" INTO TABLE cx9

SELECT zgxxb.编号,姓名,bmb.部门名称,实发合计 FROM zgxxb,zggzb,bmb WHERE zggzb.编号=zgxxb.编号 AND LEFT(zggzb.编号,2)=bmb.部门代码 AND 统计月份="201109" INTO CURSOR cx9

SELECT zgxxb.编号,姓名,bmb.部门名称,实发合计 FROM zgxxb,zggzb,bmb WHERE zggzb.编号=zgxxb.编号 AND LEFT(zggzb.编号,2)=bmb.部门代码 AND 统计月份="201109" TO FILE cx9

SELECT zgxxb.编号,姓名,bmb.部门名称,实发合计 FROM zgxxb,zggzb,bmb WHERE

```
zggzb.编号=zgxxb.编号 AND LEFT(zggzb.编号,2)=bmb.部门代码 AND 统计月份
="201109" INTO ARRAY cx9
```

10.3　实验要求

请按以下要求进行操作（请上机前写出命令序列）：

① 在 zgxxb 表中添加一条新记录，数据如下：

　　　　　0233　张琳峰　男　01/21/74 07 01 86 .F.

② 查询所有女性职工的姓名、部门、实发合计和统计月份。

③ 按基本工资档次，统计各档次人数，平均实发工资。

④ 查询计算机学院的姓名、实发合计、统计月份，并按实发合计升序排序。

⑤ 查询男性职工实发工资最高的前三位的姓名、部门、实发合计和统计月份，并生成文本文件保存。

实验 11 程序控制结构 1

11.1 实验目的

1）理解计算机算法的基本含义。

2）掌握建立、修改和运行程序的方法。

3）基本掌握程序设计中的一些语句的用法。

4）运用程序顺序和选择结构进行程序设计。

11.2 实验内容

1. 程序工作方式的一般过程

VFP 系统的程序方式与命令方式是有很大区别的。命令方式是输入一条命令即执行一条命令，同时记忆执行过的每一条命令，以便于用户修改。而程序方式是从头到尾一次性地执行程序文件中的所有语句，一旦发现语法错误即停止执行。

程序工作方式一般过程如下：

第 1 步，新建程序。在 VFP 命令窗口中输入命令：

```
MODIFY COMMAND <程序文件名>
```

或选择"文件"菜单下的"新建"功能，在"新建"对话框中选择"程序"，单击"新建文件"按钮。在弹出的"程序"窗口中输入程序（语句序列）。

第 2 步，保存程序。一个程序输入完毕，常用单击工具栏上"保存"按钮，或选择"文件"菜单下的"保存"功能，将程序以文件形式保存到磁盘上，第一次保存时，需要输入程序文件名。

第 3 步，运行程序。在命令窗口中输入命令：

```
DO <程序文件名>
```

或选择"程序"菜单下的"运行…"功能。若该程序已打开，也可单击常用工具栏上的"运行"按钮 ! 实现。

第 4 步，打开与修改程序。如果在程序运行过程中发现了错误，可以使用命令：

```
MODIFY COMMAND <程序文件名>
```

打开此文件来修改，或选择"文件"菜单下的"打开"功能实现。

当一个程序运行时，若 VFP 系统发现语法错误，一般会自动弹出程序编辑窗口，并弹出"程序错误"对话框，提示用户出错原因。单击"取消"按钮，返回到程序编辑窗口，光标（插入点）停留在出错位置，等待用户修改错误。

一个程序出错一般分为语法错误和逻辑错误两种。对于语法错误，计算机语言系统能检测到，一旦系统发现一处语法错误，则立即停止执行，等待用户修改，之后重新发出执行命令才会再运行机制；对于逻辑错误（即程序能正常运行，但运行结果出错，一般是算法问题），则需要用户自动检查与修改。

> **提示**
>
> 　一般地，任何一个程序设计人员都不能保证其设计的程序没有错误。要正确运行一个程序，需要经过以下反复的过程，一直到该程序运行结果完全正确为止。
>
> 　　　　运行→改错→再运行→再改错→……→运行

程序工作方式比命令方式具有许多优点，请用户在实验过程认真体会。

2. 顺序结构程序设计

编写解决以下各问题的程序，体会计算机程序的执行过程、解决问题的算法、如何用相应语句描述算法、顺序结构程序设计概念以及调试程序的一般方法。请多次执行每个程序，看看每次的结果是否正确。

（1）任意输入一个自然数，判断其奇偶性。

程序文件名为 **vfp1.prg**。参考程序如下：

```
CLEAR
INPUT "请输入一个自然数：" TO n
? IIF(n%2=0,str(n)+"为偶数！",str(n)+"为奇数！")
RETURN
```

（2）输入任意一个五位自然数，要求反序输出，并按位求和。

程序文件名为 **fvp2.prg**。参考程序如实验图 11.1 所示。

```
fvp2.prg
CLEAR
INPUT "请输入任意一个五位自然数：" TO n
a1=n%10                                    && 取x的个位数字
a5=INT(n/10000)                            && 取x的万位数字
a2=INT(n%100/10)                           && 取x的十位数字
a3=MOD(INT(n/100),10)                      && 取x的百位数字
a4=INT((n-a5*10000)/1000)                  && 取x的千位数字
? "自然数"+STR(n,5)+"的反序数为：", a1*10000+a2*1000+a3*100+a4*10+a5
? "自然数"+STR(n,5)+"的各数位之和为：", a1+a2+a3+a4+a5
RETURN
```

实验图 11.1　程序窗口

3. 选择结构程序设计

编写解决以下各问题的程序，体会顺序结构与选择结构程序设计的方法，以及调试程序的一般方法。请多次执行程序，看看每次的结果是否正确。

（1）随机产生一个三位自然数，判断其奇偶性。

程序文件名为 **fvp3.prg**。参考程序如下：

```
CLEAR
_SCREEN.FONTSIZE=16                    && 设置屏幕显示字号
=RAND(-1)                              && 随机函数初始化
m=INT(RAND()*900)+100                  && 随机产生一个三位自然数
IF m%2=0
   c="是偶数！"
ELSE
   c="是奇数！"
ENDIF
   ? "自然数"+ALLTRIM(STR(m))+c
_SCREEN.FONTSIZE=12
RETURN
```

> **说明**
>
> 　　判断一个整数 m 能否被另一个整数 n 整除，通常有三种方法可实现：若 INT(m/n)=m/n 、m%n=0、MOD(m,n)=0，则 m 能被 n 整除。

　　另外，一些比较简单的条件判断结构，还可使用条件测试函数 IIF() 来实现，且更简便，程序更优化。对于以上问题，其程序代码（fvp3-1.prg）完全可改写如下：

```
CLEAR
m=INT(RAND()*900)+100
a="自然数"+ALLTRIM(STR(m))
? IIF(m%2<>0, a+"是奇数！", a+"是偶数！")
RETURN
```

同样问题，不同程序。看看二者功能是否相同？

（2）编程实现：输入一个年份，判断是否是闰年。

程序文件名为 fvp4.prg。参考程序如下：

```
CLEAR
INPUT "请输入年份：" TO year
IF year%4=0 AND year%100<>0 OR year%400=0
? year, "是闰年！"
ELSE
? year, "不是闰年！"
ENDIF
RETURN
```

对于以上问题，也可以使用 IIF 函数来实现，程序代码（fvp4-1.prg）如下：

```
CLEAR
INPUT "请输入年份：" TO y
```

```
k=(y%4=0 and y%100<>0 OR y%400=0)
? IIF(k, STR(y)+"是闰年!", STR(y)+"不是闰年!")
RETURN
```

同样问题，不同程序。看看二者功能是否相同？输出结果有何细小区别？

（3）编程实现：输入姓名和一个百分制的成绩，输出其等级。其中，90 分以上为优秀、80～90 分为良好、70～80 分为中等、60～70 分为及格、60 分以下为不及格。

程序文件名为 fvp5.prg。参考程序如下：

```
CLEAR
ACCEPT "请输入姓名：" TO name
INPUT "请输入一个百分制成绩：" TO sc
DO CASE
   CASE sc>=90
        k="优秀"
   CASE sc>=80
        k="良好"
   CASE sc>=70
        k="中等"
   CASE sc>=60
        k="及格"
   OTHERWISE
        k="不及格"
ENDCASE
? name+"的成绩为"+k
RETURN
```

（4）编程实现：对于学生档案表 xsdab.dbf，从键盘输入学生姓名，查询其档案信息。

程序文件名为 fvp6.prg。参考程序如下：

```
SET TALK OFF
CLEAR
ACCEPT "请输入需查询学生的姓名：" TO name
USE xsdab
LOCATE FOR 姓名=name
IF NOT EOF()
  DISP
ELSE
  MESSAGEBOX("查无此人！")
ENDIF
USE
```

```
SET TALK ON
RETURN
```

说明

通过以上操作，大家对计算机程序或许有一些认识了。解决同一个问题，可以编写出多个不同的程序。比如，"判断闰年"问题，前面我们用了两种风格完全不同的程序来实现，今后我们还会使用过程、子程序、自定义函数方式来实现。又如，"任意五位自然数反序输出"问题，我们将采用三种不同算法的程序来实现。

学习用计算机程序设计语言来描述解决实际问题的过程，即编程，最关键是要有"理"。"理"字如何理解？我们可以这样来解释：思维要理性、思路要清晰、算法要合理、推理要紧凑、逻辑要清楚、描述要正确等。所以，编程解决同一个问题，对于不同的人来说，采用何种数学方法、使用何种计算机语言、程序结构如何、程序中语句的顺序如何、程序中语句如何描述（使用什么语句、常量、变量、表达式、函数等）都不重要，关键是编写出现的程序要有"理"、符合语法规则就行。希望大家在学习程序设计的过程中，能够逐渐去体会，以提高自己的程序设计能力。

11.3　实验要求

编程解决如下问题（请上机前先编写出程序）：

① 输入一个华氏温度，要求输出摄氏温度（保留 2 位小数）。华氏温度 F 与摄氏温度 F 的关系为：$c=\dfrac{5}{9}(F-32)$。文件名为 LX1.prg。

② 任意输入一个五位自然数，反序输出并按位求和。要求采用字符处理方法实现。文件名为 LX2.prg。

③ 随机产生 2 个两位整数，如果都是奇数或都是偶数则相加，否则相乘。文件名为 LX3.prg。

④ 对于学生成绩表，输入一个学生的学号，请查询其成绩信息。文件名为 LX4.prg。

⑤ 请使用 CASE 语句解决前面问题③。文件名为 LX5.prg。

实验 12 程序控制结构 2

12.1 实验目的

1）掌握三种基本程序结构，特别是循环结构的思想和实现方法。
2）学会针对实际问题，灵活运用所学知识进行程序设计。

12.2 实验内容

1. 简单程序设计

编写解决以下各问题的程序，学会使用三种基本程序结构，特别是循环结构进行程序设计的一般能力。请输入不同的数据多次执行程序，以测试编写程序是否正确。

（1）用 DO 循环实现：$1+2+3+\cdots+n$。

程序文件名为 fvp7.prg。参考程序如下：

```
CLEAR
INPUT "请输入 n 的值: " TO n
s=0
i=1
DO WHILE i<=n
    s=s+i
    i=i+1
ENDDO
? "1+2+3+…+"+alltrim(str(n))+"=",s
RETURN
```

请仔细分析程序的执行过程及各语句的含义。

（2）用 FOR 循环实现：$1+2+3+\cdots+n$。

程序文件名为 fvp7-1.prg。参考程序如下：

```
CLEAR
INPUT "请输入 n 的值: " TO n
s=0
FOR i=1 TO n
    s=s+i
ENDFOR
? "1+2+3+…+"+alltrim(str(n))+ "="+ alltrim(str(s))
RETURN
```

（3）用循环结构实现：从键盘输入一个任意位数的自然数，要求将反序输出按位求和。
程序文件名为 **fvp8.prg**。参考程序如下：

```
CLEAR
INPUT "请输入任意一个自然数： " TO n
h=ALLTRIM(STR(n))
c=""
m=0
FOR i=LEN(k) TO 1 STEP -1
    c=c+SUBSTR(h,i,1)
    m=m+VAL(SUBSTR(h,i,1))
ENDFOR
? "自然数"+h+"的反序为： "+c
? "自然数"+h+"的各数位之和是： "+ALLTRIM(STR(h))
RETURN
```

请分析上述程序的执行过程及各语句的含义。

（4）输出由星号组成的任意行数的空心三角形（实验图 12.1）。
程序文件名为 **fvp9.prg**。参考程序如下：

```
CLEAR
INPUT "请输入行数： " TO n
? "*" AT 40
FOR i=2 TO n-1
    ?"*"+REPL(" ",2*(i-1)-1)+"*" AT 41-i
ENDFOR
? REPL("*",2*n-1) AT 41-n
RETURN
```

实验图 12.1　空心三角形

（5）输入一个自然数，判断是否为素数。
程序文件名为 **fvp10.prg**。参考程序如下：

```
CLEAR
INPUT "请输入一个自然数： " TO m
k=INT(SQRT(m))
FOR i=2 TO k
    IF m%i=0
        EXIT                    && 有一次能整除，不是素数，退出循环结构
    ENDIF
ENDFOR
IF i>k                          && 根据循环变量 i 值的大小判断是否为素数
    ? "自然数"+ALLTRIM(STR(m))+ "是素数！ "
```

```
    ELSE
        ? "自然数"+ALLTRIM(STR(m))+ "不是素数！"
    ENDIF
    RETURN
```

2. 复杂程序设计

比较复杂问题的程序设计，需要程序设计人员编程时思路清晰、步骤明确、逻辑清楚、方法正确。请编写解决以下问题的程序。

（1）求斐波那契数列的前 30 个数。

程序文件名为 **fvp11.prg**。参考程序如下：

```
    CLEAR
    a=1
    b=1
    ? a,b
    FOR i=3 TO 30
        c=a+b
        ?? c
        a=b
        b=c
    ENDFOR
    RETURN
```

该问题也可使用下面程序来实现（**fvp11-1.prg**）：

```
    CLEAR
    f1=1
    f2=1
    ? f1,f2
    FOR i=1 TO 14
        f1=f1+f2
        f2=f1+f2
        ?? f1,f2
    ENDFOR
    RETURN
```

（2）输出乘法九九表（实验图 12.2）。

程序文件名为 **fvp12.prg**。参考程序如下：

```
    CLEAR
    _SCREEN.FONTSIZE=16
    ? "乘法九九表" AT 10 FONT '隶书',24 STYLE 'B'
```

```
?
FOR i=1 TO 9
   FOR j=1 TO i
   ?? "  "+STR(i,1)+"*"+STR(j,1)+"="+STR(i*j,2)
   ENDFOR
   ?
ENDFOR
_SCREEN.FONTSIZE=12
RETURN
```

实验图 12.2　输出乘法九九表效果

（3）找出 500 以内的所有素数，并统计个数。要求每行输出 8 个数。
程序文件名为 fvp13.prg。参考程序如下：

```
CLEAR
? "500 内的素数有：" AT 10 FONT '隶书',24 STYLE 'B'
? 2 AT 9
a=1                          && 统计素数个数
FOR m=3 TO 500 STEP 2
    k=INT(SQRT(m))
    FOR n=3 TO k
       IF m%n=0
         EXIT                && 有一次能整除则不是素数，退出本层循环
       ENDIF
    ENDFOR
    IF n>k                   && 根据循环变量 n 值的大小判断是否为素数
      a=a+1
      ?? m
      IF a%8=0               && 根据素数个数控制换行
        ?
```

```
        ENDIF
      ENDIF
ENDFOR
? "500 内的素数共有："+STR(a,3)+ "个"
RETURN
```

3. 数据表程序设计

对于数据表的程序设计，是为了按要求查找与统计相应结果，并按指定格式进行输出。请建立以下对数据表操作的程序。

（1）使用 SCAN 循环来输出学生档案表 xsdab.dbf 中成绩 500 分以上的所有记录。
程序文件名为 fvp14.prg。参考程序如下：

```
SET TALK ON
CLEAR
USE xsdab
? "   学号      姓名   性别 入学成绩   出生日期   籍贯     专业      党员否"
SCAN FOR 入学成绩>=500
    ? 学号, 姓名, 性别, 入学成绩, 出生日期, 籍贯, 专业, 党员否
ENDSCAN
CLOSE ALL
SET TALK ON
RETURN
```

（2）对于学生档案表 xsdab.dbf、奖学金表 jxj_1.dbf 和成绩表 cjb.dbf，请按以下要求编写程序：

① 计算所有学生的成绩平均分（所选课程的平均值）、总评分和奖学金等级（一等奖，≥90；二等奖，80~90；三等奖，70~80；70 分以下无奖），显示所有学生的学号、姓名、出生日期、籍贯、专业、成绩平均分、社会活动分、获奖加分、总评分和奖学金等级数据。

② 分别统计一、二、三等奖学金的人数，并按以下格式输出。

获一、二、三等奖学金的学生名单

```
*******************************************
       学号     姓名     总评分     获奖等级
       ……      ……      ……         ……
*******************************************
```

总计：一等奖 人   二等奖 人   三等奖 人

程序文件名为 fvp15.prg。参考程序如下：

```
SET TALK OFF
SET SAFETY OFF
```

```
CLEAR
_SCREEN.FONTSIZE=11
SELECT 2
USE cjb
INDEX ON 学号 TAG xh1
SELECT 1
USE jxj_1
SET RELATION TO 学号 INTO cjb
DO WHILE !EOF()
   SELECT 2
   AVERAGE 成绩 TO pjf FOR 学号=a.学号
   SELECT 1
   REPLACE 成绩平均分 WITH pjf
   REPLACE 总评分 WITH 成绩平均分*0.5+社会活动分*0.3+获奖加分*0.2
   DO CASE
      CASE 总评分>=90
           REPLACE 奖学金等级 WITH "一等"
      CASE 总评分>=80
           REPLACE 奖学金等级 WITH "二等"
      CASE 总评分>=70
           REPLACE 奖学金等级 WITH "三等"
      OTHERWISE
           REPLACE 奖学金等级 WITH "无"
   ENDCASE
   SKIP
ENDDO
SELECT 3
USE xsdab
INDEX ON 学号 TAG xh2
SELECT 1
SET RELATION TO 学号 INTO xsdab
LIST 学号,c.姓名,c.出生日期,c.籍贯,c.专业,成绩平均分,社会活动分,获奖加分,
总评分,奖学金等级
_SCREEN.FONTSIZE=16
? "          获一、二、三等奖学金的学生名单"
? REPL("*",45)
? "         学号     姓名      总评分      获奖等级"
STORE 0 TO m1,m2,m3
SCAN
```

```
        DO CASE
            CASE 奖学金等级="一等"
                m1=m1+1
            CASE 奖学金等级="二等"
                m2=m2+1
            CASE 奖学金等级="三等"
                m3=m3+1
            OTHERWISE
                LOOP
        ENDCASE
        ? "    "+学号+" "+c.姓名+STR(总评分,6,1)+"            "+奖学金等级
ENDSCAN
? REPL("*",45)
? "总计："FONT '隶书',30 STYLE 'BI'
?? "一等奖"+STR(m1,2)+ "人    二等奖"+STR(m2,2) FONT '楷体',20 STYLE 'B'
?? "人    "+"三等奖"+STR(m3,2)+ "人" FONT '楷体',20 STYLE 'B'
SET RELATION TO
CLOSE ALL
SET SAFETY ON
SET TALK ON
RETURN
```

12.3　实验要求

编程解决以下问题（请上机前先编写出程序）：

① 求：1+3+5+⋯+2n-1。文件名为 LX4.prg。

② 统计 100~200 范围内含 7 和 7 的倍数的整数个数，输出这些整数，并求和。文件名为 LX5.prg。

③ 随机产生 50 个两位整数，统计其中奇数和偶数的个数。文件名为 LX6.prg。

④ 输出所有的"水仙花数"。所谓"水仙花数"，是指一个 3 位自然数，其各位数字的立方和等于该数本身。比如，153 是水仙花数，因为 153=13+53+33。文件名为 LX7.prg。

实验 13　模块化程序设计

13.1　实验目的

1）了解模块化程序设计的基本思想。
2）掌握子程序、过程、自定义函数的编写和调用方法。
3）掌握变量的作用域问题。

13.2　实验内容

1. 过程、子程序、自定义函数操作

结构化程序设计的基本思想是将一个复杂的问题进行分解成若干个子问题，再针对于各个子问题编写程序。子程序、过程或自定义函数是解决结构化程序设计的基本方法。请分别使用子程序、过程和自定义函数来编写解决以下同一问题的程序，体会结构化程序设计的一般方法。

（1）用子程序实现：输入年份，判断是否是闰年。

程序文件名为 **fvp16.prg**。参考程序如下：

```
*** 主程序 fvp16.prg ***
    CLEAR
    INPUT "请输入年份: " TO y
    DO sub1
    RETURN
*** 子程序 sub1.prg ***
    h= y%4=0 and y%100<>0 OR y%400=0
    ? IIF(h, STR(y)+"年是闰年!", STR(y)+"年不是闰年!")
    RETURN
```

（2）用带参子程序实现：输入年份，判断是否是闰年。

程序文件名为 **fvp17.prg**。注意调用时参数传递和回传过程。参考程序如下：

```
*** 主程序 fvp17.prg ***
    CLEAR
    INPUT "请输入年份: " TO y
    year=""
    DO sub2 WITH y,year
    ? STR(y)+year
    RETURN
*** 子程序 sub2.prg ***
```

```
PARAMETERS m,n
h= m%4=0 and m%100<>0 OR m%400=0
n=IIF(h, "年是闰年!", "年不是闰年!")
RETURN
```

> **说明**
>
> 　　主程序调用子程序时，实参 y、year 的值将依次传递给形参 m、n；返回时，形参 m、n 的值又将依次传递给实参 y、year。这是参数的双向传递过程。

（3）用过程实现：输入年份，判断是否是闰年。

程序文件名为 **fvp18.prg**。参考程序如下：

```
*** 主程序 ***
CLEAR
INPUT "请输入年份: " TO y
year=""
DO jsjsub WITH y,year
? STR(y)+year
RETURN
*** 过程　放在主程序后面 ***
PROC vfpsub
PARAMETERS m,n
h= m%4=0 and m%100<>0 OR m%400=0
n=IIF(h, "年是闰年!", "年不是闰年!")
RETURN
```

（4）用自定义函数实现：输入年份，判断是否是闰年。

程序文件名为 **fvp19.prg**。参考程序如下：

```
PARAMETERS y
h=(y%4=0 and y%100<>0 OR y%400=0)
n=IIF(h, "年是闰年!", "年不是闰年!")
RETURN ALLTRIM(STR(y))+n
```

请在 VFP 命令窗口中使用 MODI COMM fvp19 命令来建立一个以程序文件形式存在的自定义函数。建立好后，在命令窗口中使用不同的年份值，按如下格式输入命令多次执行，查看其结果。

```
? fvp17(2100)
```

2. 变量的作用域操作

不同变量在程序中各个模块的作用范围是不相同的。通过以下的示例，请体会全局变量、局部变量与私有变量的作用域，以及变量的屏蔽。

请建立如下代码的程序文件，文件名为 fvp20.prg。

```
*** 主程序 ***
CLEAR ALL
CLEAR
PUBLIC a
LOCAL b
a=100
c=200
? "  主程序调用前输出结果："
?? "a="+STR(a,3),"b=",b,"c="+STR(c,3)
DO sub1
? "  主程序调用后输出结果："
?? "a="+STR(a,3),"b=",b,"c="+STR(c,3),"d="+STR(d,3)
RETURN
*** 过程 ***
PROC sub1
PUBLIC d
PRIVATE a
a=10
b=20
c=30
d=40
? "  过程中输出结果：        "
?? "a="+STR(a,3),"b="+STR(b,3)," c="+STR(c,3),"d="+STR(d,3)
RETURN
```

13.3　实验要求

对于问题：找出 500 以内的素数。要求（请上机前先编写出程序）：

① 使用子程序实现。文件名为 LX8.prg。

② 使用过程实现。文件名为 LX9.prg。

③ 使用自定义函数实现。文件名为 LX10.prg。

实验 14　常用表单控件 1

14.1　实验目的

1）掌握控件"标签"的常用属性、事件、方法的使用。

2）掌握控件"文本框"的常用属性、事件、方法的使用。

3）掌握控件"命令按钮"的常用属性、事件、方法的使用。

4）掌握为控件的不同事件编写代码的方法。

5）掌握"数据环境"的使用方法。

14.2　实验内容

1．标签、文本框、命令按钮的使用 1

要求：设计一个表单，用于判断一年四季的月份，如实验图 14.1 左图所示。

① 当文本框 Text1 中输入 1 个月份后，单击"判断"按钮，根据月份判断是哪一个季节，在标签 Label2 中显示季节名称。

② 在文本框 Text1 中只能输入数字 1~12。

③ 当 Text1 输入错误时，显示提示信息"输入月份只能在 1~12 之间！"对话框。

④ 双击表单结束运行。

实验图 14.1　判断四季表单设计界面及运行结果

操作步骤如下：

第 1 步，创建一个新表单，以文件名"SL1-1.scx"保存，按照实验表 14.1 设置表单属性。

第 2 步，在表单中合适位置添加 2 个标签 Label1、Label2，1 个文本框 Text1，1 个命令按钮 Command1，按照实验表 14.1 设置各控件属性。拖动改变各控件位置和大小，如实验图 14.1 左图所示。

第 3 步，在文本框 Text1 的 Valid 事件中输入如下程序代码，完成要求③。

```
IF VAL(This.value)<1 OR VAL(This.value)>12        &&判断月份是否正确
    MESSAGEBOX("输入月份只能在 1~12 之间！",16,"输入错误")
ENDIF
```

第 4 步，在命令按钮 Command1 的 Click 事件中输入如下程序代码，完成要求①：

```
yue=VAL(Thisform.Text1.Value)
DO CASE
    CASE yue>=3 AND yue<=5
        Thisform.Label2.Caption="春"
    CASE yue>=6 AND yue<=8
        Thisform.Label2.Caption="夏"
    CASE yue>=9 AND yue<=11
        Thisform.Label2.Caption="秋"
    CASE yue=12 OR yue=1 or yue=2
        Thisform.Label2.Caption="冬"
ENDCASE
```

第 5 步，在表单 Form1 的 DblClick 事件中输入如下程序代码，完成要求④：

```
Thisform.Release
```

第 6 步，保存、运行表单，运行结果如实验图 14.1 右图所示。

实验表 14.1　SL1-1 属性设置

对　象	属　性	属性值	描　述
Form1	Caption	常用表单控件 1	设置表单标题栏文字
Text1	TabIndex	1	表单启动获得焦点
	InputMask	99	只能输入 2 位数字，完成要求②
	SelectOnEntry	.T.——真	内容自动选定
Label1	Caption	请输入月份	设置标签显示内容
	AutoSize	.T.——真	标签自动改变大小
Label2	AutoSize	.T.——真	标签自动改变大小
Command1	Caption	判断	命令按钮显示内容

2. 标签、文本框、命令按钮的使用 2

要求：设计一个表单，用于筛选任意输入的英文字母，如实验图 14.2 左图所示：

① 表单运行后，在文本框 Text1 中输入任意 ASCII 字符串，单击"筛选字母串"按钮，找出其中的字母串，在标签 Label2 中显示出来；

② 双击表单空白处可以关闭表单。

操作步骤如下：

第 1 步，创建一个新表单，以文件名"SL1-2.scx"保存，按照实验表 14.2 设置表单属性，完成要求①。

第 2 步，在表单中合适位置添加 2 个标签 Label1、Label2，1 个文本框 Text1，1 个命令按钮 Command1，按实验表 14.2 设置各控件属性。拖动改变各控件位置和大小，如实验图 14.2 左图所示。

第 3 步，在命令按钮 Command1 的 Click 事件中输入如下程序代码，完成要求②：

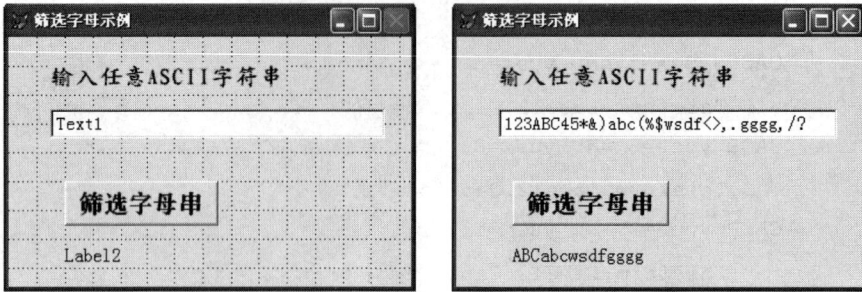

实验图 14.2 筛选字母串表单设计界面及运行结果

```
Thisform.Label2.caption=""
tempStr=ALLTRIM(Thisform.Text1.value)
FOR i=1 TO len(tempStr)
    x=SUBSTR(tempStr,i,1)
    IF x>="a" AND x<="z" or x>="A" AND x<="Z"
        Thisform.Label2.Caption=Thisform.Label2.Caption+x
    ENDIF
ENDFOR
```

第 4 步，在表单 Form1 的 DblClick 事件中输入如下程序代码，完成要求③：

```
Thisform.Release
```

第 5 步，保存、运行表单，运行结果如实验图 14.2 右图所示。

实验表 14.2 SL1-2 属性设置

对 象	属 性	属 性 值	描 述
Form1	Caption	筛选字母示例	设置表单标题栏文字
Label1	Caption	输入任意 ASCII 字符串	设置标签显示内容
	AutoSize	.T. - 真	标签自动改变大小
	FontName	楷体	设置标签字体
	FontSize	14	设置标签字号
	FontBold	.T.——真	设置标签显示内容为粗体
Label2	AutoSize	.T.——真	标签自动改变大小
	FontSize	11	设置标签字号
Text1	FontSize	11	设置文本框字号
Command1	Caption	筛选字母串	命令按钮显示内容
	FontName	华文中宋	设置命令按钮字体(如无此字体,可用相似字体代替)
	FontSize	14	设置命令按钮字号
	FontBold	.T.——真	设置命令按钮显示内容为粗体

3. 标签、文本框、命令按钮的使用 3

要求：设计一个表单，用于显示文字信息，如实验图 14.3 所示：

① 表单运行时在表单的中间位置出现"XXX 大学学籍管理系统"等文字。

② 当单击表单时，显示或隐藏"2011 年 10 月"。

③ 双击表单时关闭表单，结束程序运行。

实验图 14.3　标签控件设计表单

操作步骤如下：

第 1 步，建立一个新表单，以文件名"SL1-3.scx"保存，属性值设置如实验表 14.3 所示。

第 2 步，在表单合适位置添加 2 个标签控件 Label1、Label2，属性值设置如实验表 14.3 所示，完成要求①。

第 3 步，在表单的 Click 事件中输入如下代码，完成要求②。

```
Thisform.Label2.Visible = Not Thisform.Label2.Visible
```

第 4 步，在表单的 Dblclick 事件中输入如下代码，完成要求③：

```
Thisform.Release
```

第 5 步，保存、运行表单，运行后显示结果如实验图 14.3 所示。

实验表 14.3　SL1-3 属性设置

对　象	属　性	属 性 值	描　述
Form1	Caption	标签控件设计	设置表单标题栏文字
Label1	Caption	XXX 大学学籍管理系统	设置标签显示的文字
	FontName	华文琥珀	设置标签文字字体
	FontSize	18	设置标签文字大小
	AutoSize	.T.——真	标签根据文字自动改变大小
Label2	Caption	2011 年 10 月	
	FontName	楷体	
	FontSize	16	
	AutoSize	.T.——真	

4. 标签、文本框、命令按钮的使用 4

要求：设计一个表单，表单中有 3 个命令按钮 Command1（欢迎光临）、Command2 和 Command3（退出），如实验图 14.4 左图所示。

① 当鼠标指向 Command1 按钮时，该按钮上的文字变为"单击我"，其字体变为黑体，字号变为 12 磅。

② 当鼠标单击 Command1 按钮时，Command2 按钮上的文字变为狐狸图标。

③ 单击 Command3 按钮或按键盘上的 Esc 键结束程序运行。

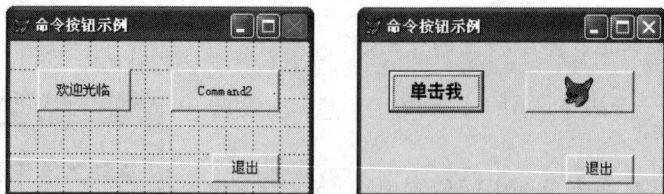

实验图 14.4 命令按钮表单设计界面及运行结果

操作步骤如下：

第 1 步，建立一个新表单，以文件名"SL1-4.scx"保存，属性值设置如实验表 14.4 所示。

第 2 步，在表单合适位置添加 3 个命令按钮 Command1、Command2、Command3，如实验图 14.4 左图所示，其属性值设置如实验表 14.4 所示。

第 3 步，在 Command1 的 MouseMove 事件中输入如下程序代码，完成要求①：

```
Thisform.Command1.Caption="单击我"
Thisform.Command1.Fontname="黑体"
Thisform.Command1.Fontsize=12
```

第 4 步，在 Command1 的 Click 事件中输入如下程序代码，完成要求②：

```
Thisform.Command2.Caption=""
Thisform.Command2.Picture="fox.bmp"
```

> **说明**
>
> 第二句程序代码中的"fox.bmp"即为狐狸图标文件的文件名，如果计算机无此文件，可以使用其他图形文件代替。在书写文件名时，可以使用绝对路径，也可以使用相对路径（本程序中使用的是相对路径）。

第 5 步，在 Command3 的 Click 事件中输入如下程序代码，完成要求③：

```
Thisform.Release
```

第 6 步，保存、运行表单，运行后显示结果如实验图 14.4 右图所示。

实验表 14.4 SL1-4 属性设置

对象	属性	属性值	描述
Form1	Caption	命令按钮示例	设置表单标题栏文字
Command1	Caption	欢迎光临	设置显示文字
Command3	Caption	退出	设置显示文字
	Cancel	.T.——真	设置为取消按钮，完成要求③

5. 标签、文本框、命令按钮的使用 5

要求：设计一个表单，实现华氏温度 F 与摄氏温度 C 之间的转换，其关系为：F=C×9/5+32；C=5/9×(F-32)，如实验图 14.5 左图所示：

① 在文本框 Text1 中输入摄氏温度，单击"摄转华"按钮，在 Text2 中输出对应的华氏温度。

② 在文本框 Text2 中输入华氏温度，单击"华转摄"按钮，在 Text1 中输出对应的摄氏温度。

实验图 14.5　文本框表单设计界面及运行结果

操作步骤如下：

第 1 步，建立一个新表单，以文件名"SL1-5.scx"，保存属性值设置如实验表 14.5 所示。

第 2 步，在表单中添加 2 个标签 Label1、Label2，根据实验表 14.5 设置各标签的属性，调整其位置与大小如实验图 14.5 左图所示。

第 3 步，在表单中添加 2 个文本框 Text1、Text2，调整位置与大小如实验图 14.5 左图所示。

第 4 步，在表单中添加 2 个命令按钮 Command1、Command2，根据实验表 14.5 设置其属性，调整其位置与大小如实验图 14.5 左图所示。

第 5 步，在 Command1 的 Click 事件中输入以下代码：

```
c=VAL(Thisform.Text1.Value)
f=c*9/5+32
Thisform.Text2.Value=Str(F,8,2)+"℃"
```

第 6 步，在 Command2 的 Click 事件中输入下列程序代码：

```
f=VAL(Thisform.Text2.Value)
c=5/9*(f-32)
Thisform.Text1.Value=Str(c,8,2)+"℃"
```

第 7 步，保存表单，运行后结果如实验图 14.5 右图所示。

实验表 14.5　SL1-5 主要属性设置

对　象	属　性	属性值	描　述
Form1	Caption	文本框示例	设置表单标题栏文字
Label1	Caption	摄氏温度	设置标签显示的文字
Label2	Caption	华氏温度	
Command1	Caption	摄转华	设置命令按钮显示文字
Command2	Caption	华转摄	

> **说明**
>
> 设计表单时，如果在"属性"窗口中没有修改文本框的 Value 属性值（默认值为空），则表单运行时，在文本框中输入的内容为字符型左对齐，存放在 Value 属性中。本例没有设置文本框的 Value 属性值，因而在语句 c=VAL(Thisform.Text1.Value)中，使用 VAL 函数将其输入的内容转换为数值型数据，然后才能进行华氏温度的计算；同样的道理，在 Thisform.Text2.Value=Str(F,10,2)+"℃"语句中，先使用 STR 函数将计算出的数值型结果转换为字符型数据，再放入 Text2 中。否则，在程序运行时，会报告"数据类型不匹配"。
>
> 如果在第 3 步中，将 Text1 和 Text2 的 Value 属性值预先设置为 0，则文本框中只能输入数值型数据，在程序代码中就不再需要 VAL 函数和 STR 函数。

6. 标签、文本框、命令按钮的使用 6

要求：设计一个表单，用于计算三角形的面积，如实验图 14.6 所示。首先在文本框 Text1 和 Text2 中分别输入三角形的底和高，然后单击"计算"按钮，在文本框 Text3 中显示计算出的面积。

实验图 14.6 文本框表单设计界面及运行结果

操作步骤如下：

第 1 步，建立一个新表单，以文件名"SL1-6.scx"保存，属性值设置如实验表 14.6 所示。

第 2 步，在表单中添加 3 个标签 Label1、Label2、Label3，根据实验表 14.6 设置各标签的属性，调整其位置与大小如实验图 14.6 左图所示。

第 3 步，在表单中添加命令按钮 Command1，根据实验表 14.6 设置其属性，调整其位置与大小如实验图 14.6 左图所示。

实验表 14.6 SL1-6 属性设置

对 象	属 性	属 性 值	描 述
Form1	Caption	文本框示例	设置表单标题栏文字
Label1	Caption	计算三角型的面积	设置标签显示的文字
	AutoSize	.T.——真	设置标签文字大小
	FontSize	16	标签根据文字自动改变大小
Label2	Caption	底	
	AutoSize	.T. ——真	
	FontSize	12	

续表

对　象	属　性	属性值	描　述
Label3	Caption	高	
	AutoSize	.T.——真	
	FontSize	12	
Text3	ReadOnly	.T.——真	设置只读，面积不能手工输入
Command1	Caption	计算	设置命令按钮显示文字

注意

由于三角形的面积由程序计算，自动填入 Text3 中，不需要手工操作，因而设置其为只读属性。

第 4 步，在 Command1 的 Click 事件中输入以下代码，完成题目要求：

```
x=Val(Thisform.Text1.Value)
y=Val(Thisform.Text2.Value)
z=x*y*0.5
Thisform.Text3.Value=STR(z,10,2)
```

第 5 步，保存表单，运行后结果如实验图 14.6 右图所示。

7. 标签、文本框、命令按钮的使用 7

要求：设计一个表单，以文件名"SL1-7.scx"保存，用于浏览、编辑数据表 JSJ-1 中的数据，如实验图 14.7 左图所示：

① 学号字段、姓名字段的内容只能查看，不允许修改。
② 总评分字段的内容由程序自动计算，不需要手工修改。
③ 单击"下一条"按钮时，显示当前记录后面的记录，并且自动重新计算总评分。
④ 单击"上一条"按钮时，显示当前记录前面的记录，并且自动重新计算总评分。
⑤ 单击"重算总评分"按钮时，重新计算总评分。

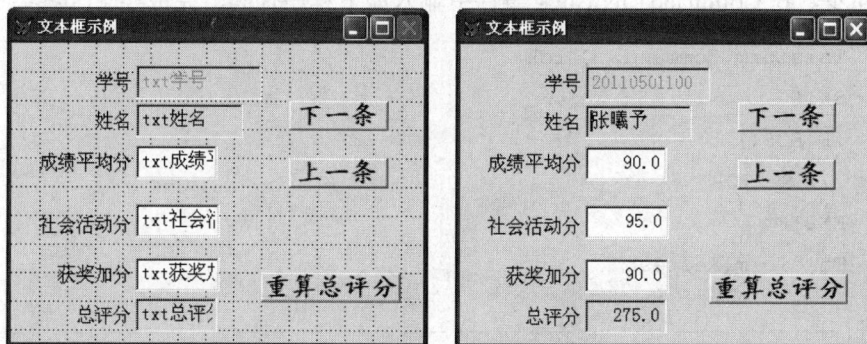

实验图 14.7　文本框表单设计界面及运行结果

操作步骤如下：

第 1 步，建立一个新表单，以文件名"SL1-7.scx"保存，属性值设置如实验表 14.7 所示。

第 2 步，在表单中，使用鼠标右建单击表单空白处，在弹出的快捷菜单中选择"数据环境"功能，打开"数据环境"。在"数据环境"中添加数据表 JSJ-1.DBF，然后将学号、姓名、成绩平均分、社会活动分、获奖加分、总评分字段从"数据环境"中拖动到表单中，调整其位置与大小如实验图 14.7 右图所示。

根据实验表 14.7 设置各文本框的属性，完成要求①、②。各文本框的数据绑定（ControlSource 属性）由系统自动设置，不需要再修改。各标签属性设置均取默认值，不再需要修改；

> **说明**
>
> 不允许修改文本框中的内容，有两种方法：将文本框的 Enabled 属性设置为.F.，或者将文本框的 ReadOnly 属性设置为.T.。但二者的显示效果不同，前者在表单运行时，插入点无法放置进去，且显示为灰色；后者在表单运行时，插入点可以放入，但无法增加或删除内容，且显示为黑色，如实验图 14.7 所示。

第 3 步，在表单中合适位置添加 3 个命令按钮 Command1、Command2、Command3，如实验图 14.7 所示，其主要属性值设置如实验表 14.7 所示。

实验表 14.7　SL1-7 主要属性设置

对 象	属 性	属性值	描 述
Form1	Caption	文本框示例	设置表单标题栏文字
txt 学号	Enabled	.F.	不允许修改，显示为灰色
txt 姓名	ReadOnly	.T.	不允许修改，仅显示
txt 总评分	ReadOnly	.T.	
Command1	Caption	下一条	设置命令按钮显示文字
Command2	Caption	上一条	
Command3	Caption	重算总评分	

第 4 步，在 Command1 的 Click 事件中输入如下程序代码，完成要求③：

```
Thisform.Command3.Click
SKIP
IF EOF()
    GO TOP
ENDIF
Thisform.Refresh
```

> **说明**
>
> 移动记录指针前，需重新计算总评分。本段程序使用语句 Thisform.Command3.Click 直接调用 Command3 的 Click 事件中的代码完成此功能。在记录指针移动后，使用 Thisform.Refresh 语句强制更新各文本框中显示的内容。

第 5 步，在 Command2 的 Click 事件中输入如下程序代码，完成要求③：

```
Thisform.Command3.Click
SKIP -1
IF BOF()
    GO BOTTOM
ENDIF
Thisform.Refresh
```

第 6 步，在 Command3 的 Click 事件中输入如下程序代码，完成要求⑤：

Thisform.Txt 总评分.Value=thisform.txt 成绩平均分.Value+Thisform.txt 社会活动分.Value+Thisform.Txt 获奖加分.Value

```
Thisform.Refresh
```

第 7 步，保存、运行表单，运行后结果如实验图 14.7 右图所示。

说明

由于各文本框控件已经分别与数据环境中数据表 jxj_1.dbf 中的字段绑定，所以在各文本框中所作的任何修改都将自动保存到数据表 jxj_1.dbf 中。

---

8. **标签、文本框、命令按钮的使用 8**

要求：设计一个输入用户基本信息的表单，以文件名"SL1-8.scx"保存，如实验图 14.8 左图所示。

① 姓名最长为 4 个汉字，并且自动打开输入法。
② 密码用"*"代表，自动关闭输入法。
③ 年龄介于 1～150 之间。
④ 基本工资、岗位工资的整数最大为 4 位，小数 2 位。
⑤ 当基本工资或岗位工资发生变化时，自动计算出合计填入实发工资处。

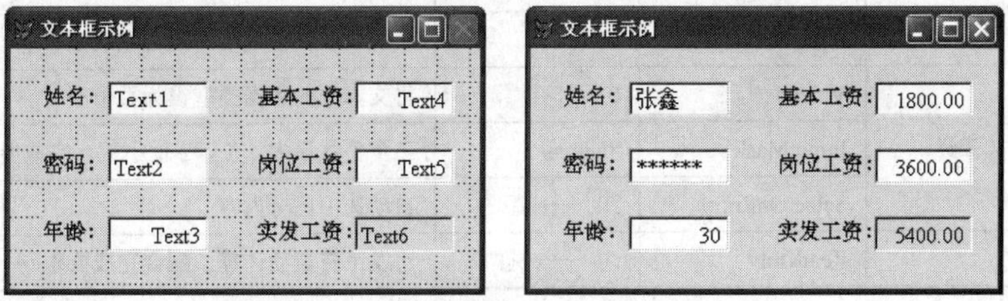

实验图 14.8　文本框表单设计界面及运行结果

操作步骤如下：

第 1 步，建立一个新表单，以文件名"SL1-8.scx"保存，属性值设置如实验表 14.8 所示。

第 2 步，在表单合适位置添加 6 个标签 Label1~Label6，6 个文本框 Text1~Text6，属性值设置如实验表 14.8 所示，完成要求①、②、④。配合完成要求③、⑤。

第 3 步，在 Text3 的 Valid 事件中输入如下程序代码，完成要求③：

```
IF Thisform.Text3.Value<1 OR Thisform.Text3.Value>150
    MESSAGEBOX("年龄应该介于 1 至 150 之间！")
    RETURN 0
ELSE
    RETURN 1
ENDIF
```

第 4 步，在 Text4、Text5 的 InteractiveChange 事件中分别输入如下代码，完成要求⑤：

```
Thisform.Text6.Value = Thisform.Text4.Value + Thisform.Text5.Value
```

第 5 步，保存、运行表单，运行后显示结果如实验图 14.8 右图所示。

实验表 14.8　SL1-8 属性设置

对　象	属　性	属性值	描　述
Form1	Caption	文本框示例	设置表单标题栏文字
Label1	Caption	姓名：	
Label2	Caption	密码：	
Label3	Caption	年龄：	设置标签显示的文字
Labe4	Caption	基本工资：	
Label5	Caption	岗位工资：	
Label6	Caption	实发工资：	
Text1（姓名）	IMEMode	1——开 IME	打开输入法，完成要求①
	MaxLength	8	1 个汉字为 2 个字符，完成要求①
	SelectOnEntry	.T. ——真	自动选中已有内容
Text2（密码）	IMEMode	2——关闭 IME	关闭输入法，完成要求②
	PasswordChar	*	密码用"*"代替，完成要求②
Text3（年龄）	Value	0	将文本框的数据类型设为数值型
	InputMask	###	年龄最多 3 位数值，配合完成要求③
Text4、Text5（工资）	Value	0	将文本框的数据类型设为数值型
	ImputMask	####.##	工资整数最大 4 位，2 位小数，完成要求④
	SelectOnEntry	.T. ——真	自动选中已有内容
Text6（实发）	ReadOnly	.T. ——真	实发工资自动计算，配合完成要求⑤

14.3　实验要求

自己设计表单，解决以下问题（请上机前写出主要对象的事件代码程序）：

① 设计一个表单（LX1.scx）如实验图 14.9 所示，在表单 Form1 中有 1 个标签 Lable1、1 个命令按钮 Command1 和 2 个文本框 Text1、Text2。其中 Command1 的 Caption 属性设置为"计算"。

要求：当表单运行后，在 Text1 和 Text2 中分别输入 2 个数字，然后单击 Command1 按钮，在 Label1 中显示 2 个数字的和。

② 设计一个表单（LX2.scx）如实验图 14.10 所示，在表单 Form1 中有 3 个命令按钮 Command1、Command2 和 Command3，1 个文本框 Text1。其中 Command1、Command2、Command3 的 Caption 属性分别设置为"红色"、"绿色"、"蓝色"。

实验图 14.9 求和表单设计界面

实验图 14.10 设置颜色表单设计界面

要求：当表单运行后，单击按钮，设置文本框中输入内容的颜色。

> **提示**
>
> 在程序代码中设置对象显示颜色的格式为 RGB(0,0,0)，红绿蓝的颜色代码分别为(255,0,0)，(0,255,0)，(0,0,255)。

③ 设计表单（LX3.scx）如实验图 14.11 所示，在文本框 Text1 中输入 1 个自然数，然后单击"判断素数"按钮，判断输入的数是否为素数，并将结果放入标签 Label2 中。

实验图 14.11 判断素数

④ 先建立一张数据表 xs.dbf，其表结构和数据内容如实验表 14.9 所示，然后请设计两个表单，要求完成以下功能：

- 设计一个表单（LX4.scx），对表 xs.dbf 进行查询操作，如实验图 14.12 所示。表单运行后，单击查询按钮，在表单中分别显示语文最高分、数学最高分和总分第一名的姓名。

实验表 14.9 XS.DBF 表

学号/C/4	姓名/C/8	性别/C/2	语文/N/3	数学/N/3
1001	张三	男	80	85
1002	李四	女	90	95
1003	王五	男	75	80
1004	赵六	女	85	95

● 设计一个表单（LX5.scx），在 xs.dbf 表中进行查询操作，如实验图 14.13 所示。表单运行后，在文本框中输入学生姓名，然后单击查询按钮。如果成绩表中有此人，则显示此人的语文、数学成绩。如果成绩表中无此人，则显示"查无此人"的提示对话框。

実验图 14.12 表姓名查询   实验图 14.13 表成绩查询

实验 15　常用表单控件 2

15.1　实验目的

1）掌握编辑框、命令按钮组的常用属性、事件、方法的使用。
2）掌握选项按钮组、复选框的常用属性、事件、方法的使用。
3）掌握组合框、列表框的常用属性、事件、方法的使用。
4）掌握微调控件的常用属性、事件、方法的使用。
5）掌握使用程序代码操作数据表的方法。

15.2　实验内容

1. 编辑框示例

要求：设计一个表单如实验图 15.1 左图所示，以文件名"SL1-9.scx"保存，浏览、编辑数据表 xsdab.dbf 中所有记录的学号、姓名和简历：

① 学号、姓名字段只能浏览，不允许修改。
② 简历字段可以浏览、修改，修改后自动保存到表 xsdab.dbf 中。
③ 单击"下一条"按钮浏览、编辑当前记录后面一条记录。
④ 单击"上一条"按钮浏览、编辑当前记录前面一条记录。
⑤ 单击"退出"命令按钮结束程序运行。

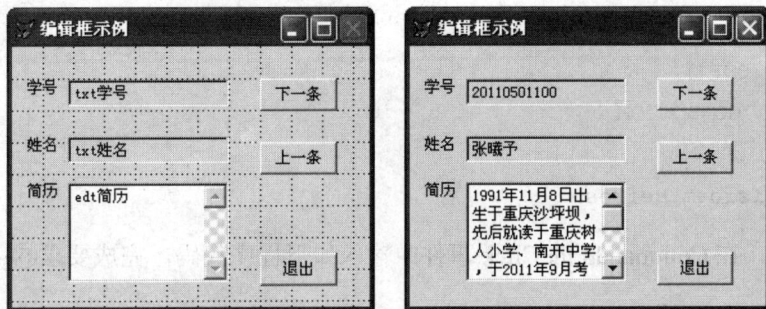

实验图 15.1　编辑框表单设计界面及运行结果

操作步骤如下：

第 1 步，建立一个新表单，属性值设置如实验表 15.1 所示。

第 2 步，在新建表单中，将数据表 xsdab.dbf 添加到数据环境中。然后将学号、姓名和简历字段从数据数据环境中拖动到表单中，调整其位置与大小如实验图 15.1 左图所示。

根据实验表 15.1 设置各文本框的属性，完成要求①。各文本框、编辑框的数据绑定（ControlSource 属性）由系统自动设置，不需要再修改。各标签属性设置均取默认值，不再需要修改。

第 3 步，在表单合适位置添加 3 个命令按钮 Command1、Command2、Command3，其位置、大小如实验图 15.1 左图所示，属性值设置如实验表 15.1 所示。

实验表 15.1　编辑框属性设置

对　象	属　性	属性值	描　述
Form1	Caption	编辑框示例	设置表单标题栏文字
txt 学号	ReadOnly	.T.——真	不可修改
txt 姓名	ReadOnly	.T.——真	
Command1	Caption	下一条	设置显示文字
Command2	Caption	上一条	
Command3	Caption	退出	

第 4 步，在 Command1 的 Click 事件中输入如下程序代码，完成要求③：

```
SKIP
IF EOF()
    GO TOP
ENDIF
Thisform.Refresh
```

注意

在记录指针移动后，使用 Thisform.Refresh 语句强制更新各文本框、编辑框中显示的内容。

第 5 步，在 Command2 的 Click 事件中输入如下程序代码，完成要求④：

```
SKIP -1
IF BOF()
    GO BOTTOM
ENDIF
Thisform.Refresh
```

第 6 步，在 Command3 的 Click 事件中输入如下程序代码，完成要求⑤：

```
Thisform.Release
```

第 7 步，保存表单，运行后结果如实验图 15.1 右图所示。

注意

由于编辑框"edt 简历"已经与数据环境中数据表 xsdab.dbf 的"简历"字段绑定，所以在编辑框"edt 简历"中所作的任何修改都将自动保存到 xsdab.dbf 的"简历"字段中，无需再为要求②编写程序代码。

2. 命令按钮组示例

要求：设计一个表单，以文件名"SL1-10.scx"保存，使用命令按钮组，改变文本框的内容及字体设置，如实验图 15.2 左图所示。表单运行时：

① 单击"宋体"按钮，在文本框 Text1 中显示"VFP 简单、易学"，字体为"宋体"。

② 单击"黑体"按钮，在文本框 Text1 中显示"学习方法很重要"，字体为"黑体"。

③ 单击"隶书"按钮，在文本框 Text1 中显示"多看例题多思考"，字体为"隶书"。

实验图 15.2　命令按钮组表单设计界面及运行结果

操作步骤如下：

第 1 步，建立一个新表单，属性值设置如实验表 15.2 所示。

第 2 步，在表单合适位置添加 1 个文本框 Text1，1 个命令按钮组 Commandgroup1，属性值设置如实验表 15.2 所示。

实验表 15.2　命令按钮组示例属性设置

对　象	属　性	属性值	描　述
Form1	Caption	命令按钮组示例	设置表单标题栏文字
Text1	FontSize	16	文本框字体大小
	Alignment	2——中间	文本框中文字居中对齐
Command1	Caption	宋体	设置显示文字
Command2	Caption	黑体	
Command3	Caption	隶书	

第 3 步，在表单中选定 Commandgroup1，在属性窗口中将 Buttoncount 设置为 3，然后拖动改变 Commandgroup1 的大小，显示出所有 3 个命令按钮。

在表单中，使用鼠标右键单击 Commandgroup1，在弹出的快捷菜单中选择"编辑"功能，进入编辑状态，调整按钮组中的 3 个按钮的位置与大小，如实验图 15.2 左图所示。

第 4 步，在属性窗口的对象列表框中选中对象 Command1，设置其 Caption 属性为"宋体"。使用同样的方法设置 Command2、Command3 的 Caption 属性。

第 5 步，在 Commandgroup1 的 Click 事件中，输入如下程序代码，完成题目要求：

```
DO CASE
    CASE THIS.Value = 1
        Thisform.Text1.Value = "VFP 简单、易学"
    CASE THIS.Value = 2
        Thisform.Text1.Value = "学习方法很重要"
    CASE THIS.Value = 3
```

```
        Thisform.Text1.Value = "多看例题多思考"
ENDCASE
Thisform.Text1.Fontname=This.Buttons(This.Value).Caption
```

> **注意**
>
> 本例使用命令按钮组控件，只需对按钮组控件编程，就可以同时完成题目要求①、②、③，方便快捷，在设计应用程序过程中，就多使用此方法。
>
> 语句 This.Buttons(This.Value).Caption 使用了 Buttons 数组，通过 Value 属性来判断当前单击的按钮，简化了编程，请用心体会。

第 6 步，保存表单，运行后显示结果如实验图 15.2 右图所示。

3. 选项按钮组示例

要求：设计一个表单如实验图 15.3 左图所示，以文件名"SL1-11.scx"保存，浏览、编辑数据表 xsdab.dbf 中所有记录的学号、姓名和性别：

① 学号、姓名只能浏览，不允许修改。
② 性别通过选项按钮进行选择，为了防止错误录入不允许直接输入。
③ 性别修改后的结果自动保存到表 xsdab.dbf 中。
④ 单击"上一人"按钮浏览当前记录的前一条记录。
⑤ 单击"下一人"按钮浏览当前记录的后一条记录。
⑥ 单击"退出"命令按钮结束程序。

> **说明**
>
> 为了简化有关数据表的操作，使用数据环境访问表 xsdab.dbf。

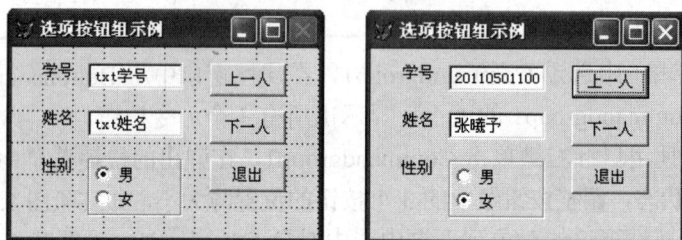

实验图 15.3　选项按钮组表单设计界面及运行结果

操作步骤如下：

第 1 步，建立一个新表单，属性值设置如实验表 15.3 所示。

第 2 步，在表单设计器中打开数据环境，将数据表 xsdab.dbf 添加到数据环境中。然后将学号、姓名字段从数据环境中拖动到表单中，调整其位置与大小如实验图 15.3 左图所示。

根据实验表 15.3 设置各文本框的属性，完成要求①。各文本框的数据绑定（ControlSource 属性）由系统自动设置，不需要再修改。学号标签和姓名标签的属性设置均取默认值，不再需要修改。

实验表 15.3　选项按钮组示例属性设置

对　象	属　性	属性值	描　述
Form1	Caption	选项按钮组示例	设置表单标题栏文字
txt 学号	ReadOnly	.T.——真	不可修改
txt 姓名	ReadOnly	.T.——真	
Label1	Caption	性别	设置显示文字
Optiongroup1	ControlSource	xsdab.性别	绑定数据表中字段
Option1	Caption	男	设置显示文字
Option2	Caption	女	
Command1	Caption	上一人	
Command2	Caption	下一人	
Command3	Caption	退出	

　　第 3 步，在实验图 15.3 左图所示表单中，添加 1 个标签 label1、1 个选项按钮组 Optiongroup1，其属性值设置如实验表 15.3 所示，调整其位置与大小如实验图 15.3 左图所示，完成要求②。

> **注意**
> 重点查看选项按钮组 Optiongroup1 的 ControlSource 属性设置。

　　第 4 步，在表单中合适位置添加 3 个命令按钮 Command1、Command2、Command3，根据实验表 15.3 设置各命令按钮的属性，调整其位置与大小如实验图 15.3 左图所示。

　　第 5 步，在 Command1 的 Click 事件中输入如下程序代码，完成要求④：

```
SKIP -1
IF BOF()
    GO BOTTOM
ENDIF
Thisform.Refresh
```

> **说明**
> 在记录指针移动后，使用 Thisform.Refresh 语句强制更新各文本框、编辑框中显示的内容。

　　第 6 步，在 Command2 的 Click 事件中输入如下程序代码，完成要求⑤：

```
SKIP
IF EOF()
    GO TOP
ENDIF
Thisform.Refresh
```

第 7 步，在 Command3 的 Click 事件中输入如下程序代码，完成要求⑦：

```
Thisform.Release
```

第 8 步，保存表单，运行后显示结果如实验图 15.3 右图所示。

> **说明**
>
> 由于选项按钮组 Optiongroup1 已经与数据环境中数据表 xsdab.dbf 的"性别"字段绑定，所以在选项按钮组 Optiongroup1 中所作的任何修改都将自动保存到 xsdab.dbf 的"性别"字段中，无需再为要求③编写程序代码。

4. 复选框示例

要求：设计一个表单，以文件名"SL1-12.scx"保存，如实验图 15.4 左图所示：
① 当表单运行时，在文本框 Text1 中显示当前日期。
② 当选择"粗体"选项时，将 Text1 中的字体格式设置为"粗体"。
③ 当选择"斜体"选项时，将 Text1 中的字体格式设置为"斜体"。
④ 当选择"下划线"选项时，将 Text1 中的字体格式设置为"下划线"。

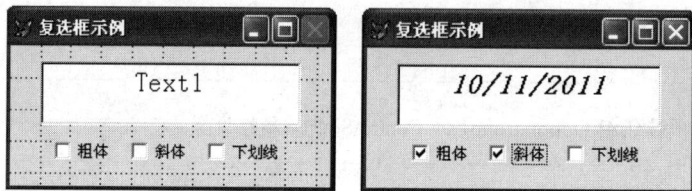

实验图 15.4 复选框示例表单设计界面及运行结果

操作步骤如下：
第 1 步，建立一个新表单，属性值设置如实验表 15.4 所示。

实验表 15.4 复选框示例属性设置

对 象	属 性	属性值	描 述
Form1	Caption	复选框示例	设置表单标题栏文字
Text1	FontSize	16	文本框字体大小
	Alignment	2——中间	文本框中文字居中对齐
Check1	Caption	粗体	设置复选框显示内容
Check2	Caption	斜体	
Check3	Caption	下划线	

第 2 步，在表单中合适位置添加 1 个文本框和 3 个复选框，其属性值设置如实验表 15.4 所示，调整其位置与大小如实验图 15.4 左图所示。

第 3 步，在表单的 Init 事件中输入如下程序代码，完成要求①：

```
Thisform.Text1.Value = DATE()
```

第 4 步，在 Check1 的 Click 事件中输入如下程序代码，完成要求②：

```
IF Thisform.Check1.Value = 1
    Thisform.Text1.Fontbold = .T.
ELSE
    Thisform.Text1.Fontbold = .F.
ENDIF
```

第 5 步，在 Check2 的 Click 事件中输入如下程序代码，完成要求③：

```
IF Thisform.Check2.Value = 1
    Thisform.Text1.Fontitalic = .T.
ELSE
    Thisform.Text1.Fontitalic = .F.
ENDIF
```

第 6 步，在 Check3 的 Click 事件中输入如下程序代码，完成要求④：

```
Thisform.Text1.Fontunderline = NOT Thisform.Text1.Fontunderline
```

注意

在本例中，由于文本框的 Fontunderline 属性的值为逻辑型，因而可以使用直接"取反"的方式完成题目要求，其效果与步骤第 4 步、第 5 步一样。请仔细体会这 2 种方法各自的特点。

第 7 步，保存表单，运行后显示结果如实验图 15.4 右图所示。

5. 列表框示例

要求：设计一个表单，以文件名"SL1-13.scx"保存，向 cjb.dbf 表中添加学生的考试成绩，如实验图 15.5 左图所示：

① 为了防止输入错误，表 xsdab.dbf 中的学号、kcb.dbf 中的课程代码、学期分别用列表框显示，用户从列表框中选取。

② 在 Text1 中输入成绩后，单击"增加"按钮将学号、课程代码、学期、成绩添加到 cjb.dbf 表中。

③ 同一个学号的同一课程代码的成绩只能添加 1 次。

说明

为方便列表框的使用，本例使用数据环境操作表 xsdab.dbf 和 kcb.dbf 表。在向 cjb.dbf 表中添加记录前，使用 LOCATE 语句查找判断记录是否已经添加，如没有添加，则使用 REPLACE 语句添加。向 cjb.dbf 表中添加记录也可以使用 SQL 语句。

操作步骤如下：

第 1 步，建立一个新表单，属性值设置如实验表 15.5 所示。

第 2 步,在表单中,打开"数据环境",将表 xsdab.dbf 和 kcb.dbf 表添加到数据环境中,关闭数据环境。

实验表 15.5 列表框示例属性设置

对 象	属 性	属性值	描 述
Form1	Caption	列表框示例	设置表单标题栏文字
List1	RowSourceType	2——别名	列表中显示的值的类型
	RowSource	Xsdab	列表中显示的值的来源
	ColumnCount	2	显示表的前 2 列
	BoundColumn	1	选中数据项后返回第 1 列的值
List12	RowSourceType	2-别名	
	RowSource	Kcb	
	ColumnCount	2	
	BoundColumn	1	
List13	RowSourceType	1——值	
	RowSource	1,2,3,4,5,6,7,8	
Label1	Caption	学号	
Label2	Caption	课程代码	
Label3	Caption	学期	设置显示文字
Label4	Caption	成绩	
Command1	Caption	增加	

第 3 步,在表单中添加 3 个列表框 List1、List2、List3,根据实验表 15.5 设置各列表框的属性,调整其位置与大小如实验图 15.5 左图所示,完成要求①。

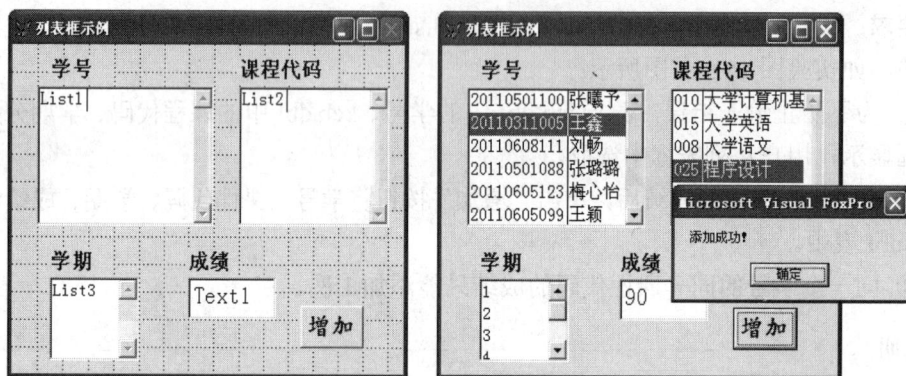

实验图 15.5 列表框示例表单设计界面及运行结果

> **注意**
>
> List1、List2 使用"别名"进行填充,其内容来自数据表;List3 使用"值"进行填充。仔细观察 2 种方法中,RowSourceType、RowSource、ColumnCount、BoundColumn 等属性的不同设置。

第 4 步，在表单中添加 1 个文本框 Text1，4 个标签 Label1、Label2、Label3、Label4，1 个命令按钮 Command1，根据实验表 1.14 设置各控件的属性，调整其位置与大小如实验图 15.5 左图所示。

第 5 步，在 Command1 的 Click 事件中输入如下程序代码，完成要求②、③：

```
xh=Thisform.List1.Value
kcdm=Thisform.List2.Value
xq=Thisform.List3.Value
cj=VAL(Thisform.Text1.Value)
*** 如下语句向 cjb.dbf 表中添加记录 ***
SELECT 0
USE cjb
LOCATE FOR 学号=xh AND 课程代码=kcdm          && 判断是否已经添加
IF FOUND()
    USE
    MESSAGEBOX("该学号的所选课程已经添加！不能重复添加！")
ELSE
    APPE BLANK
    REPLACE 学号 WITH xh,课程代码 WITH kcdm,学期 WITH xq,成绩 WITH cj
    USE
    MESSAGEBOX("添加成功！")
ENDIF
```

第 6 步，保存表单，运行后显示结果如实验图 15.5 右图所示。

6．组合框示例

要求：设计一个表单，以文件名"SL1-14.scx"保存，利用组合框查看表 xsdab.dbf 中所有学生的学号、姓名、性别及出生日期，如实验图 15.6 左图所示：

① 在查看过程中，可以通过组合框的下拉列表选取学号进行查看；也可直接在组合框中输入学号进行查看。

② 学号输入过程中，自动显示已经部分匹配的记录内容。

③ 姓名、性别、出生日期字段只能浏览，不能修改。

④ 单击"退出"按钮结束程序运程。

┌─ 说明 ───
│ 　本例不使用数据环境，直接使用程序代码方式操作数据表，请仔细对比这种方法与前面示例使
│ 用数据环境操作数据表方法的区别。因为表 xsdab.dbf 中学号为"字符型"，为返回在组合框中输入
│ 的内容，使用 Text 属性。
└───

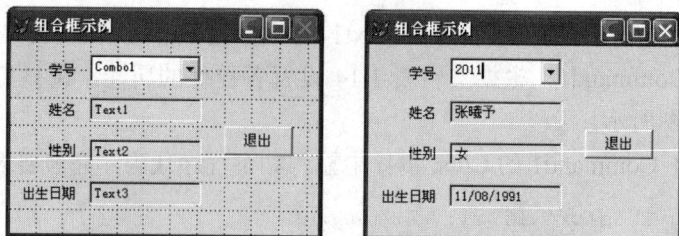

实验图 15.6 组合框示例表单设计界面及运行结果

操作步骤如下：

第 1 步，建立一个新表单，属性值设置如实验表 15.6 所示。

实验表 15.6 组合框示例属性设置

对　象	属　性	属性值	描　述
Form1	Caption	组合框示例	设置表单标题栏文字
Label1	Caption	学号	设置标签显示内容
Label2	Caption	姓名	
Label3	Caption	性别	
Label4	Caption	出生日期	
Text1	ReadOnly	.T.——真	设置文本框为只读，完成要求③
Text2	ReadOnly	.T.——真	
Text3	ReadOnly	.T.——真	
Command1	Caption	退出	命令按钮显示内容

第 2 步，在表单中合适位置添加 4 个标签 Label1、Label2、Label3、Label4，1 个组合框 Combo1、3 个文本框 Text1、Text2、Text3 和 1 个命令按钮 Command1，根据实验表 15.6 设置各控件的属性，调整其位置与大小如实验图 15.6 左图所示。

第 3 步，在 Combo1 的 Init 事件中输入如下程码，设置 Combo1 列表框中显示内容：

```
USE xsdab
This.RowSourceType = 6
```

***下面语句为组合框指定填充内容，可以指定为一个表名如 xsdab，也可以指定为一个表中的字段名 ***

```
This.RowSource = "xsdab.学号"
This.ColumnCount=1
This.BoundColumn=1
```

第 4 步，在 Combo1 的 InteractiveChange 事件中输入如下代码，完成要求①：

```
LOCATE FOR 学号=alltrim(this.text)    && 使用=进行模糊查找，完成要求②
Thisform.Text1.Value = 姓名
Thisform.Text2.Value = 性别
Thisform.Text3.Value = 出生日期
```

```
Thisform.Refresh
```

第 5 步，在 Command1 的 Click 事件中输入如下代码，完成要求④：

```
Thisform.Release
```

第 6 步，在 Form1 的 Unload 事件中输入如下代码，在结束程序时关闭表 xsdab.dbf：

```
USE
```

第 7 步，保存表单，运行后显示结果如实验图 15.6 右图所示。

> **注意**
>
> 图中组合框内的学号只输入了一部分 "2011"，但已经通过模糊查找显示出了与之部分匹配记录的内容。

7. 微调控件示例

要求：设计一个表单，以文件名 "SL1-15.scx" 保存，用于调整计算机的当前日期，如实验图 15.7 左图所示：
① 用户可以直接在文本框中输入新的日期值。
② 用户可以通过单击上微调按钮或下微调按钮来调整文本框中的日期值。
③ 单击 "设置日期" 按钮，使用文本框中的日期值更改计算机的系统日期。

> **说明**
>
> 本例利用 DOS 的内部命令 DATE 来改变系统日期。同理，也可使用 DOS 的内部命令 TIME 来改变系统时间。

实验图 15.7　微调控件示例表单设计界面及运行结果

操作步骤如下：
第 1 步，建立一个新表单，其属性值设置如实验表 15.7 所示。

实验表 15.7　微调控件示例属性设置

对　象	属　性	属性值	描　述
Form1	Caption	微调控件示例	设置表单标题栏文字
Command1	Caption	设置日期	命令按钮显示内容

第 2 步，在表单中合适位置添加 1 个文本框 Text1，调整其位置和大小如实验图 15.7

左图所示，根据实验表 15.7 设置 Text1 的属性值，完成要求①。

　　第 3 步，在表单中合适位置添加 1 个微调控件 Spinner1，调整其位置和大小如实验图 15.7 左图所示，微调控件 Spinner1 的所有属性均使用其默认值，完成要求②。

　　在表单中合适位置添加 1 个命令按钮 Command1，调整其位置和大小如实验图 15.7 所示，依据实验表 15.7 设置 Command1 的属性值。

　　第 4 步，在 Form1 的 Init 事件中输入如下程序代码，在 Text1 中显示当前系统日期：

```
SET DATE TO ANSI
SET CENTURY ON
Thisform.Text1.Value=DATE()
```

在 Command1 的 Click 事件中输入如下程序代码，完成要求③：

```
yy=ALLTRIM(STR(YEAR(Thisform.Text1.Value)))
mm=ALLTRIM(STR(MONTH(Thisform.Text1.Value)))
dd=ALLTRIM(STR(DAY(Thisform.Text1.Value)))
mydate=yy+"/"+mm+"-"+dd          && 构造日期字符串
RUN DATE &mydate                 && 使用外部 DOS 命令更新系统日期
```

第 5 步，在 Spinner1 的 UpClick 事件中输入如下程序代码，增加 Text1 中的日期：

```
Thisform.Text1.Value = Thisform.Text1.Value+1
```

第 6 步，在 Spinner1 的 DownClick 事件输入代码，减小 Text1 中的日期：

```
Thisform.Text1.Value = Thisform.Text1.Value - 1
```

　　第 7 步，保存表单，运行后显示结果如实验图 15.7 右图所示。

15.3　实验要求

　　自己设计表单，解决以下问题（请上机前写出主要对象的事件代码程序）：

　　① 设计一个表单（LX6.scx），在表 xs.dbf（表结构及数据参见实验 14 常用表单控件 1）中进行编辑操作，如实验图 15.8 所示。表单运行后，显示学生的姓名和性别。单击"上一条"、"下一条"按钮可以选择不同学生。选择性别后，单击"更新"按钮，可以修改学生的性别（不单击更新按钮，修改不生效）。

　　② 设计一个表单（LX7.scx），在编辑框中完成复制、剪切和粘贴操作，如实验图 15.9 所示。当在编辑框中选中文字后，复制和剪切按钮可用，否则不可用。

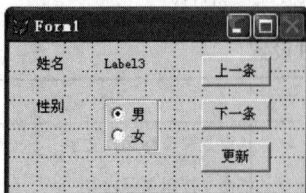

实验图 15.8　编辑 xs.dvf 表

实验图 15.9　编辑框的复制、剪切、粘贴

③ 设计如实验图 15.10 所示表单（LX8.scx）。表单运行后，在 Edit1 中可以输入、编辑文字。单击 Spinner1 右边的上按钮或下按钮，可以改变 Edit1 中的文字字体大小；也可以在 Spinner1 的方框中输入数字，Edit1 中文字字体大小随数字变化而变化。字体大小最初为 9，最大为 127，最小为 4，每次单击上按钮或下按钮字体大小变大或变小 1。

④ 有 2 个数据表：部门表 bm.dbf 和人事表 rs.dbf，其表结构和数据如实验表 15.8 和实验表 15.9 所示。请设计一个表单（LX9.scx）现在要修改人事表中职工的部门号。为了防止输入错误，使用如实验图 15.11 所示表单进行修改：部门代码和部门名称用列表框显示，用户从列表框中选取，不允许直接输入。

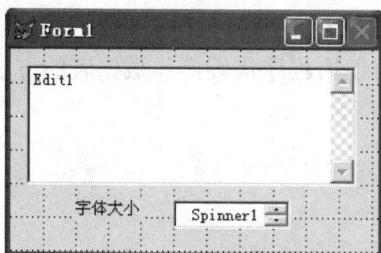

实验图 15.10　微调控件的使用

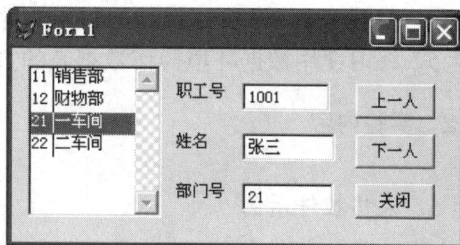

实验图 15.11　使用列表框输入内容

实验表 15.8　部门表（BM.DBF）

部门号	部门名称
11	销售部
12	财物部
21	一车间
22	二车间

实验表 15.9　人事表（RS.DBF）

职工号	姓名	部门号
1001	张三	11
1002	李四	21
1003	王五	22
1004	赵六	12

⑤ 设计一个简易计算器（LX10.scx），如实验图 15.12 所示。要求在文本框 Text1 中输入数字，然后在 OptionGroup1 中选择运算符，然后在 Text2 中输入另一个数字，按回车键，则在文本框 Text3 中显示计算结果。

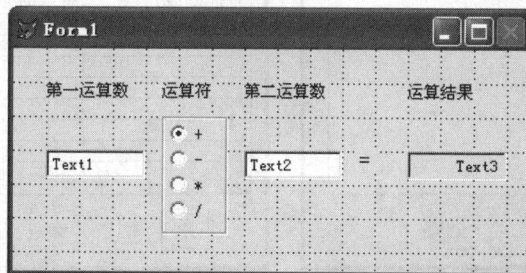

实验图 15.12　简易计算器运行结果

实验 16　常用表单控件 3

16.1　实验目的

1）掌握表格、图像控件的常用属性、事件、方法的使用。

2）掌握计时器、页框控件的常用属性、事件、方法的使用。

3）掌握 ActiveX 控件的常用属性、事件、方法的使用。

4）掌握 ActiveX 绑定控件的常用属性、事件、方法的使用。

5）练习使用数据环境操作数据表的方法，练习使用程序代码操作数据表的方法。

16.2　实验内容

1. 表格控件示例

要求：设计一个表单，以文件名"SL1-16.scx"保存，使用表格控件浏览表 xsdab.dbf 中的学生信息，如实验图 16.1 所示：

① 表单开始运行后，在表格中自动显示表 xsdab.dbf 中的全部记录，并且只能浏览，不能修改。

② 单击"男"按钮，在表格控件中显示表 xsdab.dbf 中所有男生的记录。

③ 单击"女"按钮，在表格控件中显示表 xsdab.dbf 中所有女生的记录。

④ 单击"全部"按钮，在表格控件中显示表 xsdab.dbf 中的全部记录。

> **说明**
>
> 本例同时使用了"数据环境"操作数据表方式和在程序代码中直接使用 SQL 语句操作数据表方式，这两种方式效果相同，但各有特点，请仔细对比体会。

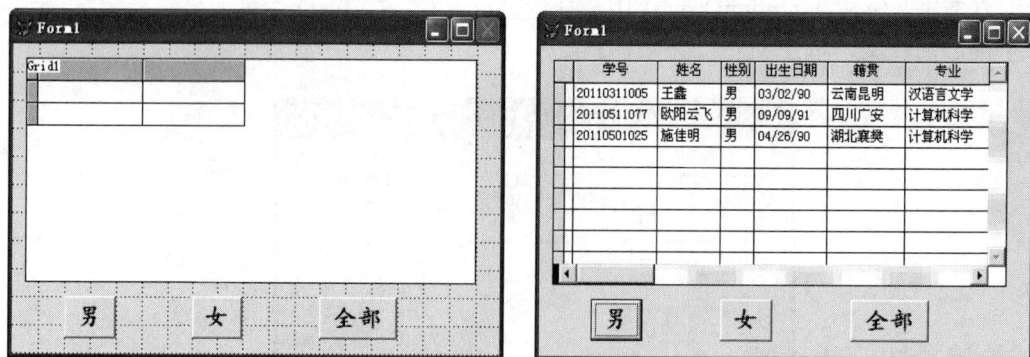

实验图 16.1　表格控件表单设计界面及运行结果

操作步骤如下：

第 1 步，建立一个新表单，属性值设置如实验表 16.1 所示。

实验表 16.1　表格控件属性设置

对　象	属　性	属性值	描　述
Form1	Caption	表格控件示例	设置表单标题栏文字
Grid1	RecordSourceType	1——别名	设置数据源类型
	RecordSource	Xsdab	指定数据源
	ColumnCount	-1	显示全部字段
	ReadOnly	.T.——真	只能浏览，不能修改
Command1	Caption	男	
Command2	Caption	女	命令按钮显示内容
Command3	Caption	全部	

第 2 步，在表单中，打开"数据环境"，将 xsdab.dbf 表添加到数据环境中，关闭数据环境。

第 3 步，在表单中合适位置添加 1 个表格控件 Grid1，依据实验表 16.1 设置 Grid1 的属性值，调整其位置和大小如实验图 16.1 左图所示，完成要求①。

第 4 步，在表单中合适位置添加 3 个命令按钮 Command1、Command2、Command3，依据实验表 16.1 设置其属性值，调整其位置和大小如实验图 16.1 左图所示。

第 5 步，在 Command1 的 Click 事件中输入如下程序代码，完成要求②：

```
*** 使用 SQL 语句生成临时表，用于从表 xsdab.dbf 中选出满足要求的记录 ***
SELECT * FROM xsdab WHERE 性别="男" INTO CURSOR tempxsdab
Thisform.Grid1.Recordsource="tempxsdab"
Thisform.Refresh
```

第 6 步，在 Command2 的 Click 事件中输入如下程序代码，完成要求③：

```
SELECT * FROM xsdab WHERE 性别="女" INTO CURSOR tempxsdab
Thisform.Grid1.Recordsource="tempxsdab"
Thisform.Refresh
```

第 7 步，在 Command3 的 Click 事件中输入如下程序代码，完成要求④：

```
*** 使用数据环境中的表 xsdab.dbf ***
Thisform.Grid1.Recordsource="xsdab"
Thisform.Refresh
```

第 8 步，保存表单，运行后显示结果如实验图 16.1 右图所示。

2. 图像控件示例

要求：设计一个表单，以文件名"SL1-17.scx"保存，用于显示指定的图片，如实验图 16.2 左图所示：

① 单击"打开"按钮，弹出打开对话框，选择图片文件，在 Text1 中显示图片文件的路径和文件名，在图像控件中按照图片的原始大小显示图片。

② 单击选项按钮，根据选项，设置图像控件的显示方式；同时根据 Text2、Text3 中的值，重新设置图像控件的大小。

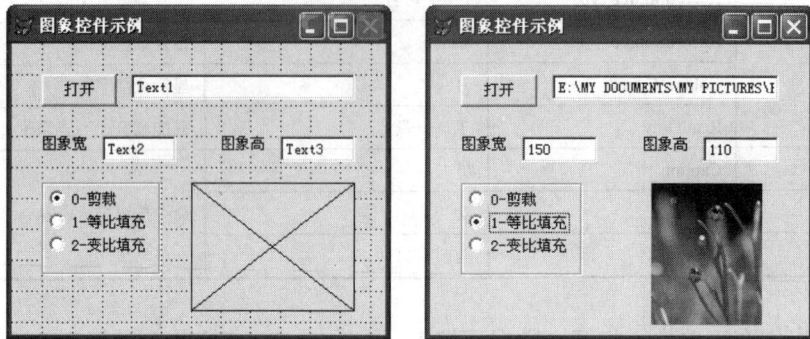

实验图 16.2　图像控件表单设计界面及运行结果

操作步骤如下：

第 1 步，建立一个新表单，属性值设置如实验表 16.2 所示。

第 2 步，在表单中合适位置添加 1 个命令按钮 Command1，2 个标签 Label1、Lable2，3 个文本框 Text1、Text2、Text3，1 个图像控件 Image1，依据实验表 16.2 设置各控件的属性值，调整各控件的位置与大小，如实验图 16.2 左图所示。

第 3 步，在表单中合适位置添加 1 个选项按钮组 Optiongroup1，设置其 ButtonCount 属性为 3，调整其位置与大小，如实验图 16.2 左图所示。选中 Optiongroup1，然后在属性窗口中分别选择其内部的选项按钮 Option1、Option2、Option3，依据实验表 16.2 设置其属性值。

第 4 步，在 Command1 的 Click 事件中输入如下程序代码，完成要求①：

```
*** 使用 getfile() 函数显示"打开"对话框 ***
picFileName = GETFILE()
Thisform.Text1.Value = picFileName
*** 初次将图片载入对象控件时，自动按图片的原始大小显示 ***
Thisform.Image1.Picture = picFileName
```

第 5 步，在 Optiongroup1 的 Click 事件中输入如下程序代码，完成要求②：

```
*** Optiongroup1 选择后返回的值为 1、2、3，Image1 需要的值为 0、1、2，因此需
要减 1 ***
Thisform.Image1.Stretch=Thisform.Optiongroup1.Value - 1
*** 重新设置图像 Image1 的大小 ***
Thisform.Image1.Width=VAL(Thisform.Text2.Value)
Thisform.Image1.Height=VAL(Thisform.Text3.Value)
```

第 6 步，保存表单，运行后显示结果如实验图 16.2 右图所示。

实验表 16.2　图像控件属性设置

对　象	属　性	属性值	描　述
Form1	Caption	图像控件示例	设置表单标题栏文字
Command1	Caption	打开	设置显示文本
Label1	Caption	图像宽	
Label2	Caption	图像高	
Optiongroup1	ButtonCount	3	设置选项按钮组中的选项按钮个数
	AutoSize	.T.——真	自动调整选项按钮组区域的大小
Option1	Caption	0——剪裁	设置显示文本
Option2	Caption	1——等比填充	
Option3	Caption	2——变比填充	

3. 计时器控件示例

要求：设计一个表单，以文件名"SL1-18.scx"保存，在表单中使用计时器控件显示一个数字时钟，如实验图 16.3 左图所示。表单运行后：

① 在表单上部，数字时钟 居中、动态显示计算机当前的日期和时间。

② 表单底部的文字"学习 VFP 是一件很快乐的事"在表单内部左右移动（即跑马灯效果）。

操作步骤如下：

第 1 步，建立一个新表单，属性值设置如实验表 16.3 所示。

第 2 步，在表单中合适位置添加 2 个标签 Label1、Label2，1 个计时器控件 Timer1，依据实验表 16.3 设置各控件的属性，调整各控件的大小及位置如实验图 16.3 左图所示。

实验图 16.3　计时器控件表单设计界面及运行结果

实验表 16.3　计时器控件属性设置

对　象	属　性	属性值	描　述
Form1	Caption	计时器控件示例	设置表单标题栏文字
Label1	FontSize	18	数字时钟文字大小
	AutoSize	.T.——真	根据当前系统时间自动调整大小
Label2	Caption	学习 VFP 是一件很快乐的事	表单底部显示文字
	FontSize	16	底部文字大小
	AutoSize	.T.——真	自动调整大小
Timer	Interval	200	计时器事件发生的时间间隔
	Enabled	.T.——真	启动计时器

第 3 步，在 Form1 的 Init 事件中输入如下程序代码，对程序进行初始化操作：

```
*** 由于每次 Timer 事件发生后，都要判断、记录跑马灯方向，因而必须使用全局变量 ***
PUBLIC lr
lr="LEFT"
```

*** 由于 DATE() 函数返回值为"日期型"，因而使用 DTOC() 函数将其转换为"字符型" ***

*** TIME() 函数返回值为"字符型" ***

*** 为使日期和时间有间隔，在两者之间使用 SPACE() 函数增加空格 ***

```
Thisform.Label1.Caption=DTOC(DATE()) + SPACE(2) + TIME()
```

第 4 步，在 Timer1 的 Timer 事件中输入如下程序代码，完成要求①、②：

```
SET CENTURY ON
SET DATE TO ymd
Thisform.Label1.Caption=DTOC(DATE()) + SPACE(2) + TIME()
```

*** 下面语句使标签 Label1 居中、动态显示 ***

*** 表单运行时，请拖动表单的边框，改变表单的大小，观看效果 ***

```
Thisform.Label1.Left=(Thisform.Width-Thisform.Label1.Width)/2
```

*** 判断跑马灯方向 ***

```
IF Thisform.Label2.Left<1
    lr="RIGHT"

ENDIF
IF Thisform.Label2.left+Thisform.Label2.Width>Thisform.Width
    lr="LEFT"

ENDIF
```

**** 移动标签 Label2 的位置，形成跑马灯效果 ***

```
IF lr="LEFT"
    Thisform.Label2.left=Thisform.Label2.Left-10
ELSE
    Thisform.Label2.left=Thisform.Label2.left+10
ENDIF
```

第 5 步，保存、运行表单，程序运行结果如实验图 16.3 右图所示。

4. 页框控件示例

要求：设计一个表单，以文件名"SL1-19.scx"保存，利用页框控件，在表单中分别浏览表 xsdab.dbf、kcb.dbf、cjb.dbf 中的记录内容，如实验图 16.4 左图所示。浏览数据表时，不允许修改表中数据。

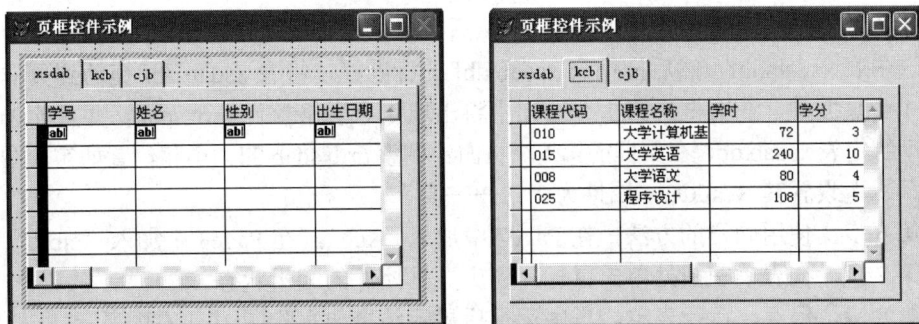

实验图 16.4　页框控件表单设计界面及运行结果

操作步骤如下：

第 1 步，建立一个新表单，属性值设置如实验表 16.4 所示。

实验表 16.4　页框控件属性设置

对　象	属　性	属性值	描　述
Form1	Caption	页框控件示例	设置表单标题栏文字
Pageframe1	PageCount	3	设置页面数
	ActivePage	1	设置表单运行后的活动页面
	Tabs	.T.——真	显示选项卡
	TabStyle	1——非两端	设置选项卡外观
Page1	Caption	Xsdab	设置页面标题
Page2	Caption	Kcb	设置页面标题
Page3	Caption	Cjb	设置页面标题
grdxsdab	ReadOnly	.T.——真	浏览时只读
	RecordSource	Xsdab	系统自动设置，不需修改
	RecordSourceType	1——别名	系统自动设置，不需修改
grdkcb	ReadOnly	.T.——真	浏览时只读
	RecordSource	kcb	系统自动设置，不需修改
	RecordSourceType	1——别名	系统自动设置，不需修改
grdcjb	ReadOnly	.T.——真	浏览时只读
	RecordSource	Cjb	系统自动设置，不需修改
	RecordSourceType	1——别名	系统自动设置，不需修改

第 2 步，在表单中，选择"显示"菜单，选择"数据环境"功能，打开数据环境，将表 xsdab.dbf、kcb.dbf、cjb.dbf 添加到"数据环境"中。

第 3 步，在表单中合适位置添加 1 个页框控件 PageFrame1，根据实验表 16.4 设置其属性，调整其大小和位置如实验图 16.4 左图所示。

第 4 步，右击 PageFrame1，在弹出的快捷菜单中选择"编辑"功能，进入"编辑状态"。

第 5 步，在 PageFrame1 上部选项卡位置单击 Page1，选中第 1 个页面，在"属性"

窗口中将其 Caption 属性改为 "xsdab"。然后在 "数据环境" 中单击表 xsdab.dbf 的标题栏，选中表 xsdab.dbf，然后拖动表 xsdab.dbf 的标题栏，将表 xsdab.dbf 拖动到页框控件的第 1 个页面中。在页框的第 1 个页面中将出现 1 个表格控件 grdxsdab，并且此表格控件自动绑定表 xsdab.dbf。在页框的第 1 个页面中调整 grdxsdab 的大小和位置如实验图 16.4 左图所示，设置其 ReadOnly 属性为 ".T.——真"。

第 6 步，使用同样的方法，在 Page2 中加入 "kcb"，在 Page3 中加入 "cjb"。

第 7 步，在表单空白处单击鼠标，退出页框控件的编辑状态。

第 8 步，保存、运行表单，程序运行后显示结果如实验图 16.4 右图所示。

5. ActiveX 控件示例

要求：设计一个表单，以文件名 "SL1-20.scx" 保存，利用 ActiveX 控件，在表单上显示日历，如实验图 16.5 左图所示。当在日历中单击选中某一个日期后，将选中的日期显示在表单底部的标签 Label1 中。

> **说明**
>
> 利用 ActiveX 控件在表单中添加日历控件对象后，右击日历控件对象，在弹出的日历快捷菜单中选择 "日历属性" 功能，将弹出日历属性对话框，可以在日历属性对话框中对日历控件进行定制。
>
> 在日历控件属性对话框的 "常规" 选项卡右下方，选择 "帮助" 按钮，将弹出 "日历控件参考" 对话框，里面有关于日历控件的属性、事件、方法的详细说明。

操作步骤如下：

第 1 步，建立一个新表单，属性值设置如实验表 16.5 所示。

实验图 16.5 ActiveX 控件表单设计界面及运行结果

第 2 步，选择控件工具栏上的 "ActiveX 控件" 按钮，在表单上单击，在弹出的 "插入对象" 对话框中选择 "创建控件" 选项，在 "对象类型" 列表框中选中 "日历控件 11.0"，然后单击 "确定" 按钮，在表单中添加 Olecontrol1 控件，如实验图 16.6 所示。

第 3 步，在表单中调整日历控件的大小、位置如实验图 16.5 左图所示。

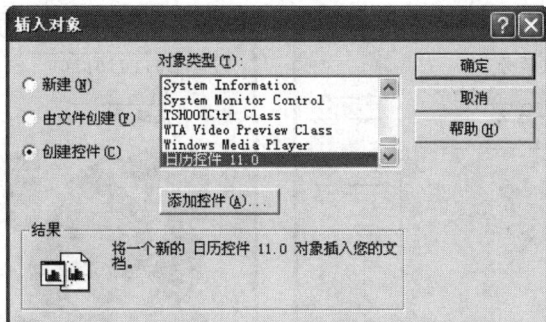

实验图 16.6 "插入对象"对话框

第 4 步,在表单底部添加一个标签 Label1,根据实验表 16.5 设置其属性,拖动调整其位置和大小如实验图 16.5 左图所示。

实验表 16.5 ActiveX 控件属性设置

对 象	属 性	属性值	描 述
Form1	Caption	ActiveX 控件示例	设置表单标题栏文字
Label1	FontSize	16	显示文字大小
	AutoSize	.T.——真	自动调整大小

第 5 步,在 Olecontrol1 的 Click 事件中输入如下程序代码,完成题目要求:

```
yy = ALLTRIM(STR(Thisform.Olecontrol1.Year))
mm = ALLTRIM(STR(Thisform.Olecontrol1.Month))
dd = ALLTRIM(STR(Thisform.Olecontrol1.Day))
Thisform.Label1.Caption = yy + "年" + mm + "月" + dd + "日"
```

第 6 步,保存、运行表单,运行后显示结果如实验图 16.5 右图所示。

6. ActiveX 绑定控件示例

要求:设计一个表单,以文件名"SL1-21.scx"保存,利用 ActiveX 绑定控件查看、修改表 xsdab.dbf 中的"照片"字段中的内容,如实验图 16.7 左图所示:
① 在表单上显示表 xsdab.dbf 中的学号、姓名和照片字段。
② 学号、姓名不允许修改。
③ 照片字段内容修改后自动保存。
④ 单击"上一人"按钮显示当前记录前一条记录内容。
⑤ 单击"下一人"按钮显示当前记录后一条记录内容。
⑥ 单击"退出"按钮结束程序运行。

说明

本例使用数据环境操作数据表 xsdab.dbf,简化程序设计。

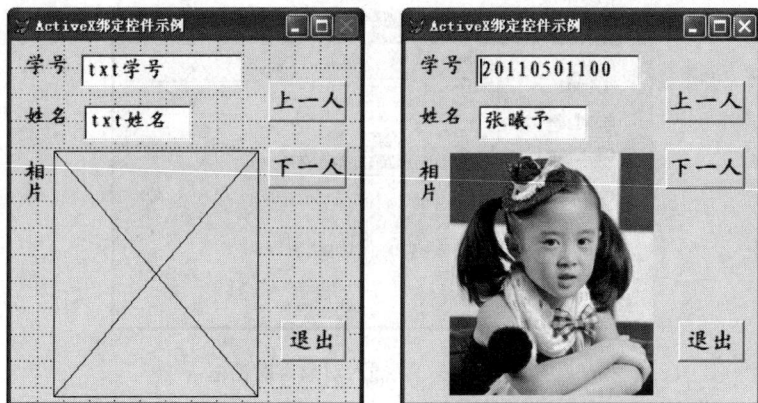

实验图 16.7 ActiveX 绑定控件表单设计界面及运行结果

操作步骤如下：

第 1 步，建立一个新表单，属性值设置如实验表 16.6 所示。

实验表 16.6 ActiveX 绑定控件属性设置

对 象	属 性	属性值	描 述
Form1	Caption	ActiveX 绑定控件示例	设置表单标题栏文字
txt 学号	ReadOnly	.T.——真	只读，不能修改
txt 姓名	ReadOnly	.T.——真	只读，不能修改
olb 相片	Stretch	2——变比填充	指定填充方式
	ControlSource	xsdab.相片	自动填充，不用修改
	AutoActivate	2——双击	双击编辑相片
	AutoVerbMenu	.T.——真	允许显示快捷菜单
Command1	Caption	上一人	设置显示文字
Command2	Caption	下一人	
Command3	Caption	退出	

第 2 步，在表单中，打开"数据环境"，将表 xsdab.dbf 加入到数据环境中。

第 3 步，在数据环境中，将学号、姓名和相片字段拖动到表单中，根据实验表 16.6 设置各控件的属性，拖动各控件调整其位置和大小如实验图 16.7 左图所示，完成要求①、②。

第 4 步，在表单中合适位置添加 3 个命令按钮 Command1、Command2、Command3，按实验表 16.6 设置各命令按钮的属性，拖动各命令按钮调整位置和大小如实验图 16.7 左图所示。

第 5 步，在 Command1 的 Click 事件中输入如下程序代码，完成要求④：

```
SKIP -1
IF BOF()
    GO TOP
ENDIF
Thisform.Refresh
```

第 6 步，在 Command2 的 Click 事件输入代码，完成要求⑤：

```
SKIP
IF EOF()
    GO BOTTOM
ENDIF
Thisform.Refresh
```

第 7 步，在 Command3 的 Click 事件输入代码，完成要求⑥：

```
Thisform.Release
```

第 8 步，保存、运行表单，运行后显示结果如实验图 16.6 右图所示。

> **注意**
>
> 由于"olb 相片"控件已经与"相片"字段绑定，因而修改相片后，其自动保存，不需为要求③再编写编程代码。

16.3 实验要求

自己设计表单，解决如下问题（请上机前写出主要对象的事件代码程序）：

① 设计一个表单（LX11.scx）如实验图 16.8 所示，表单运行后，显示计算机的当前时间，时间每隔 1 秒变化 1 次。

② 有一个表，表名为 cj.dbf，其表结构和数据如实验表 16.7 所示。请设计一个如实验图 16.9 所示表单（LX12.scx）计算奖学金等级。要求：可以在方框中输入一等和二等的标准，当总分大于或等于一等标准时，奖学金等级为"一等"，当总分介于一等标准与二等标准之间时，奖学金等级为"二等"，当总分小于二等标准时，奖学金等级清空不填写；用户可以多次更改一等和二等标准进行多次计算。

实验图 16.8　显示计算机当前时间

实验表 16.7　表 cj.dbf 结构及数据

学　号	姓　名	语　文	数　学	奖学金等级
1001	张三	95.0	91.0	
1002	李四	85.0	94.0	
1003	王五	88.0	66.0	

③ 有一个成绩表 cj.dbf，其表结构和数据如实验表 16.7 所示。现要使用如实验图 16.10 所示表单（LX13.scx）显示表中的内容。要求：可分别按照"语文"、"数学"和"总分"进行排序显示，排序可以选择升序或降序；单击"关闭"按钮结束表单运行，关闭表单时关闭所有打开的表文件。

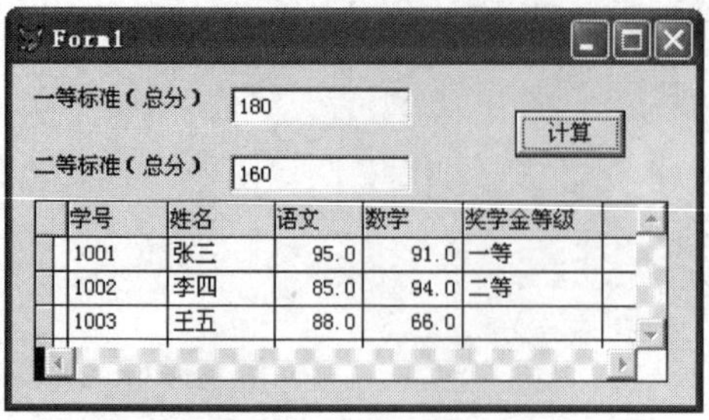

实验图 16.9　计算奖学金等级

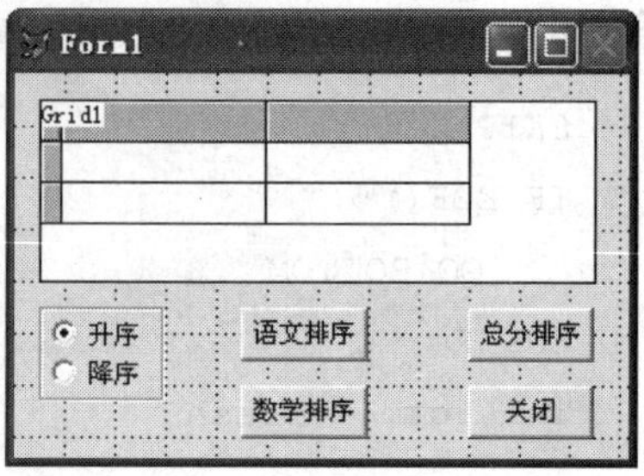

实验图 16.10　表格控件排序显示

④ 有 1 个学生表 xsb.dbf 和 1 个选课表 xkb.dbf，其表结构和数据如实验表 16.8 和实验表 16.9 所示。请设计如实验图 16.11 所示表单（LX14.scx）。要求：输入课程名，查询选修了该课程的学生的姓名、专业、成绩（成绩按从高到低的顺序显示）以及选修该门课程的平均成绩。关闭表单时关闭所有打开的文件。

⑤ 设计如实验图 16.12 所示表单（LX15.scx）。其中，Check1、Check2、Check3、Check3 的 Caption 属性分别为"粗体"、"斜体"、"下划线"、"删除线"；Optiongroup1 中 Option1、Option2、Option3、Option4 的 Caption 属性分别为"宋体"、"黑体"、"楷体_GB2312"、"隶书"。要求：可以使用图中所列选项按钮、复选框、微调控件等工具，设置编辑框中所编辑文本的各种格式。

实验表 16.8　学生表（xsb.dbf）

学号	姓名	性别	专业	寝室
1001	张三	男	思想政治教育	5-1
1002	李四	女	历史学	3-2

实验表 16.9　选课表（xkb.dbf）

学号	课程名	成绩
1001	大学英语 1	80.00
1001	体育	90.00
1002	大学英语 1	85.00

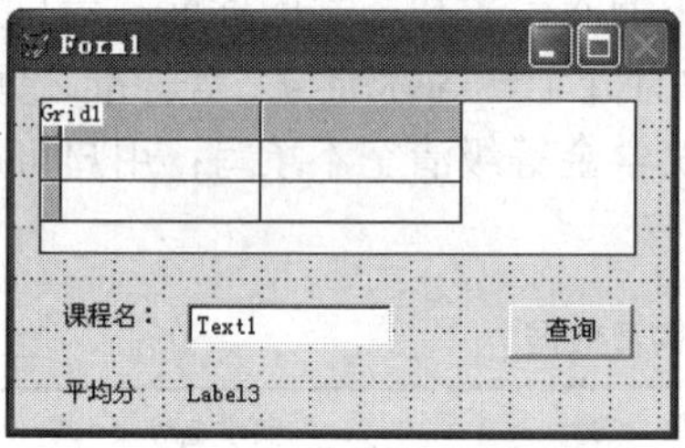

实验图 16.11　查询学生选课

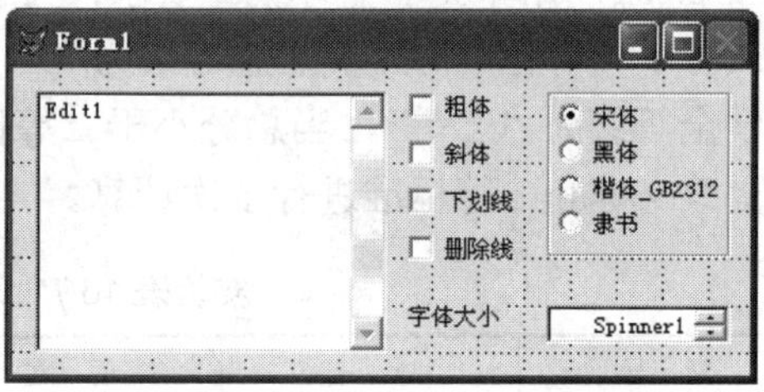

实验图 16.12　设置文本格式

实验 17　表单控件综合设计

17.1　实验目的

1）掌握"字体对话框"函数的使用。
2）掌握"颜色对话框"函数的使用。
3）掌握鼠标事件的高级应用。
4）掌握列表框、组合框、表格等控件的高级应用。
5）掌握自定义"类"的建立方法。
6）掌握在表单中使用自定义"类"的方法。

17.2　实验内容

1. 系统对话框的使用

要求：设计一个表单，以文件名"SL1-22.scx"保存，使用系统提供的"字体对话框"、"颜色对话框"改变编辑框中显示内容的外观、格式，如实验图 17.1 所示。在选择颜色之前，可以在选项按钮组中选择本次操作是设置前景色还是背景色。

实验图 17.1　利用系统对话框设计表单

操作步骤如下：

第 1 步，创建一个新表单，按照实验表 17.1 所列设置表单属性。

实验表 17.1　系统对话框属性设置

对　象	属　性	属性值	描　述
Form1	Caption	系统对话框的使用	设置表单标题栏文字
Option1	Caption	前景色	显示文字
Option2	Caption	背景色	
Command1	Caption	选择颜色	
Command2	Caption	文字格式	

第 2 步，在表单中的合适位置添加 1 个编辑框 Edit1，1 个选项按钮组 Optiongroup1，2 个命令按钮 Command1、Command2。拖动各控件，改变其大小、位置，如实验图 17.2 所示。按照实验表 17.1 设置各控件的属性。

第 3 步，在命令按钮 Command1 的 Click 事件中输入代码：

```
myColor=GETCOLOR()
IF Thisform.Optiongroup1.Value=1
    Thisform.Edit1.Forecolor=myColor
ELSE
```

```
        Thisform.Edit1.Backcolor=myColor
    ENDIF
```

第 4 步，在命令按钮 Command2 的 Click 事件中输入代码：

```
myFont=GETFONT()
myFontName=LEFT(myFont,at(",",myFont)-1)
myFontSize=SUBSTR(myFont,AT(",",myFont,1)+1,AT(",",myFont,2)-AT(",",myFont,1)-1)
myFontStyle=SUBSTR(myFont,at(",",myFont,2)+1)
Thisform.Edit1.Fontname=myFontName
Thisform.Edit1.Fontsize=VAL(myFontSize)
DO CASE
    CASE myFontStyle=="N"
        Thisform.Edit1.Fontbold=.f.
        Thisform.Edit1.Fontitalic=.f.
    CASE myFontStyle=="B"
        Thisform.Edit1.Fontbold=.t.
        Thisform.Edit1.Fontitalic=.f.
    CASE myFontStyle=="I"
        Thisform.Edit1.Fontbold=.f.
        Thisform.Edit1.Fontitalic=.t.
    CASE myFontStyle=="BI"
        Thisform.Edit1.Fontbold=.t.
        Thisform.Edit1.Fontitalic=.t.
ENDCASE
```

第 5 步，保存、运行表单。在编辑框中选输入一些中文或英文字符，然后单击按钮设置颜色或字体、字号等字体格式。

2. 鼠标 MouseMove 事件

要求：设计一个表单，以文件名"SL1-23.scx"保存，如实验图 17.2 所示。表单运行后，要求不允许用户选中表单中间的按钮，单击"退出"按钮结束程序。

实验图 17.2 鼠标 MouseMove 事件

> **说明**
>
> 　　用户要单击按钮，首先要把鼠标指针移动到按钮上方。此时会产生 MouseMove 事件，只要在此事件中，使用代码将按钮移动到其他位置，则用户就无法选中此按钮。另外为了防止用户使用 Tab 键移动焦点到按钮上然后按 Enter 键选中按钮，可以将按钮的 TabStop 属性设置为 ".F."，不允许按钮接收焦点；也可以在按钮的 GotFocus 事件中，使用 SetFocus 方法将焦点转移到其他控件上。

操作步骤如下：

第 1 步，创建一个新表单，按照实验表 17.2 设置其表单属性。

实验表 17.2　鼠标 MouseMove 事件属性设置

对　象	属　性	属性值	描　述
Command1	Caption	点中我奖励 100 元	命令按钮显示内容
	TabStop	.F.	不允许接收焦点，用户无法使用键盘操作
Command2	Caption	退出	命令按钮显示内容

第 2 步，在表单中的合适位置添加 2 个命令按钮 Command1、Command2，按照实验表 17.1 设置各命令按钮控件的属性。拖动改变各命令按钮控件的位置及大小，如实验图 17.2 所示。

第 3 步，在 Command1 的 MouseMove 事件中输入如下程序代码：

```
LPARAMETERS nButton, nShift, nXCoord, nYCoord
i=SEC(DATETIME())%2
IF i=0
    Thisform.Command1.Left=Thisform.Command1.Left-Thisform.Command1.Width
    IF Thisform.Command1.Left<0
        Thisform.Command1.Left=Thisform.Width-Thisform.Command1.Width
    ENDIF
ENDIF
IF i=1
    Thisform.Command1.Top=Thisform.Command1.Top-Thisform.Command1.Height
    IF Thisform.Command1.Top<0
        Thisform.Command1.Top=Thisform.Height-Thisform.Command1.Height
    ENDIF
ENDIF
```

第 4 步，在 Command1 的 GotFocus 事件中输入如下程序代码：

```
Thisform.Command2.SetFocus
```

第 5 步，在 Command2 的 Click 事件中输入如下程序代码：

```
Thisform.Release
```

3. 列表框、组合框、表格等控件的高级应用

要求：设计一个表单，以文件名"SL1-24.scx"保存，查询指定表中满足"查询条件"的记录，并只显示指定字段的内容，如实验图 17.3 左图所示。在组合框 Combo1 中先选择表文件，然后在列表框 List1 中列出选中表的所有字段，然后在表格 Grid1 中显示记录。

> **说明**
>
> 在列表框 List1 中选择字段时，可以按住 Ctrl 键同时选中个字段。在设置了"查询条件"后，重新在 List1 中选择字段，查询条件才生效。

本例没有对 Text1 中的"查询条件"格式进行检查，因而其格式必须输入正确，否则程序运行报错。

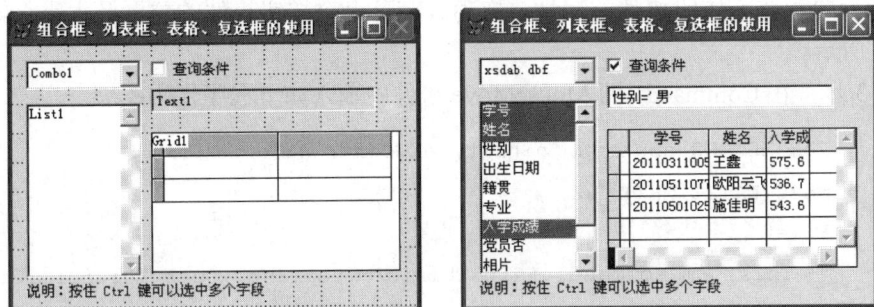

实验图 17.3　高级应用设计表单及运行结果

操作步骤如下：

第 1 步，创建一个新表单，按照实验表 17.3 所列设置表单属性。

实验表 17.3　高级应用属性设置

对　象	属　性	属性值	描　述
Form1	Caption	组合框、列表框、表格、复选框的使用	设置表单标题栏文字
Combo1	RowSourceType	7——文件	使用盘中的文件名作为下拉列表框的内容
	RowSource	*.dbf	只显示表文件
List1	RowSourceType	8——结构	显示当前打开表中的字段信息
	MultiSelect	.T.	允许选择多项
Label1	Caption	说明：按住 Ctrl 键可选中多个字段	显示文字
	AutoSize	.T.	自动调整大小

续表

对　象	属　性	属 性 值	描　　述
Check1	Caption	查询条件	显示文字
	AutoSize	.T.	自动调整大小
	Value	0	初始未选择
Text1	ReadOnly	.T.	没选择查询条件，不允许输入
Grid1	RowSourceType	1——别名	显示表的内容

第 2 步，在表单中的合适位置添加 1 个组合框 Combo1，1 个列表框 List1，1 个标签 Label1，1 个复选框 Check1，1 个文本框 Text1，1 个表格 Grid1。拖动各控件，改变其大小、位置，如实验图 17.3 左图所示。按照实验表 17.3 设置各控件的属性。

第 3 步，在组合框 Combo1 的 InteractiveChange 事件中输入代码：

```
x=This.Value
USE "&x"                        &&如果路径或文件名中有空格，则必须使用引号
Thisform.List1.Rowsource=This.Value
```

第 4 步，列表框的 List1 的 Click 事件中输入代码：

```
x=""
FOR i=1 TO Thisform.List1.Listcount
    IF Thisform.List1.Selected(i)
        IF x==""
            x=Thisform.List1.List(i)
        ELSE
            x=x+","+Thisform.List1.List(i)
        ENDIF
    ENDIF
ENDFOR
myfilename=Thisform.Combo1.Value
mywhere=Thisform.Text1.Value
IF Thisform.Check1.Value=1
    SELECT &x FROM "&myfilename" WHERE &mywhere INTO CURSOR tempRsb
ELSE
    SELECT &x FROM "&myfilename" INTO CURSOR tempRsb
ENDIF
Thisform.Grid1.RecordSource="temprsb"
Thisform.Refresh
```

第 5 步，在复选框 Check1 的 Click 事件中输入代码：

```
Thisform.Text1.Value=""
```

```
IF This.Value=1
    Thisform.Text1.ReadOnly=.f.
ELSE
    Thisform.Text1.Readonly=.t.
ENDIF
```

第 6 步，在表单 Form1 的 QueryUnload 事件中输入代码：

```
CLOSE ALL
```

第 7 步，保存、运行表单。运行效果如实验图 17.3 右图所示。

4. 设计自定义的"类"

要求：设计一个自定义"类"myCmd，将表操作中常用的"首记录"、"尾记录"、"上一条"、"下一条"等操作封装进去，以便在以后的使用中简化设计，如实验图 17.4 所示。

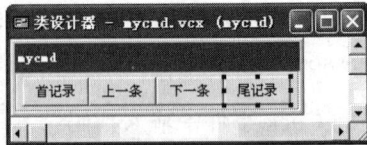

实验图 17.4　"类"myCmd 设计界面

操作步骤如下：

第 1 步，选择"文件"菜单中的"新建"功能，在弹出的"新建"对话框中选择"类"，然后单击"新建文件"按钮。

第 2 步，在弹出的"新建类"对话框中，"类名"输入"myCmd"，"派生于"选择"CommandGroup"，"存储于"输入"myCmd.vcx"，单击"确定"按钮。弹出如实验图 17.4 所示"类设计器"。

第 3 步，在类设计器中，打开"属性"窗口，选择"myCmd"对象，将"ButtonCount"设置为 4。然后拖动各命令按钮的位置如实验图 17.4 所示。在"属性"窗口中，将 Command1、Command2、Command3、Command4 的 Caption 属性分别设置为"首记录"、"上一条"、"下一条"、"尾记录"。

第 4 步，在命令按钮 Command1 的 Click 事件中输入代码：

```
GOTO TOP
Thisform.Refresh
```

第 5 步，在命令按钮 Command2 的 Click 事件中输入代码：

```
SKIP -1
IF BOF()
    GOTO TOP
ENDIF
Thisform.Refresh
```

第 6 步，在命令按钮 Command3 的 Click 事件中输入代码：

```
SKIP
IF BOF()
    GOTO BOTTOM
ENDIF
Thisform.Refresh
```

第 7 步，在命令按钮 Command4 的 Click 事件中输入代码：

```
GOTO BOTTOM
Thisform.Refresh
```

第 8 步，保存、关闭"类设计器"。至此，自定义类 myCmd 设计完成。

5. 使用自定义的"类"

要求：设计一个表单，以文件名"SL1-25.scx"保存，使用上例所建立的 myCmd 类，浏览表 xsdab.dbf 中的记录。

第 1 步，新建一个表单，在表单空白处单击鼠标右键，在弹出的快捷菜单中选择"数据环境"，然后将表 xsdab.dbf 添加至数据环境中。在数据环境中，单击表 xsdab.dbf，选中"字段"，拖动"字段"到表单中，调整各控件的位置如实验图 17.5 所示。

第 2 步，单击"表单控件"工具栏上的"查看类"按钮，在弹出的下拉菜单中选择"添加"，其后在弹出的"打开"对话框中，选择上例所建立的 myCmd 类。在"表单控件"工具栏上将会出现一个控件 myCmd，其图标为命令按钮组的图标。单击此图标，将 myCmd 控件添加到表单中，如实验图 17.5 所示。

第 3 步，保存、运行表单，程序运行结果如实验图 17.6 所示。

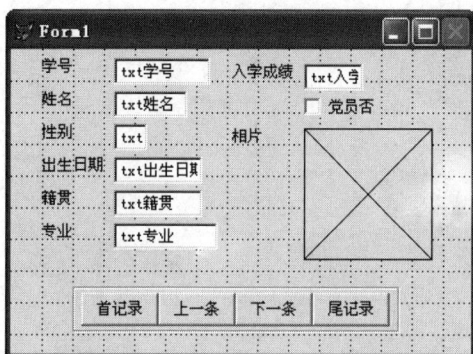

实验图 17.5 使用自定义类设计表单　　　　实验图 17.6 自定义类运行结果

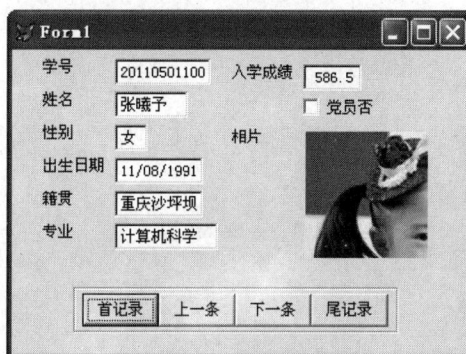

17.3 实验要求

自己设计表单，解决以下问题（请上机前写出主要对象的事件代码程序）：

① 设计一个期末奖学金评定系统（LX16.scx），用来自动计算学生的奖学金等级。

② 设计一个"英语考试单词出现频率统计程序"（LX17.scx），要求统计历年英语

考试中不同单词出现的频率,输出一个词频统计表,以便根据词频对单词进行重点记忆。

　　③ 设计一个"联机考试系统"(LX18.scx),将普通考试试卷中的各种题目录入数据库中,以便进行无纸化考试。系统有以下几个功能:录入试题、编辑已有试题、随机抽题考试、考试后自动评卷等。

实验 18 报表的设计

18.1 实验目的

1）掌握报表设计器设计报表。
2）掌握在报表设计器中使用标签控件、域控件等操作。
3）掌握用报表向导设计分组报表。
4）掌握用报表向导设计一对多报表。

18.2 实验内容

1. 使用"报表设计器"设计报表

问题：使用"报表设计器"对 xsdab.dbf 数据表设计如实验图 18.1 所示报表。

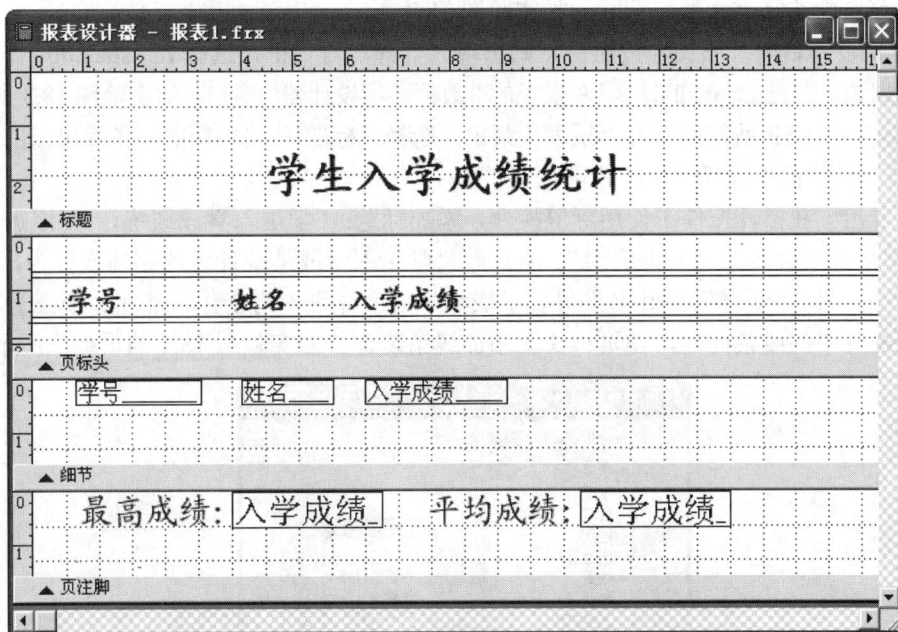

实验图 18.1 入学成绩统计 .frx 设计界面

请按如下步骤进行操作：

第 1 步，选择"文件"菜单中的"新建"功能。在打开的"新建"窗口中，选择"报表"文件类型，然后单击"新建文件"按钮，将出现"报表设计器"窗口，如实验图 18.2 所示。

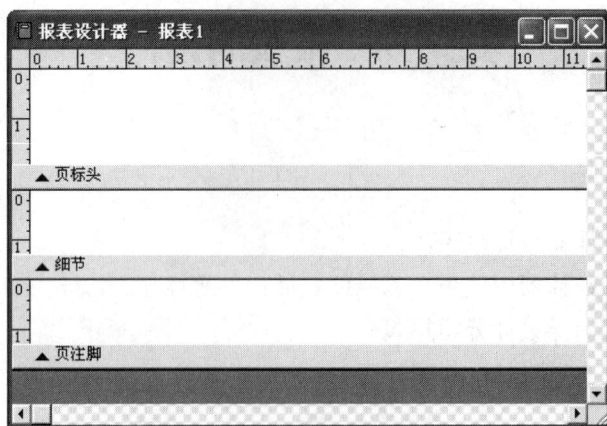

实验图 18.2 "报表设计器"窗口

第 2 步，在"报表设计器"区域中右击，在弹出的快捷菜单中选择"数据环境"功能，则打开"数据环境设计器"窗口，在"数据环境设计器"窗口空白处右击，在弹出的快捷菜单中选择"添加"功能，如实验图 18.3 所示。

第 3 步，单击"添加"按钮后，则出现"打开"对话框，选择表 xsdab.dbf 作为报表的数据源，则表 xsdab.dbf 出现在报表的"数据环境设计器"窗口，如实验图 18.3 所示。

第 4 步，VFP 系统的打开"报表"菜单，选择"标题/总结"功能，在弹出来的"标题/总结"对话框中选择"标题带区"。

第 5 步，在报表控件中使用标签控件，添加标题："学生入学成绩统计"，添加页标头："学号"、"姓名"、"入学成绩"。将标题"学生入学成绩统计"的字体设置为楷体、加粗、小一号。"学号"、"姓名"、"入学成绩"的字体设置为楷体、加粗、小三号。选择报表控件中的线条控件，在页标头上添加线条装饰，如实验图 18.1 的页标头所示。

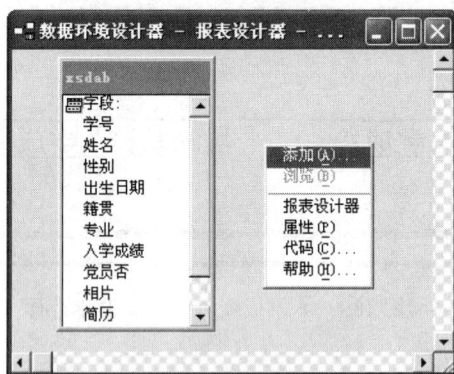

实验图 18.3 "数据环境设计器"窗口

第 6 步，在细节带区中添加域控件，然后在打开的"报表表达式"对话框中，单击"表达式(E):"后面对应的省略号按钮，打开"表达式生成器"对话框，在字段区域找到"xsdab.学号"字段，双击"xsdab.学号"字段，将该字段添加到报表字段的表达式文本框中，如实验图 18.4 所示。再单击"确定"按钮，即可完成该域控件的设置。用同样的方式可完成学生姓名和入学成绩的域控件设置，完成后如实验图 18.1 所示的细节带区。

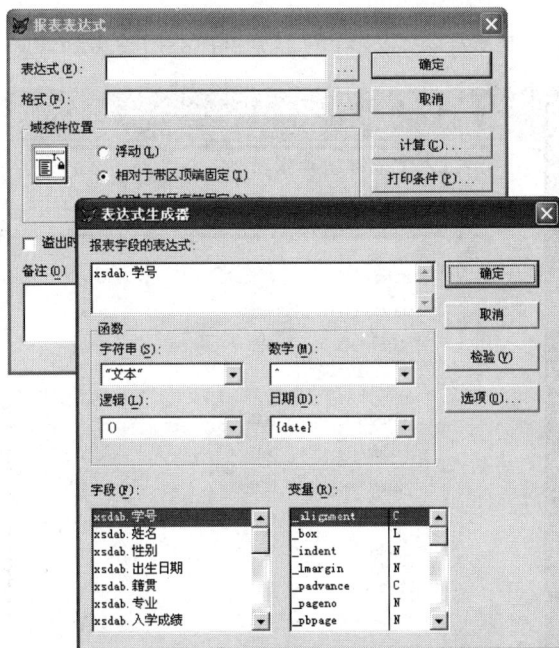

实验图 18.4 "表达式生成器"对话框

第 7 步，计算学生的最高成绩和平均成绩，在页注脚带区放入两个标签控件、两个域孔件，如实验图 18.1 所示。设置"最高成绩"的域控件，在设置了"xsdab.入学成绩"字段后，在"报表表达式"中单击"计算"按钮，然后在弹出的"计算字段"窗口中，选择"最大值"即可，如实验图 18.5 所示。用同样的方法可完成"平均成绩"的域控件设置。

第 8 步，完成报表设计后，将报表文件保存为"入学成绩统计.frx"，并预览设计效果。

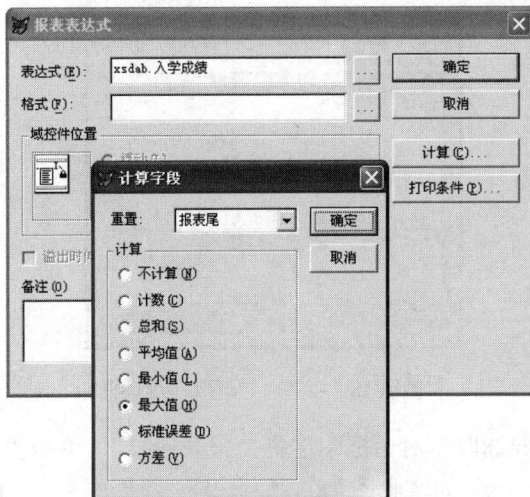

实验图 18.5 "计算字段"对话框

2. 使用"报表向导"设计分组报表

问题： 使用"报表向导"对 xsdab.dbf 数据表设计分组报表如实验图 18.6 所示的报表。

实验图 18.6   分组报表

请按如下步骤进行操作：

第 1 步，选择"文件"菜单中的"新建"功能。在打开的"新建"对话框中，选择"报表"文件类型，然后单击"向导"按钮，则出现"向导选取"对话框，如实验图 18.7 所示。

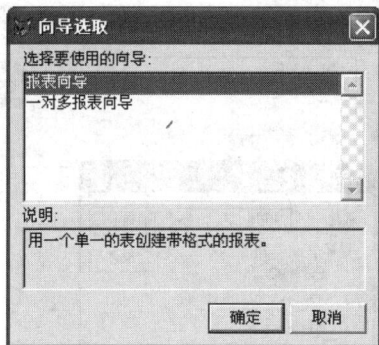

实验图 18.7   "向导选取"对话框

第 2 步，在"向导选取"对话框中选择"报表向导"，单击"确定"按钮，则出现"步骤 1-字段选取"对话框，如实验图 18.8 所示。在"数据库和表"栏目中选择 xsdab.dbf 数据表作为数据源，在"可用字段"栏目中双击"学号"、"姓名"、"性别"、"入学成绩"

字段作为报表中需要打印数据的字段，选择到"选定字段"栏目中，并单击按钮"下一步"，进行向导的第 2 步操作。

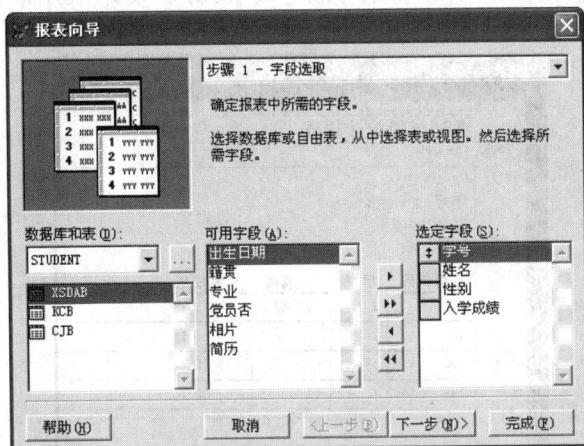

实验图 18.8 "字段选取"对话框

第 3 步，在分组记录中选择"性别"作为分组依据，同时单击"总结选项"按钮，出现"总结选项"对话框，如实验图 18.9 所示。对入学成绩做总结，求"平均值"和"最大值"，并选中"只包含总结"复选框。确定后，并单击"下一步"按钮，进行向导的第 3 步。

第 4 步，在"步骤 3-报表样式"对话框中，选择"简报式"样式，并单击"下一步"按钮，进行向导的第 4 步。

第 5 步，在"步骤 4-定义报表布局"对话框中，指定"纵向"布局。并单击"下一步"按钮，进行向导的第 5 步。

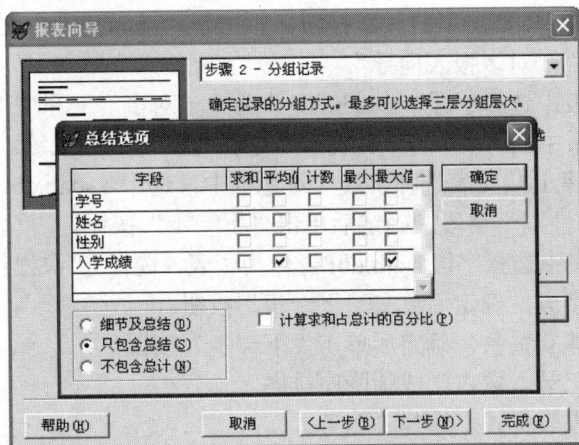

图 18.9 "总结选项"对话框

第 6 步，在"步骤 5-排序记录"对话框中，选择按"入学成绩"升序来对报表中打印输出的数据进行排列。并单击"下一步"按钮，进行向导的第 6 步操作。

第 7 步，输入报表标题—"学生入学成绩报表"，可单击"预览"按钮预览设计效果。最后单击"完成"按钮，将报表保存为"分组报表.frx"。

3. 使用"报表向导"设计一对多报表

问题：使用"报表向导"对表 xsdab.dbf 和 cjb.dbf 表设计一对多报表如实验图 18.10 所示的报表。

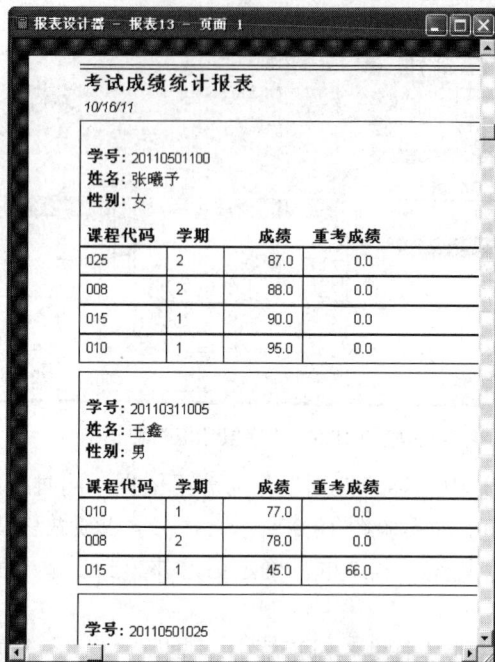

实验图 18.10　一对多报表

请按如下步骤进行操作：

第 1 步，选择"文件"菜单中的"新建"功能。在打开的"新建"对话框中，选择"报表"文件类型，然后单击"向导"按钮，则出现"向导选取"对话框，在"向导选取"对话框中选择"一对多报表向导"。

第 2 步，从父表中选择字段。xsdab.dbf 作为"一对多"关系中的"一"方，cjb.dbf 作为"一对多"关系中的"多"方，因为一个学生有多门课的成绩。因此，将 xsdab.dbf 作为父表。在"步骤 1-从父表选择字段"对话框中，选中 xsdab.dbf 作为父表，并选择"学号"、"姓名"、"性别"字段，确定后单击"下一步"按钮。

第 3 步，从子表中选择字段。cjb.dbf 表作为子表，选择 "课程代码"、"学期"、"成绩"、"重考成绩"字段。确定后单击"下一步"按钮。

第 4 步，为表建立关系，确定后单击"下一步"按钮。

第 5 步，排序记录。按入学成绩降序排序。

第 6 步，选择报表样式。选择"账务式"。

第 7 步，添加报表标题——考试成绩统计报表。并可通过单击"预览"按钮预览设计效果。最后单击完成，将报表保存为"一对多报表.frx"。

18.3　实验要求

① 请建立实验图 18.1 所示的学生入学成绩统计报表。

② 请建立实验图 18.10 所示的学生考试成绩统计报表。

实验 19　菜单的设计

19.1　实验目的

1）掌握下拉式菜单设计。
2）掌握在表单中加载菜单的方法。

19.2　实验内容

1. 设计下拉式菜单

问题：设计下拉式菜单，执行后如实验图 19.1 所示。主菜单有两项："文件"和"退出"。其中"文件"菜单中有三个子菜单，分别为"浏览 xsdab"、"浏览 cjb"、"浏览 kcb"。"退出"菜单中有一个子菜单："返回 VFP 系统菜单"。

菜单程序执行后，单击"浏览 xsdab"菜单，可打开表 xsdab.dbf 浏览；单击"浏览 cjb"菜单，可打开 cjb.dbf 表浏览；单击"浏览 kcb"菜单，可打开 kcb.dbf 表浏览；单击"返回 VFP 系统菜单"菜单，可返回 VFP 系统菜单。

实验图 19.1　下拉式菜单执行效果

请按如下步骤进行操作：

第 1 步，选择 VFP"文件"菜单中的"新建"功能。在打开的"新建"对话框中，选择"菜单"文件类型，然后单击"新建文件"按钮，出现"新建菜单"对话框后单击"菜单"按钮，则进入菜单设计器，如实验图 19.2 所示。

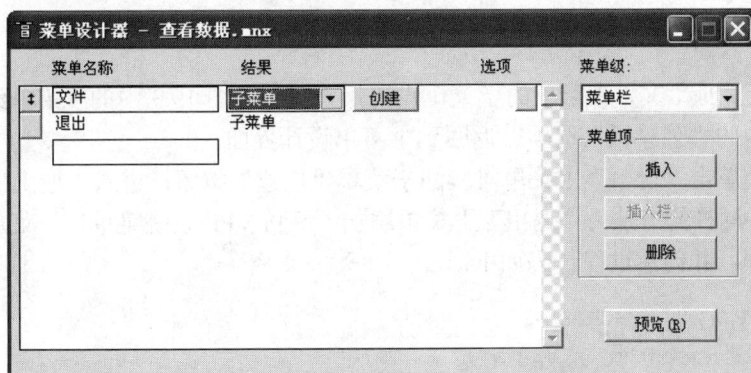

实验图 19.2　设计主菜单

第 2 步，在"菜单名称"列添加两个主菜单的名称："文件"和"退出"。并在"结果"列中均选择"子菜单"，如实验图 19.2 所示。

第 3 步，单击"文件"主菜单对应子菜单中的"创建"按钮，进入"文件"主菜单的子菜单设计。在菜单名称栏中添加"浏览 xsdab"、"浏览 cjb"、"浏览 kcb"三个子菜单，如实验图 19.3 所示。

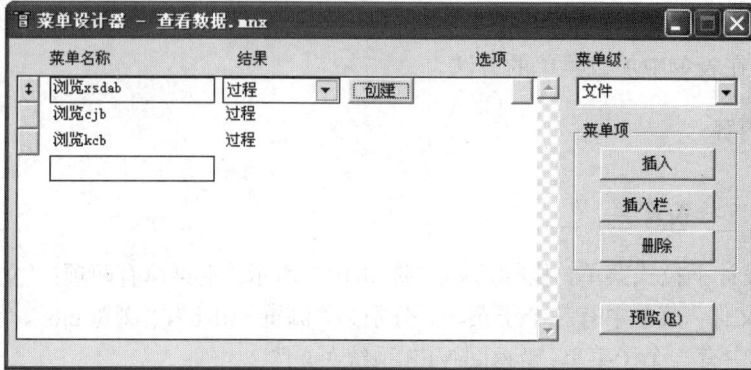

实验图 19.3　设计"文件"的子菜单

第 4 步，对三个子菜单的"结果"列都设置为"过程"。

第 5 步，单击"浏览 xsdab"菜单过程的"创建"按钮，编写选择该菜单后要执行的过程代码：

```
USE xsdab
BROWSE
```

第 6 步，重复第 5 步的做法，对"浏览 xsdab"子菜单编写过程代码：

```
USE cjb
BROWSE
```

对"浏览 kcb"子菜单编写过程代码：

```
USE kcb
BROWSE
```

第 7 步，完成"文件"菜单的子菜单设置后，在实验图 19.3 中的"菜单级"处选择下拉列表框中的"菜单栏"选项，返回到主菜单设计界面。

第 8 步，单击"退出"主菜单对应的子菜单"创建"按钮，进入"退出"主菜单的子菜单设计，同样的方法为"退出"主菜单添加"返回 VFP 系统菜单"子菜单，"结果"列选择为过程，并创建过程代码如下：

```
MODI WINDOW SCREEN
SET SYSMENU TO DEFAULT
ACTIV WINDOW COMMAND
```

第 9 步，选择"文件"菜单下的"另存为"功能，将菜单设计文件保存到表 xsdab.dbf、cjb.dbf、kcb.dbf 所在的文件夹中，并命名为"查看数据.mnx"。

第 10 步，选择 VFP 系统命令菜单中的"菜单"下的"生成"功能，将菜单生成为菜单程序文件"查看数据.mpr"，完成菜单的设计。

设计好菜单后，可选择"程序"菜单下的"运行"功能，执行菜单程序"查看数据.mpr"。执行后如实验图 19.4 所示，可浏览 xsdab.dbf、cjb.dbf、kcb.dbf 的数据。

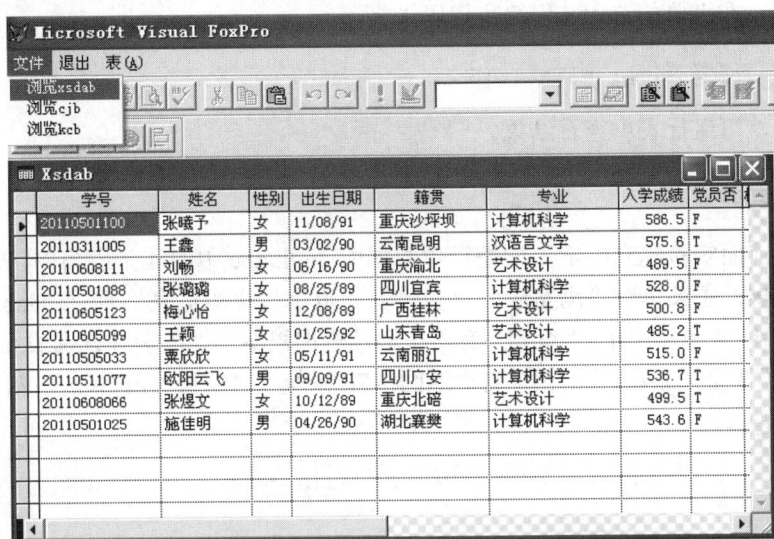

实验图 19.4　"查看数据.mpr"执行效果

2. 顶层表单的下拉式菜单加载

问题：设计表单，将"查看数据.mpr"菜单加载到表单中，执行后如实验图 19.5 所示。

请按如下步骤进行操作：

第 1 步，在命令窗口输入 modi menu，找到"查看数据.mnx"菜单设计文件并打开。

第 2 步，单击"退出"主菜单目对应的子菜单"编辑"按钮，进入"退出"主菜单的子菜单编辑。

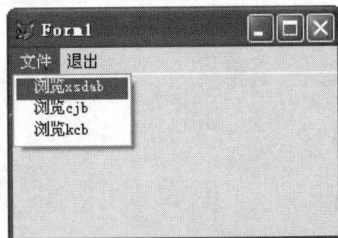

实验图 19.5　表单加载菜单执行效果

第 3 步，在"退出"主菜单的"返回 VFP 系统菜单"子菜单上编辑过程代码，单击"编辑"按钮进入过程代码编辑窗口。

第 4 步，将"返回 VFP 系统菜单"的过程代码改写为：

```
MODI WINDOW SCREEN
SET SYSMENU TO DEFAULT
ACTIV WINDOW COMMAND
顶层表单.Release
```

第 5 步，保持"菜单设计器"处于激活状态，打开 "显示"菜单，选择"常规选项"功能进入其对话框，选中"顶层表单"复选框，单击"确定"按钮返回。

第 6 步，选择"菜单"下的"生成"功能，将菜单重新生成为菜单程序文件"查看数据.mpr"。

第 7 步，新建一个表单，命名为"顶层表单.scx"。

第 8 步，将表单的 ShowWindow 属性设置为"2——作为顶层表单"。

第 9 步，在表单的 Init 过程编写代码：

```
DO 查看数据.mpr WITH THIS
```

完成后，可运行表单查看结果。

19.3　实验要求

请利用前面实验建立的学生学籍管理数据库 xjglk.dbc 中的 4 张表为例，设计一个菜单系统。要求：主菜单有"浏览表"、"查询"、"退出"，"浏览表"有"xsdab"、"cjb"、"kcb"、"jxj_1" 4 个子菜单，"查询"有"按学号查询档案"、"按学号查询成绩"、按"姓名查询成绩" 3 个子菜单，"退出"有"返回 VFP 系统"、"结束 VFP 系统"两个子菜单。

实验 20 综合实验

20.1 实验目的

1）理解表单、控件的关系。
2）掌握表单的设计方法，表单与数据环境的关系。
3）熟练掌握表单设计器的操作。
4）熟练掌握各种常用控件的使用，理解控件的属性、事件、方法。
5）练习分析、处理实际应用的能力，能够从需要分析开始，独立完成应用程序的开发。

20.2 实验内容

1. 系统需要分析

教务管理系统本身涉及多方面的事务，为了实验需要，简易型教务管理系统对现实中的教务管理进行了适当简化，主要处理学生管理、课程管理、成绩管理、奖学金管理四个方面的管理工作。

每个管理工作均包含常见的浏览、增加记录、删除记录、修改记录几个功能，不考虑操作权限等其他功能，数据表以前面实验建立的表 xsdab.dbf、kcb.dbf 表、cjb.dbf 表、jxj_1 表为准。

2. 系统总体设计

根据分析，简易型教务管理系统的功能模块图如实验图 20.1 所示。

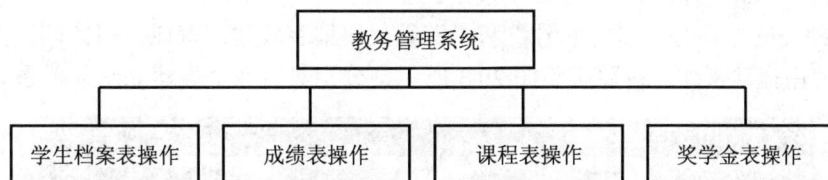

实验图 20.1 系统总体设计

3. 应用程序目录

由于一个管理系统涉及的文件较多，类型也很复杂，因而在建立一个管理系统之时，习惯于单独建立一个目录，将所有需要用到文件统一存放到该目录中，便于使用、管理。

在 D 盘根目录下建立目录，目录名称为"JWGL"。

4. 创建项目

选择"文件"菜单中的"新建"功能，在弹出的对话框中，选择"项目"，单击"新建文件"按钮,在"创建"对话框中,输入项目文件名"教务管理系统",并选定项目路径"D:\JWGL",然后单击"保存"按钮,启动项目管理器,如实验图20.2所示。

5. 建立数据库、数据表

在项目管理器中,选中"数据库",单击"新建"按钮,新建一个数据库,文件名为"教务管理",存放到目录"D:\JWGL"中。

将前面实验建立的数据表 xsdab.dbf、kcb.dbf、cjb.dbf、jxj_1.dbf 添加到"教务管理"数据库中。

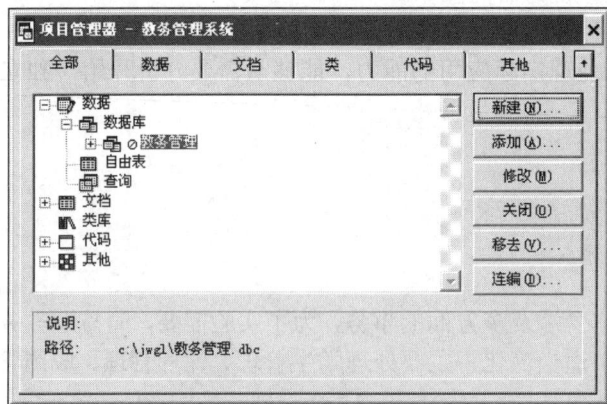

实验图 20.2　教务管理系统项目

6. 在数据库中建立主索引、永久关系

在表 xsdab.dbf 中,以"学号"字段建立主索引。
在表 kcb.dbf 中,以"课程代码"字段建立主索引。
在表 JSJ_1.dbf 中,以"学号"字段建立主索引。
在表 cjb.dbf 中,分别以"学号"和"课程代码"字段建立普通索引。
然后使用拖动操作,按照实验图20.3所示,分别对这四个表建立永久关系。

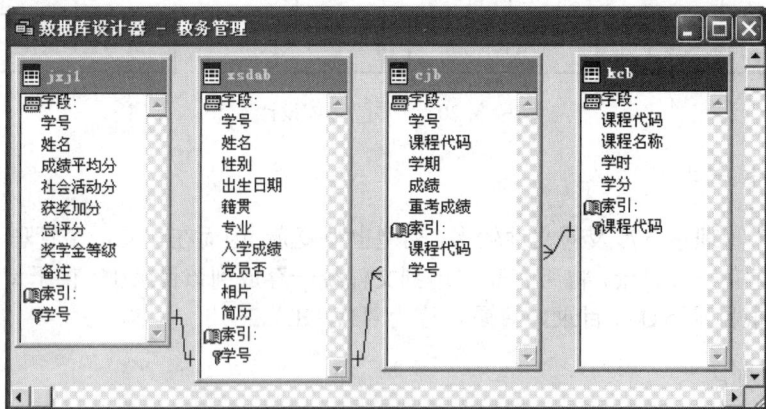

实验图 20.3　教务管理数据库

Visual FoxPro 程序设计实践

7. 设置应用程序主界面

在项目管理器中，选择"文档"选项卡，再选择"表单"，单击"新建"按钮，为应用程序建立主界面（主表单），保存文件名为"主表单.scx"。主表单属性设置如实验表 20.1 所示。

实验表 20.1　主表单属性

对　象	属　性	属性值	描　述
Form1	Caption	教务管理系统	设置表单标题栏文字
	Picture	Backpicture1.bmp	背景图片，根据自己喜好自由选取
	ShowWindow	2——作为顶层表单	设置为顶层表单

在 Form1 的 Init 事件输入代码：

```
DO 主菜单.mpr WITH THIS,"menux"          && 加载菜单
```

在 Form1 的 Destroy 事件输入代码：

```
RELEASE MENU MENUX EXTENDED              && 释放菜单
CLEAR EVENTS                             && 关闭事件循环
```

8. 设计主菜单

在项目管理器中，选择"其他"，再选中"菜单"，单击"新建"按钮，在弹出的"新建菜单"对话框中，选择"菜单"，弹出如实验图 20.4 所示"菜单设计器"。参照实验图 20.4，在菜单设计器中建立主菜单。

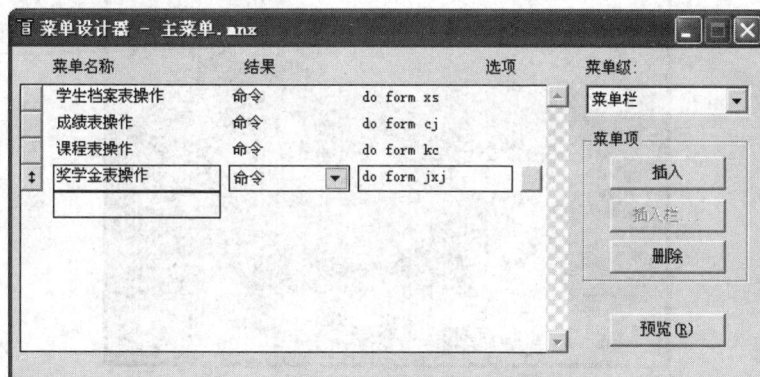

实验图 20.4　主菜单设计

选择"显示"菜单中的"常规选项"，选中"顶层表单"。

选择"菜单"菜单中的"生成"，弹出"生成菜单"对话框，单击"生成"按钮，生成"主菜单.mpr"。

系统询问是否保存菜单时，以文件名"主菜单.mnx"保存。

9. 设计主程序（主文件）

在应用程序运行之前，一般要对 Visual FoxPro 的运行环境进行设置，使之符合应用程序的要求。这些操作一般在主程序中完成。

在实验图 20.2 所示的项目管理器的"代码"中，选择"程序"，再单击"新建"按钮，弹出代码设计窗口，在代码窗口中如下输入代码，然后以文件名"主程序.prg"保存：

```
CLEAR ALL
SET TALK OFF
SET DELETE ON              && 逻辑删除的记录不显示
SET DEFAULT TO f:\fox      && 设置应用程序默认目录
Application.Visible = .F.  && 应用程序启动后，隐藏 Visual FoxPro 窗口
DO FORM 欢迎画面            && 打开表单
READ EVENTS                && 开启事件循环，程序暂停运行，等待用户响应
QUIT                       && 主表单关闭，程序结束
```

选中"主程序"，右击选择快捷菜单中的"设置主程序"。

主程序、主表单、主菜单设计完成后，整个程序的主要框架即构建完成。在项目管理器中，选中"主程序.prg"，然后单击"运行"。程序运行后，显示如实验图 20.5 所示的应用程序运行主画面。

实验图 20.5 应用程序主画面

10. 设计"学生档案表操作"表单

为了简化操作，使用"表单向导"建立"学生档案表操作"表单。

在"步骤 4-完成"中，在"请输入表单标题"文本框中输入"学生档案表操作"。

在"另存为"对话框中，以文件名"XS"保存表单。

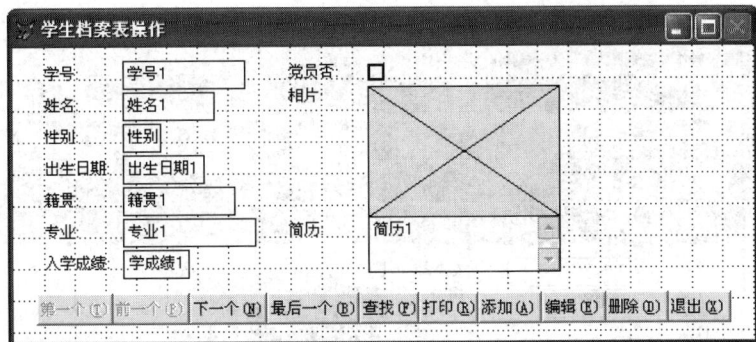

实验图 20.6 学生档案表操作表单

"学生档案表操作"表单建立完成后，其表单设计界面如实验图 20.6 所示；其应用程序运行界面如实验图 20.8 所示。

使用同样的方法，通过"表单向导"，设计"成绩表操作"表单、"课程表操作"表单、"奖学金表操作"表单。

11. 连编项目

应用程序设计完成，各部分均调试成功后，可最终连编成一个应用程序文件，如实验图 20.7 所示。

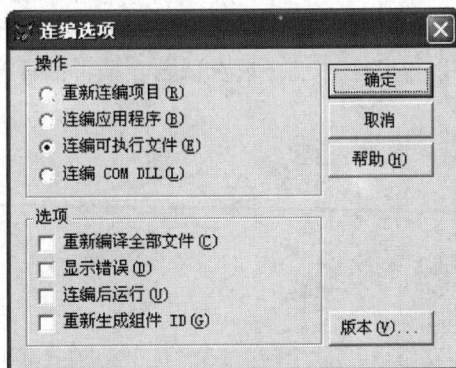

实验图 20.7 连编成可执行文件

应用程序连编结果有两种文件形式：

① 应用程序文件（.app），需要在 Visual FoxPro 即中运行。

② 可执行文件（.exe），可在 Windows 下运行。

可执行文件需要和两个 Visual FoxPro 动态连接库（vfp.dll、vfp6enu.dll）链接，这两个库和应用程序一起构成了 Visual FoxPro 所需的完整运行环境，在 Visual FoxPro 的安装目录中可以找到这两个文件。

另外，在连编过程中，可能需要其他辅助文件，这些文件也均可在 Visual FoxPro 的安装目录中找到。

本实验在连编时，选择"连编可执行文件"。连编后在 Windows 环境下运行效果如实验图 20.8 所示。

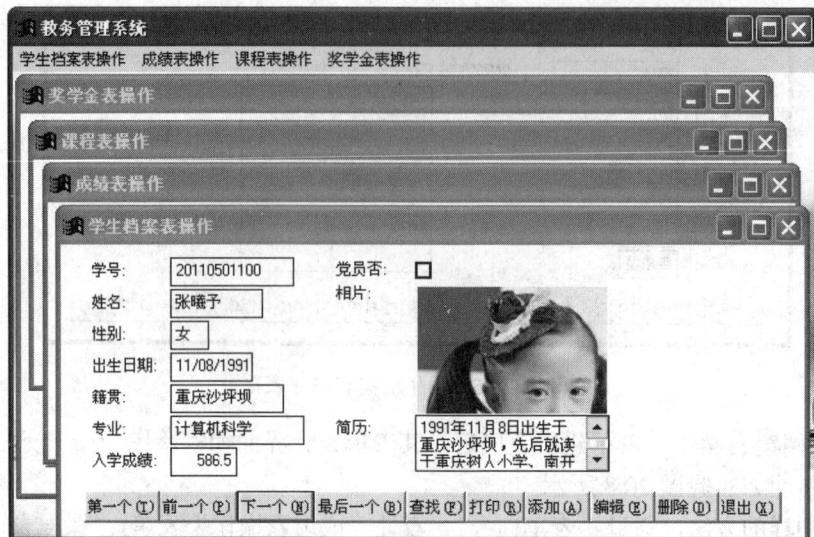

实验图 20.8　连编后执行应用程序

20.3　实验要求

自己设计表单，解决以下问题（请上机前写出主要对象的事件代码程序）：

① 设计一个期末奖学金评定系统，用来自动计算学生的奖学金等级。

② 设计一个"联机考试系统"，将普通考试试卷中的各种题目录入数据库中，以便进行无纸化考试。系统有以下几个功能：录入试题、编辑已有试题、随机抽题考试、考试后自动评卷等。

下篇

VFP 例题分析及习题

练习1 数据库基础

一、选择题

1. 不能重新显示"命令窗口"的操作方法是（　　）。
   A. "窗口"菜单－"命令窗口"选项　　B. "文件"菜单－"打开"命令
   C. 常用工具栏中的"Command Window" D. Ctrl+F2

【参考答案】B

【例题分析】文件菜单只能打开各类文件，所以不能打开命令窗口。

2. 在"工具"菜单打开"选项"对话框中的"常规"选项卡可以设置（　　）。
   A. 表单的默认大小　　　　　　　　B. 默认目录
   C. 系统信息　　　　　　　　　　　D. 警告声音

【参考答案】D

【例题分析】在"选项"对话框的"常规"选项卡中可以设置系统警告声以及一些编程操作的某些环境设置。

3. 数据库系统与文件系统的主要区别是（　　）。
   A. 数据库系统复杂，文件系统较简单
   B. 文件系统不能解决数据冗余和数据独立性问题，而数据库系统可以解决
   C. 文件系统智能管理程序文件，数据库系统能管理各种类型的文件
   D. 文件系统管理的数据量较少，数据库系统可以管理庞大的数据量

【参考答案】B

【例题分析】数据库系统管理的最大优点就是解决了数据冗余及数据独立性问题。

4. 用树型结构表示实体及其之间联系的模型称为（　　）。
   A. E－R 模型　　　　　　　　　　B. 层次模型
   C. 网状模型　　　　　　　　　　　D. 关系模型

【参考答案】B

【例题分析】树型结构即层次结构，父节点仅一个，子节点可有若干表示一对多联系。

5. "项目管理器"的"代码"选项卡包括（　　）。
   A. 程序文件、API 库及应用程序　　B. 程序文件及应用程序
   C. API 及.app 应用程序　　　　　　D. 程序文件及 API 库

【参考答案】A

【例题分析】此选项卡包括：程序、应用编程接口（Application Programming Interface，API）库和应用程序。

二、判断题

1．VFP 中只能用交互式命令对数据库进行操作。

【参考答案】错

【例题分析】VFP 中可以使用菜单方式、命令方式、程序等方式操作数据库。

2．DBMS 是介于用户和操作系统之间、用于对数据库进行集中管理的软件系统。

【参考答案】对

【例题分析】数据库管理系统（DataBase Management System，DBMS）是介于用户和操作系统之间、用于对数据库进行集中管理的软件系统，是进行数据库存取、维护、管理的系统软件。

3．用二维表数据来表示实体之间联系的数据模型称为层次模型。

【参考答案】错

【例题分析】用二维表数据来表示实体之间联系的数据模型称为关系模型。

4．可以在项目管理器的"数据"选项卡下建立命令文件。

【参考答案】错

【例题分析】在项目管理器的"数据"选项卡下只能建立数据库、自由表和查询文件。

5．数据独立性是数据库技术的重要特点之一，所谓数据独立性是指不同的数据只能被对应的应用程序所使用。

【参考答案】错

【例题分析】数据独立性是指程序和数据分开存储，程序与数据之间不再是直接的对应关系，用程序能够采用统一的方法存取操作数据，数据文件可以长期保存在外存储器上并被多次存取。

三、填空题

1．在关系数据库中，把数据表示成二维表，每一个二维表称为（　　　　）。

【参考答案】一个关系

【例题分析】关系数据模型是用二维表结构来表示实体及其联系的模型，在关系模型中，数据的逻辑结构是一张二维表格，每一个这样的表格称为一个关系。

2．用树形结构表示实体之间联系的模型是（　　　　）。

【参考答案】层次模型

【例题分析】层次模型是用树型结构来表示实体类型以及实体间联系的，只能表示 1 : n 的联系，不能表示多个实体类型之间的复杂联系和实体类型之间的多对多的联系。

3．关系运算中的选择运算是指（　　　　）。

【参考答案】从关系中找出满足给定条件的元组的操作

【例题分析】从关系中查找符合指定条件元组的操作，也就是从关系中选择某些满足条件的记录组成一个新的关系。

4．数据库中的数据具有集中性和（　　　　）。

【参考答案】共享性

【例题分析】数据库是指按一定的结构和组织方式存储在计算机外部存储介质上有

结构的、可共享的相互关联的数据集合，它包括描述事物的数据本身以及相关事物之间的联系，可以共享的并且与应用程序相互独立。

5. Visual FoxPro 是可以运行于各种平台上的 32 位的、具有可视化编程技术的（　　）。

【参考答案】数据库管理系统

【例题分析】Visual FoxPro 是可以运行于各种平台上的 32 位数据库管理系统，是一个具有可视化编程技术并且将面向对象的方法引入数据库的软件开发工具。其速度、能力和灵活性均达到了人们对数据库管理系统的要求，在创建、修改应用程序等方面比以往任何时候都快捷和方便。

1.2　习题

一、选择题

1. 项目管理器中"文档"选项卡主要用于显示和管理的文件类型是（　　）。
   - A. 数据库、自由表、查询
   - B. 数据库、视图、查询
   - C. 文档、报表、标签
   - D. 数据库、表单、查询

2. Visual FoxPro 数据库文件是（　　）。
   - A. 存放用户数据的文件
   - B. 管理数据库对象的系统文件
   - C. 存放用户数据的文件
   - D. 前三种说法都对

3. 关系是指（　　）。
   - A. 元组的集合
   - B. 属性的集合
   - C. 字段的集合
   - D. 实例的集合

4. 关系数据库管理系统的 3 种基本关系运算不包括（　　）。
   - A. 比较运算
   - B. 选择运算
   - C. 联接运算
   - D. 投影运算

5. 如果一个班只能有一个班长，而且一个班长不能同时担任其他班的班长，班级和班长两个实体之间的关系属于（　　）。
   - A. 一对一联系
   - B. 一对二联系
   - C. 多对多联系
   - D. 一对多联系

6. 扩展名为 DBC 的文件是（　　）。
   - A. 表单文件
   - B. 数据表文件
   - C. 数据库文件
   - D. 项目文件

7. Visual FoxPro 支持的数据模型是（　　）。
   - A. 层次数据模型
   - B. 关系数据模型
   - C. 网状数据模型
   - D. 树状数据模型

8. 数据库 DB、数据库系统 DBS、数据库管理系统 DBMS 三者之间的关系是（　　）。
   - A. DBS 包括 DB 和 DBMS
   - B. DBMS 包括 DB 和 DBS
   - C. DB 包括 DBS 和 DBMS
   - D. DBS 就是 DB，也就是 DBMS

9. Visual FoxPro 是一种关系型数据库管理系统，所谓关系是指（　　）。
   - A. 各条记录中的数据彼此有一定的关系

　　B．一个数据库文件与另一个数据库文件之间有一定的关系

　　C．数据模型符合满足一定条件的二维表格式

　　D．数据库中各个字段之间彼此有一定的关系

10．用二维表数据来表示实体及实体之间联系的数据模型称为（　　）。

　　A．实体——联系模型　　　　　　　B．层次模型

　　C．网状模型　　　　　　　　　　　D．关系模型

11．设有关系 R1 和 R2，经过关系运算得到结果 S，则 S 是（　　）。

　　A．一个关系　　　　　　　　　　　B．一个表单

　　C．一个数据库　　　　　　　　　　D．一个数祖

12．关系数据库系统中所使用的数据结构是（　　）。

　　A．树　　　　　　　　　　　　　　B．图

　　C．表格　　　　　　　　　　　　　D．二维表

13．使用关系运算对系统进行操作，得到的结果是（　　）。

　　A．属性　　　　　　　　　　　　　B．元组

　　C．关系　　　　　　　　　　　　　D．关系模式

14．退出 Visual FoxPro 的操作方法是（　　）。

　　A．从文件下拉菜单中选择"退出"选项

　　B．用鼠标左按钮单击关闭窗口按钮

　　C．在命令窗口中键入 QUIT 命令，然后按回车键

　　D．以上方法都可以

15．关系数据库管理系统所管理的关系是（　　）。

　　A．一个 DBF 文件　　　　　　　　B．若干个二维表

　　C．一个 DBC 文件　　　　　　　　D．若干个 DBC 文件

二、判断题

　　1．"项目管理器"的"数据"选项卡用于显示和管理数据库、自由表和查询。

　　2．数据库系统与文件系统的主要区别是：文件系统不能解决数据冗余和数据独立性问题，而数据库系统可以解决。

　　3．Visual FoxPro 是一种关系数据库管理系统，所谓关系是指表中各条记录彼此有一定的关系。

　　4．数据库的数据项之间和记录之间都存在联系。

　　5．数据模型符合满足一定条件的二维表格就是关系。

　　6．在 Visual FoxPro 系统窗口中的"命令"窗口中输入"QUIT"命令并回车，可以退出 VFP 系统。

　　7．VFP 系统只为用户提供了命令操作方式和菜单操作方式。

　　8．Visual FoxPro 系统为用户提供了许多功能强大的向导，为非专业用户提供了一种较为简便的操作使用方式。

　　9．Visual FoxPro 提供的一系列设计器，为用户提供了一个友好的图形界面操作环境，可以快捷方便地制作图像。

10．VFP 中可以通过项目文件对项目中其他类型文件进行组织管理。

11．.dbf 为数据表文件，存储二维表格数据；.fpt 为备注文件，存储备注型及通用型字段数据，系统自动生成。

12．.dbc 为数据库文件提供 Visual FoxPro 与其他高级语言进行数据交换的数据文件。

13．Visual FoxPro 的帮助系统可以让用户不用离开 Visual FoxPro 操作环境就能检索到比较全面的帮助信息。

14．所谓"项目"是指文件、数据、文档以及 VFP 中对象的集合。

15．项目管理器中"数据"选项卡包括对项目中的所有数据——数据库、自由表、查询和视图的管理。

三、填空题

1．关系数据库对数据的组织方式采用（　　　）。

2．数据库管理系统支持的数据模型主要有层次模型、网状模型和（　　　）模型。

3．项目管理器中主要用于显示和管理表单、报表和标签文件的是（　　　）选项卡。

4．Visual FoxPro 是一个（　　　）位的数据库管理系统。

5．数据库系统的核心是（　　　）。

6．二维表中的列称为关系的（　　　）。

7．关系是具有相同性质的（　　　）的集合。

8．在关系数据库的基本运算中，从表中取出满足条件元组的操作称为（　　　）。

9．二维表中的行称为关系的（　　　）。

10．关系数据库中基本的关系运算有选择运算、投影运算和（　　　）。

11．假设有部门和职员两个实体，每个职员只能属于一个部门，一个部门可以有多名职员，则部门与职员实体之间的联系类型是（　　　）。

12．一个数据库文件中可以包含（　　　）个数据库表。

13．在 Visual FoxPro 中项目文件的扩展名是（　　　）。

14．.pjt 为项目文件的（　　　）。

15．项目管理器界面主要由选项卡和（　　　）两大部分组成。

练习 2　VFP 语言基础

2.1　例题分析

一、选择题

1. 在 VFP 系统中，以下不能作为字符串常量定界符的是（　　）。
   A. 双引号
   B. {}
   C. 单引号
   D. [ ]

【参考答案】B

【例题分析】字符型常量的定界符规定只能使用一对双引号（" "）、单引号（' '）或方括号（[ ]），不能使用花括号（{}）。花括号是日期型常量的定界符。

2. 将内存变量 LA 的值赋为逻辑值假的正确方法是（　　）。
   A. STORE .F. TO LA.
   B. LA=".F."
   C. STORE "F" TO LA.
   D. LA=False

【参考答案】A

【例题分析】逻辑型常量只有两个值：.T.（逻辑真）和 .F.（逻辑假），用户使用时，可用 .T.、.t. 或 .Y.、.y. 来表示逻辑真，用 .F.、.f. 或 .N.、.n. 来表示逻辑假。

3. 命令 ?VARTYPE ("12/22/08") 的输出结果为（　　）。
   A. 12/22/08
   B. D
   C. N
   D. C

【参考答案】D

【例题分析】函数 VARTYPE(<表达式>) 的功能是测试<表达式>值的数据类型，函数值为各种数据类型对应的一个英文大写字母，数据 "12/22/08" 是字符型常量，对应字母 C。

4. 若从字符串 "重庆市" 中取出汉字 "庆"，应使用的函数为（　　）。
   A. SUBSTR ("重庆市",2,2)
   B. SUBSTR("重庆市",3,1)
   C. SUBSTR("重庆市",2,1)
   D. SUBSTR("重庆市",3,2)

【参考答案】D

【例题分析】一个字符型常量中字符的个数称为其长度（不包括定界符）。一个西文字符长度记为 1，一个中文字符长度记为 2，"庆" 在 "重庆市" 中的起始位置应为 3，长度 2。

5. 设 X=5，则执行命令 ?X=X-1 后，变量 X 的值为（　　）。
   A. 6
   B. 4
   C. 5
   D. 7

【参考答案】C

【例题分析】输出语句的格式为"?|?? [<表达式表>]"，也就是说，"命令 ?X=X-1"

中的 "X=X-1" 只能理解成一个表达式，即关系表达式，判断 X 与 X-1 是否相等，符号 "=" 不是赋值号，而是表示关系运算符的 "等于"，所以，变量 X 的值不变。

6. 执行命令 "DIMENSION A(3,3)" 后，与数组元素 A(5) 等价的二维数组元素为（　　）。

　　A．A(1,1)　　　　　　　　　B．A(1,3)

　　C．A(2,2)　　　　　　　　　D．A(3,2)

【参考答案】C

【例题分析】VFP 系统为数组开辟的内存单元是一段连续的内存空间，且各元素是按行依次进行分配的，且可以通过一维数组的形式来引用一维数组元素。数组 A(3,3)定义后，其分配顺序为 A(1,1)、A(1,2)、A(1,3)、A(2,1)、A(2,2)、A(2,3)、A(3,1)、A(3,2)、A(3,3)，A(5)则对应于数组元素 A(2,2)。

7. 在执行命令 SET EXACT OFF 后再执行 ?"计算机公司"="计算机","计算机公司"$"计算机"，则系统窗口显示结果为（　　）。

　　A．.T.　　.T.　　　　　　　B．.T.　　.F.

　　C．.F.　　.T.　　　　　　　D．.F.　　.F.

【参考答案】B

【例题分析】命令 SET EXACT OFF/ON 的功能是设置字符表达式值进行比较运算时按模糊方式（判断是否为左子串）或是按精确方式（判断是否完全相等）。此题设置为模糊比较，由于否 "计算机" 是 "计算机公司" 左子串，则表达式 "计算机公司"="计算机" 的值为真（.T.）。字符运算符 $ 的功能是判断其左边是否是右边的子串，字符串 "计算机公司" 的长度比 "计算机" 的长度大，所以，"计算机公司"$"计算机" 的值为假（.F.）。

8. 计算从 2010 年 5 月 1 日到 2011 年 1 月 1 日相差多少天，正确的表达式为（　　）。

　　A．?(01/01/11)-(05/01/10)

　　B．?CTOD("01/01/11")-CTOD("05/01/10")

　　C．?CTOD(01/01/11)-CTOD(05/01/10)

　　D．?("01/01/11")-("05/01/10")

【参考答案】B

【例题分析】日期型常量的定界符为 {} 答案 A 不对，函数 CTOD() 的功能是将字符表达式的值转换为日期型常量，答案 B 对，答案 C 的函数参数的数据类型不对，答案 D 是两个字符串进行不完全连接运算，不对。

9. 设当前数据库有 5 条记录，若当前记录号为 1、EOF()为真、BOF()为真 3 种情况下，函数 RECNO()的结果分别为（　　）。

　　A．1,5,1　　　　　　　　　B．1,6,1

　　C．1,5,0　　　　　　　　　D．1,6,0

【参考答案】B

【例题分析】函数 RECNO()的功能是测试当前记录号。若当前记录号为 1，则函数值为 1。若 EOF()为真，表示处于文件尾，函数值就为记录号+1，为 6。若 BOF()为真，表示处于文件头,函数值仍为 1（VFP 系统规定当前记录指针指向 BOF 标志和首记录时，函数 RECNO() 的值均为 1)。

10. 执行以下命令序列：

```
USE AAA.                           && 假设表 AAA.dbf 中有 15 条记录
LIST
? RECNO(), EOF()
```

最后一条命令显示的结果分别为（　　）。

    A. 16 和 .T.　　　　　　　　　　　B. 16 和 .F.

    C. 15 和 .F.　　　　　　　　　　　D. 15 和 .T.

【参考答案】A

【例题分析】命令 LIST 的功能是显示表的所有记录，记录指针会发生移动到文件尾，则函数 RECNO() 的值勤为 16，EOF() 的值为真（.T.）。

二、判断题

1. 表达式 2X>5 不符合 VFP 系统的语法规则。

【参考答案】对

【例题分析】表达式 2X>5 中的 2X 只能理解成一个变量名，但变量名的命名规则是不允许以数字开头，若解释为乘法又少了运算符。

2. 设 X=2，Y=5，则执行命令 ?Y=Y+X 后，系统窗口显示结果为 .T. 。

【参考答案】错

【例题分析】表达式 Y=Y+X 运算后变为 5=7，不成立，输出结果应为 .F.。

3. 执行定义数组的命令 DIME M(2, 3) 后，数组 X 的数组元素有 12 个。

【参考答案】错

【例题分析】VFP 系统定义一个二维数组的格式为：数组名（<下标上界 1>,<下标上界 2>），规定下标的下界为 1 而不是 0。因此，数组 M 的元素个数应为 2×3=6。

4. 在 VFP 系统中，执行命令 K=01/08/96 后，函数 VARTYPE("K") 的返回值为"C"。

【参考答案】对

【例题分析】函数 VARTYPE( ) 是用来测试表达式值的数据类型的，基其参数 "K" 为字符型常量，函数值为 "C"，与变量 K 的值无关。

5. 使用求余运算符 % 或调用 MOD() 函数时，余数的正负与被除数同号。

【参考答案】错

【例题分析】在 VFP 系统中规定进行取余数的运算与除数同号，而不是与被除数同号。

6. 表达式 "张予"<="张予" 的运算结果为逻辑真（.T.）。

【参考答案】对

【例题分析】关系运算符 <= 的含义是小于或等于均成立，表达式 "张予"<="张予" 的含义应解释为运算符 <= 的左边表达式值小于或等于右边表达式值之意。

7. 在 VFP 系统中，若当前需要输出的内容从一行的起始位置开始，则用 ? 与 ?? 语句的效果是相同的。

【参考答案】错

【例题分析】输出语句 ？ 与 ?? 语句的功能是对于其后的内容是否换行输出，若当前需要输出的内容从一行的起始位置开始，？ 语句表示将再换行输出（即先输出一个空行），?? 语句则不再换行进行输出。

8. 在 VFP 系统中，可以使用三维数组变量。

【参考答案】对

【例题分析】VFP 系统规定，对于数组的定义，只能使用一维或二维数组，即数组的下标最多为 2 个。

9. 函数 DAY("01/23/08") 的返回值为计算机系统的日期。

【参考答案】错

【例题分析】函数 DAY("01/23/08")是一个错误的表达式。函数 DAY（<D|T>）的参数要求是日期或日期时间表达式，此题参数为字符串，不符合该函数的要求。

10. 当表达式中同时出现逻辑运算符 NOT、AND、OR 时，按出现的先后顺序依次进行运算。

【参考答案】错

【例题分析】在 VFP 系统中，逻辑运算符 NOT（否）、AND（与）、OR（或）的优先级从高到低的顺序为 NOT→AND→OR，而不是按出现的先后顺序进行运算的。

三、填空题

1. 执行命令 M=2=3 后，变量 M 的值为（　　）。

【参考答案】.F.

【例题分析】按 VFP 中赋值语句的格式 <内存变量>=<表达式> ，该命令命令只能理解成是一个语句，赋值号 "=" 右边的 "2=3" 只能理解为一个关系表达式，其值为逻辑假 .F. ，所以，内存变量 M 的值为逻辑假 .F. 。

2. 表达式 555-55 与 "555"-"55" 的运算结果分别为（　　）和（　　）。

【参考答案】500　　"55555"

【例题分析】在 VFP 系统中，对于两个数值型数据的运算，符号 "-" 表示数学上的减法，对于两个字符型数据的运算，符号 "-" 表示不完全连接（即将左边字符表达式值的尾部空格移动到两个字符串连接后的尾部）。

3. 要取五位自然数 m（如 72597）的第十位数字，请写出至少三种方法的表达式：（　　）、（　　）、（　　）。

【参考答案】INT(m/10)%10　　INT(m%100/10)　　VAL(SUBSTR(STR(m,5),4,1))

【例题分析】第一种方法是先除 10 取整再取除 10 的余数，第二种方法是先除 10 取余数的除 10 取整，第三种方法是先转换为字符串后取子串再转换数值型数据。

4. 表达式 4>2>.F. 和表达式 4=2=.F. 的值分别为（　　）和（　　）。

【参考答案】.T.　　.T.

【例题分析】表达式 4>2>.f. 应理解为关系式 4>2 （值为 .T. ）与逻辑值 .F. 比较大小，VFP 系统规定逻辑真(.T.)大于逻辑假 .F. 。表达式 4=2=.F. 应理解为关系式 4=2（值为 .F. ）与逻辑值 .F. 比较大小，判断二者相等即 .F.=.F. 成立。

5. 函数 VAL("123BX") 的返回值为（　　）。

【参考答案】123

【例题分析】函数 VAL（<数字字符串>）的功能是将数字形式的字符串（包括正负号、小数点）按从左到右的顺序转换为相应的数值型数据，若字符串内遇到对数字无效的字符则停止转换，若字符串的首字符为非数字字符，则返回值为 0。

6. 已知 X="3.14"，则表达式 2+&X 的计算结果为（   ）。

【参考答案】5.14

【例题分析】字符串的宏运算 & 的作用是提取符号 & 后的字符型变量值的内容，置于当前位置，再对表达式进行合理的解释。所以，表达式 2+&X 变换后应解释为 2+3.14，结果应为 5.14。

7. 请用 3 种方法写出变量 a 不等于变量 b 的表达式：（   ）、（   ）和（   ）。

【参考答案】!a=b   a>b   a<b

【例题分析】逻辑运算符 ! 是否定之意，表达式 !a=b 即是 a=b 的否定，关系运算 a>b 和 a<b 均是对 a=b 的否定。

8. 已知 K=.T.，则执行命令 K="计算机"=="计算机科学" 和 ?K="计算机"=="计算机科学" 后，K 的值为（   ），系统窗口上显示的结果为（   ）。

【参考答案】.F.   .T.

【例题分析】命令 K="计算机"=="计算机科学" 应理解为将表达式 "计算机"=="计算机科学" （值为 .F.）的值赋给变量 K。命令 ?K="计算机"=="计算机科学" 应理解为输出表达式 K="计算机"=="计算机科学" 的值，即判断变量 K 的值是否与 表达式 "计算机"=="计算机科学"（值为 .F.）相等。

9. 如已定义一数组 MM(4,7)，现要将其每个数组元素值赋为 0，则可执行的命令为（   ）。

【参考答案】MM=0

【例题分析】VFP 系统规定，定义一个数组后，其所有元素的初值均为逻辑假（.F.）。可以使用数组名一次给所有元素赋同一个初值。

10. 有一用户将其密码输入到变量 PASSWORD 中，而正确的密码为 "ZGL" ，若忽略用户所输入密码中的大小写字母（比如"Y"与"y"等价），则判断用户所输密码是否正确的逻辑表达式应为（   ）。

【参考答案】UPPER(PASSWORD)= "ZGL" 或 LOWER(PASSWORD)="zgl"

【例题分析】应将变量 PASSWORD 值的所有字符进行大小写转换后比较大小。

2.2 习题

一、选择题

1. 在 VFP 系统中，各类表达式运算的先后顺序为（   ）。

　　A. 首先进行逻辑运算，再进行算术运算，最后是关系运算

　　B. 首先进行算术运算，再进行关系运算，最后是逻辑运算

　　C. 首先进行逻辑运算，再进行关系运算，最后是算术运算

　　D. 首先进行关系运算，再进行算术运算，最后是逻辑运算

2．在 VFP 系统中，逻辑运算（NOT，AND，OR）之间运算的先后顺序为（   ）。

A．先进行 AND 运算，再进行 NOT 运算，最后进行 OR 运算

B．先进行 AND 运算，再进行 OR 运算，最后进行 NOT 运算

C．先进行 NOT 运算，再进行 AND 运算，最后进行 OR 运算

D．先进行 NOT 运算，再进行 OR 运算，最后进行 AND 运算

3．以下数据中，不属于常量的是（   ）。

A．12   B．.Y.

C．T   D．[XYZ]

4．在已知 Y=4 的情况下，以下给变量 Y 重新赋值正确的语句是（   ）。

A．STORE 8,9 TO X,Y   B．X*Y=5

C．X=Y=8   D．X=8,Y=9

5．设 X=5，则执行命令 ?X=X-1 后，显示结果为（   ）。

A．6   B．4

C．.T.   D．.F.

6．已知字符串 M="AB CD "，N=" MN XY"，则表达式 M-N 的结果为（   ）。

A．"AB CD MNXY "   B．"AB CDMN XY "

C．"ABCD MN XY "   D．"ABMN CDXY   "

7．在执行命令 X=10 和 Y=X=5 之后，X 和 Y 的值分别为（   ）。

A．5 和 5   B．10 和.F.

C．5 和 10   D．10 和 5

8．以下表达式中，错误的是（   ）。

A．CTOD("01/01/10")-1000

B．CTOD("01/01/10")-CTOD([01/01/09])

C．[01/01/09]-[01/01/08]

D．"01/01/90"+200

9．假设变量 N、C、L 分别为数值型、字符型、逻辑型内存变量，在下面的表达式中，错误的是（   ）。

A．3*N   B．C-"A"

C．N=10 OR L   D．C>10

10．以下叙述中，错误的是（   ）。

A．若存在与字段变量同名的内存变量，系统默认为内存变量

B．除非修改数据表结构，否则不能改变字段变量的数据类型

C．内存变量是单值变量，只要不对其重新赋值，其内容就保持不变

D．没有打开数据表，就不能访问字段变量

11．对于以下函数，运算结果不是数值型的是（   ）。

A．TIME()   B．ROUND(110.75,-1)

C．VAL("2010/01/01")   D．SQRT(16/04/2009)

12．执行定义数组的命令 DIME X(3，6) 后，数组 X 的数组元素共有（   ）个。

A．28   B．24

C．18   D．20

13．数组定义后，在对其数组元素赋值之前，系统将自动给每个数组元素赋值为（　　）。

A．0　　　　　　　　　　　　B．.F.

C．""　　　　　　　　　　　D．.T.

14．若内存变量 A="ABCD"，则显示其内容应使用的命令是（　　）。

A．DISPLAY A.　　　　　　　B．?A

C．?&A.　　　　　　　　　　D．SAY A

15．在以下 VFP 表达式中，运算结果为字符串的是（　　）。

A．CTOD("12/23/78")　　　　B．"123"-"43"

C．"ABC"+"XYZ"="ABCXYZ"　D．DTOC(DATE())>"01/06/00"

16．在 VFP 系统中，执行命令 H={^01/08/96} 后，函数 VARTYPE(H)的返回值为（　　）。

A．C.　　　　　　　　　　　B．D

C．M　　　　　　　　　　　D．N

17．以下表达式中，不符合 VFP 系统语法规则的是（　　）。

A．t+T　　　　　　　　　　B．04/05/10

C．VAL(123)　　　　　　　　D．X2>5

18．如果内存变量 MX 的类型是日期型，那么给变量 MX 赋值的方法应为（　　）。

A．MX=04/05/97　　　　　　B．MX="04/05/07"

C．MX=CTOD(04/05/10)　　　D．MX=CTOD("04/05/10")

19．能够进行比较大小运算的数据类型包括（　　）。

A．数值型　　　　　　　　　B．数值型、字符型、日期型、逻辑型

C．数值型、字符型　　　　　D．数值型、字符型、日期型

20．以下表达式结果为逻辑真的是（　　）。

A．"男"$性别　　　　　　　B．"112">"85"

C．[张予]<=[张予]　　　　　D．CTOD("03/21/11")<CTOD("03/12/11")

21．在以下表达式中，运算结果为逻辑真的是（　　）。

A．EMPTY(.NULL.)　　　　　B．LIKE("ACD","AC?")

C．AT("A","123ABC")　　　　D．EMPTY(SPACE(2))

22．设 G=5>6,命令 ?VARTYPE(G) 的输出结果为（　　）。

A．L　　　　　　　　　　　B．C

C．N　　　　　　　　　　　D．D

23．在 VFP 系统中，对于命令"?"与"??"，以下叙述正确的是（　　）。

A．?? 在光标当前位置输出表达式结果，? 从下一行（换行）开始输出

B．? 在光标当前位置输出表达式结果，?? 在下一行开始输出

C．? 在显示器上输出，?? 在打印机上输出

D．? 可输出一个变量、常量或表达式，而 ?? 可输出多个变量、常量、表达式

24．RELEASE ALL 命令的功能是（　　）。

A．删除指定的内存变量　　　B．删除所有内存变量

C. 删除指定的全局变量　　　　　　D. 删除内存变量文件中的内存变量

25. 打开一空数据表，分别用函数 EOF() 和 BOF() 进行测试，其结果一定为（　　　）。

    A. .T. 和 .T.　　　　　　　　　　B. .F. 和 .F.

    C. .T. 和 .F.　　　　　　　　　　D. .F. 和 .T.

26. 在 VFP 系统中，表达式可从不同角度进行分类，若按表达式运算结果的数据类型进行分类，则可分为（　　　）。

    A. 数值表达式、字符表达式、日期时间表达式、关系表达式和逻辑表达式

    B. 数值表达式、字符表达式、日期时间表达式和条件表达式

    C. 数值表达式、字符表达式、日期时间表达式和逻辑表达式

    D. 数值表达式、关系表达式和逻辑表达式

27. 执行了命令 STORE "456" TO KK 之后，再执行 ? "22"+"&KK" 的结果为（　　　）。

    A. 145　　　　　　　　　　　　　B. 22456

    C. 22&KK　　　　　　　　　　　　D. 出错信息

28. 以下函数中，函数值为数值的是（　　　）。

    A. EOF()　　　　　　　　　　　　B. CTOD("01/01/10")

    C. AT("重庆", "平安重庆")　　　　D. SUBSTR(DTOC(DATE()),7)

29. 已知 a=123，b=33，c="a+b"，则表达式 1+&c 的值为（　　　）。

    A. 123　　　　　　　　　　　　　B. 数据类型不匹配

    C. 1+a+b　　　　　　　　　　　　D. 157

30. 在执行以下命令序列后，最后一条命令的输出结果为（　　　）。

```
SET EXACT OFF
X="A"
? IIF("A  "=X, X-"BCD",X+"BCD")
```

    A. A　　　　　　　　　　　　　　B. BCD

    C. ABCD　　　　　　　　　　　　D. A BCD

31. 若数据表中有字段：姓名(C)、年龄(N)，要显示当前记录的姓名、年龄，可使用的命令是（　　　）。

    A. 姓名+年龄　　　　　　　　　　B. ? 姓名-年龄

    C. ?VAL(姓名)+年龄　　　　　　　D. ? 姓名+STR(年龄)

32. VFP 系统使用的数组变量的维数可以为（　　　）。

    A. 一维和二维　　　　　　　　　　B. 一维、二维、三维

    C. 只有一维　　　　　　　　　　　D. 只有二维

33. 已知：rq="2011/3/11"，rq1=CTOD(rq)。表达式 YEAR(rq1)+VAL(rq) 的结果为（　　　）。

    A. 无效运算　　　　　　　　　　　B. 2012

    C. 2011　　　　　　　　　　　　　D. 2010

34. 清除当前内存中所有名字第 2 个字符为 A 的内存变量，应使用命令（　　　）。

    A. RELEASE ALL *A　　　　　　　B. RELEASE ALL EXCEPT ?A*

　　C．RELEASE LIKE ?A*　　　　　　D．RELEASE ALL LIKE ?A*

35．在以下数据中，属于常量的是（　　　）。

　　A．06/08/2009　　　　　　　　　　B．T

　　C．.F.　　　　　　　　　　　　　　D．BOTTOM

36．函数 DAY("01/23/08") 的返回值为（　　　）。

　　A．23　　　　　　　　　　　　　　B．1

　　C．计算机日期　　　　　　　　　　D．出错信息

37．不能释放内存变量的命令是（　　　）。

　　A．RELEASE ALL　　　　　　　　B．CLEAR ALL

　　C．CLEAR　　　　　　　　　　　　D．CLEAR MEMO

38．以下表达式或命令中，不合法的是（　　　）。

　　A．X=3=9　　　　　　　　　　　　B．AT("ABD","CDABDFG")<>0.F.

　　C．2**3*3　　　　　　　　　　　　D．CTOD(01/08/2002)

39．以下表达式（　　　）是统计基本工资在 1000 到 1500 之间的人数。

　　A．COUNT FOR 1000<基本工资<1500

　　B．COUNT FOR 基本工资>1000 && 基本工资<1500

　　C．COUNT FOR 基本工资>=1000 OR 基本工资<1500

　　D．COUNT FOR 基本工资>=1000 AND 基本工资<1500

40．在打开的数据表中，有逻辑型字段"团员"和日期型字段"出生日期"。现欲显示表中所有 1990 年以后出生的非团员的记录，应使用的命令是（　　　）。

　　A．LIST FOR 团员=.T. AND YEAR(出生日期)<1990

　　B．LIST FOR !团员 AND YEAR(出生日期)>=1990

　　C．LIST FOR !团员 OR YEAR(出生日期)>=1990

　　D．LIST FOR 团员=.F. AND YEAR(出生日期)<1990)

41．设 X="123"，执行以下命令，不属于数值型结果的是（　　　）。

　　A．AT("2",X)　　　　　　　　　　B．LEN(X)

　　C．X　　　　　　　　　　　　　　D．&X

42．若数据库中有字段：姓名(C)、出生日期(D)、工资(N)，要显示当前记录的姓名、出生日期和工资，可用的命令是（　　　）。

　　A．? 姓名+出生日期+工资

　　B．? 姓名+ DTOC(出生日期)+STR(工资,4)

　　C．? VAL(姓名)+VAL(出生日期)+工资

　　D．? 姓名+出生日期+STR(工资,4)

43．以下常量中，（　　　）为不合法的数值型常量。

　　A．.999　　　　　　　　　　　　　B．01/08/2009

　　C．123+E12　　　　　　　　　　　D．11**2

44．在表达式{^2011-10-01}-20 和{^2011-10-01 11:45:30 am}-100 中，20 和 100 代表的意义是（　　　）。

　　A．纯粹的数学加减，无实际意义　　B．都表示具体的天数

C．都表示具体的秒数　　　　　　　　D．前者为天数，后者为秒数

45．有一数据表文件，其中包含字段书名(C/20)，现欲查询所有书名中包含"计算机"三个字的记录情况，则查询时所涉及的条件表达式应为（　　　）。

A．书名="*计算机*"　　　　　　　　B．书名$"计算机"

C．"计算机"$书名　　　　　　　　　D．AT("计算机",书名)=0

46．已知一数据表文件，有 姓名/C/10、性别/C/2 等字段，要显示所有姓张的女同学，应使用的逻辑表达式为（　　　）。

A．"姓名"="张*" AND "性别"="女"

B．姓名="张*" AND 性别="女"

C．LEFT("姓名",2)= "张" AND "性别"="女"

D．LEFT(姓名,2)= "张" AND 性别="女"

47．以下表达式中，（　　　）的结果一定为逻辑假。

A．.T.<.F.　　　　　　　　　　　　B．ABC<ABB

C．"ABC"="AB"　　　　　　　　　　D．"AB"=""

48．一个数据表中有 30 个记录，如果当前记录号为 5，把记录指针向下移动 5 条记录，则 RECNO()函数的返回值为（　　　）。

A．5　　　　　　　　　　　　　　　B．10

C．30　　　　　　　　　　　　　　 D．31

49．以下说法中，正确的是（　　　）。

A．在字符串比较运算中，空串和空格串是等价的

B．符号 " 只能作字符串定界符而不能作为字符串内容的一部分使用

C．?命令一次只能显示一个表达式的值，而??命令一次能显示多个表达式的值

D．表达式 "ab"= "" 的值为逻辑真

50．在 VFP 中，以下说法正确的是（　　　）。

A．赋值语句"="一次只能给一个变量赋值，而 STORE 一次能给多个变量赋值

B．一个简单变量在被引用之前可不必先定义，但数组必须先定义后使用

C．内存变量的内容可以根据需要而修改，但其类型不能再随意更改

D．对于数组而言，一次只能给其中一个数组元素赋值

二、判断题

1．在 VFP 系统中，符号 X 与 "X" 的含义是完全不同的，前者表示其值是可以发生变化的变量，后者表示其值是固定不变的常量。

2．数值表达式运算的运算结果一定是数值型常量。

3．表达式 VAL(SUBS("P4",2,1))+LEN("重庆 平安") 的结果为 12。

4．所有字段名变量均可以在表达式中使用。

5．设 op="+"，命令：? 100&op.88.88 的结果为将报错。

6．表达式 20<年龄<50 是一个不合法的表达式。

7．若 x="5"，则表达式 "ABC"+x 与 "ABC"+&x 的结果是相同的。

8．字符表达式运算的运算结果不一定是字符串。

9．设某数值型字段的宽度定义为 6，小数位数为 2，则此字段所能存放的最小数值为 0，最大数值为 9999.99。

10．当一个表达式中同时出现算术运算符 *、/ 和 % 时，其优先级顺序应为 * 最高、% 次之、/ 最低。

11．表达式 {^2011-01-01}-CTOD("12/30/2010") 的数据类型为日期型。

12．函数 YEAR("01/23/11") 的返回值为 11。

13．以下表达式 30+DATE() 的运算结果为日期型数据。

14．二维数组的存储顺序是先按列的先后顺序进行存储的。

15．数组元素在赋值以后可存入内存变量文件中就可以长期保存。

16．关系表达式运算的运算结果总是逻辑值。

17．设 A="1234"，表达式 "32"+&A 的结果为 "321234"。

18．表达式 X=7+5>10 的值为 .T. 。

19．可以在同类数据之间进行 "-" 运算的数据类型可以是数值型、字符型和日期型。

20．日期表达式运算的运算结果总是日期型常量。

21．设 A=[6*8-2]，B=6*8-2，C="6*8-2"，则表达式 A+B 和 A+C 都是正确的表达式。

22．表达式 VAL(SUBS("1299009",AT("9","105920"),3)) 的值为 990。

23．当字段变量名与内存变量名相同时，系统默认的访问对象为内存变量。

24．逻辑表达式 "重庆"$"重庆市" 和 "01/01/10"<"12/31/09" 的值均为 .T. 。

25．表达式 10>5>.f. 的值为 .F. 。

26．如需设置年份为 4 位数显示格式，则应使用的命令是 SET CENTURY OFF 。

27．日期型数据的格式可以根据需要进行设置。

28．如需对字符型数据进行精确比较运算，则应使用的命令是 SET EXACT OFF 。

29．"学生" OR "教师" 是一个合法的逻辑表达式。

30．当一个表达式中同时出现逻辑运算符 NOT、AND 和 OR 时，其优先级顺序应为 NOT 最高、AND 次之、OR 最低。

三、填空题

1．VFP 系统变量的类型取决于（　　）。

2．表达式 "456 "+"123"-"789" 的运算结果为（　　）。

3．在算术、关系、逻辑、字符和日期运算符中，优先级最低的是（　　）。

4．要计算 3 的 8 次方，请写出两种实现的表达式（　　）和（　　）。

5．如需在一条命令中同时对变量 M 和 N 赋值为 0，则应执行命令（　　）。

6．函数 TRIM(" AB CD ")和ALLTRIM(" AB CD ")的返回值分别为（　　）和（　　）。

7．如 A="P4"，B="个人计算机"，则表达式&A.&B 和 A+B 的结果分别为（　　）和（　　）。

8．执行命令 ?20-44/4+3**3 的输出结果为（　　）。

9．设 Y="2011"，M="10"，D="25"，利用它们组成表达式并得到结果是 2011 年 10

月 25 日，并赋给变量 T，完整的命令应是（   ）。

10．表达式 LEN("关系"+LTRIM(SPACE(6)+"数据库")) 的值等于（   ）。

11．将数字字符串和数值型数据相互进行类型转换的函数为（   ）和（   ）。

12．设 n=-123.785，则执行命令 ?STR(n,7,2) 和 ?STR(n,5) 后，系统窗口的显示结果分别为（   ）和（   ）。

13．设 M="婚"，结婚否="是"，则在执行命令 ?"结&M.否" 和 ? 结&M.否后，系统窗口显示结果分别为（   ）和（   ）。

14．设 A 和 B 为数值型数据，现在要计算 A+B，并把其结果按格式 A+B=10（假设 10 是二者之和)在系统窗口中输出，则应执行的命令为（   ）。

15．表达式 "重庆"$"平安重庆">($100.55>$200) 的值为（   ）。

16．若 X=-6，则表达式 IIF(-X>0,6,IIF(X=0,0, -6)) 的结果为（   ）。

17．数组元素下标的上限由用户自己定义，但其下标的下限系统规定为（   ）。

18．函数 AT("计算机","全国高等学校(重庆考区)非计算机专业学生计算机等级考试",2) 和 ROUND(12345.999,-2) 的返回值分别为（   ）和（   ）。

19．函数 VARTYPE("DATE()+8") 的返回值为（   ）。

20．表达式 5%-3 和 -5%-3 的运算结果分别为（   ）和（   ）。

21．命令 ?VAL(SUBSTR("668899",5,2))+1 的执行结果为（   ）。

22．货币型、逻辑型、日期型和日期时间型数据常量在内存中占用的空间分别为（   ）、（   ）、（   ）和（   ）。

23．若当前数据表中有一字段名为 ABC，当前记录该字段的值是-10，同时有一个内存变量 ABC 的值是 10。则执行 ?ABC 命令后，系统窗口上显示结果为（   ）。

24．内存变量根据其值来划分，可分为数值型、字符型、日期型、逻辑型、（   ）和（   ）。

25．若某数据表中共有 25 条记录，则当函数 BOF()返回值为真时，RECNO()的返回值为（   ），当函数 EOF()返回值为真时，RECNO()的返回值为（   ）。

26．条件函数 IIF(LEN(SPACE(3))>2,1,-1)的返回值为（   ）。

27．若一数据表的某数值型字段有 3 位小数，那么，该字段宽度最少应定义为（   ）。

28．如需对数值 3.1415926 小数点后的第 4 位进行四舍五入，则应使用的表达式为（   ）。

29．执行命令 ?$5000.456789 后，系统窗口上将输出（   ）。

30．表达式 CHR(ASC("A")+2) 的值为（   ）。

31．当函数 VARTYPE()的参数分别为字符型、数值型、日期型、逻辑型、货币型和日期时间型时，其返回值分别为（   ）、（   ）、（   ）、（   ）、（   ）和（   ）。

32．若某数据表文件有 50 个记录，当前记录为 30 号，执行 SKIP -20 后，再执行 ?RECNO()，其结果为（   ）。

33．在进行字符串比较运算时，为使"="和"=="具有等价的效果，应执行的一条命令为（   ）。

34．如需将日期型数据的年份用 4 位数表示，则应执行的日期格式设置命令为

（   ）。

35．一般要求运算符两边的操作数类型必须一致。但有时也有例外，比如，在表达式 X+Y 中，当 Y 为数值型时，X 可以为（   ）型或（   ）型。

36．逻辑型和数值型数据的"空"值分别为（   ）和（   ）。

37．在执行命令 DIME DG(4,9) 和 DG(3,8)=38 后，则 DG(26) 和 DG(35) 的值分别为（   ）和（   ）。

38．函数 EMPTY(.NULL.) 的返回值等于（   ）。

39．在执行命令 SET EXACT OFF 后，"XYZ"="XY" 的结果为（   ），执行命令 SET EXACT ON 后，"XYZ"="XY" 的结果为（   ）。

40．设年龄为当前数据表文件中的一个数值型字段，则与 BETWEEN(年龄,25,50) 等价的表达式为（   ）。

练习 3　表与数据库

3.1　例题分析

一、选择题

1. 以下关于自由表和数据库表操作的叙述中，错误的是（　　　）。
   A．数据库表的表名可超过 10 个字符
   B．当把自由表加入数据库成为数据库表时，可改变自由表的名称
   C．数据库表可执行的操作，自由表不一定能执行
   D．自由表可执行的操作，数据库表不一定能执行

【参考答案】D

【例题分析】数据库中的表比自由表具有更多的特性：支持长文件名、可以设置表别名及字段别名、设置字段默认值、设置字段及记录级有效性、建立表间的永久关系、设置表间的参照完整性、建立视图等等。这些特性均是自由表所没有的。

2. 一个数据表文件中，多个备注(MEMO)字段的内容是存放在（　　　）。
   A．这个数据表文件中　　　　　　　　　B．一个备注文件中
   C．多个备注文件中　　　　　　　　　　D．一个文本文件中

【参考答案】B

【例题分析】如果一个数据表的结构中有备注型及通用型字段，则 VFP 系统会自动生成一个与主文件名同名、扩展名为 .fpt 的备注文件，用来存放所有的备注型及通用型字段的具体内容。

3. 在 VFP 系统中，可以对字段设置默认值的表（　　　）。
   A．必须是数据库表　　　　　　　　　　B．必须是自由表
   C．自由表或数据库表　　　　　　　　　D．不能设置字段的默认值

【参考答案】A

【例题分析】参见第 1 题内容。

4. 当对满足条件的所有记录进行操作时，以下对条件短语 FOR <条件>和 WHILE <条件>的说明中，正确的是（　　　）。
   A．FOR <条件>和 WHILE <条件>的作用一样
   B．当使用范围<ALL>后，FOR <条件>和 WHILE <条件>的作用一样
   C．FOR <条件>用在任何需要条件短语的位置时，均可获得满足条件的所有记录
   D．WHILE<条件>用在记录已经排好顺序的情况时，一定能获得满足条件的所有记录

【参考答案】C

【例题分析】FOR<条件> 选项表示对指定范围内的所有满足条件的记录进行操作；WHILE<条件> 选项表示从指定范围内的第一条记录开始进行条件判断，一旦发现不满

足条件的记录则立即停止操作，结束该命令的执行，不管指定范围后面还有没有满足条件的记录。对于已排好顺序记录的情况，<条件>不一定与排序的关键字一致。

5. 命令 REPLACE 是用来修改数据表中数据的，其特点是（　　　）。

　　A．边查阅边修改　　　　　　　　B．成批自动替换

　　C．数据表之间的自动更新　　　　D．对符合条件的记录做顺序修改

【参考答案】D

【例题分析】REPLACE 命令的功能是只对当前数据表进行操作，用表达式的值替换指定范围内满足条件的所有记录的指定字段的值，不进入全屏幕编辑状态。

6. 使用 BROWSE 命令不能实现的功能是（　　　）。

　　A．修改记录的内容　　　　　　　B．追加记录

　　C．逻辑删除记录　　　　　　　　D．插入记录

【参考答案】D

【例题分析】BROWSE 命令的功能是以浏览方式显示与修改指定范围内满足条件的表记录，可以对记录进行逻辑删除与恢复，也可以选择"显示"菜单下的"追加方式"功能追加记录，但只能追加到表记录的末尾，而不能在指定位置插入记录。

7. 若数据表文件 DA.dbf 中有字段：姓名/C、出生年月/D、总分/N 等。要建立姓名、总分、出生年月的组合索引，其索引关键字表达式为（　　　）。

　　A．姓名+总分+出生年月

　　B．"姓名"+"总分"+"出生年月"

　　C．姓名+STR(总分)+STR(出生年月)

　　D．姓名+STR(总分)+DTOC(出生年月)

【参考答案】D

【例题分析】在 VFP 系统中，要进行索引排序，不管是单索引或是结构复合索引，均只能建立一个索引表达式，涉及到多个字段（数据类型不同）时，必须使用转换函数转换数据类型以组成一个合法的表达式，一般是转换成字符串进行运算。本题涉及的三个字段 姓名/C、总分/N、出生年月/D 的数据类型是不同的，需要进行正确的转换。

8. 为显示年龄为 10 的整数倍的在职职工记录，以下各命令中错误的是（　　　）。

　　A．LIST FOR MOD(年龄,10)=0

　　B．LIST FOR 年龄/10=INT(年龄/10)

　　C．LIST FOR SUBSTR(STR(年龄,2),2,1)="0"

　　D．LIST FOR 年龄=20 OR 30 OR 40 OR 50 OR 60

【参考答案】D

【例题分析】显示年龄为 10 的整数倍的在职职工记录，实质上就是判断年龄字段的值是否能被 10 整除，答案 A、B、C 均能完成要求，答案 D 的逻辑表达式是错误的。

9. 有计算机等级考试数据表 djks.dbf，其中已经按报名日期建立了索引，要查询报名日期为 2010 年 4 月 15 日的记录，应使用的命令为（　　　）。

　　A．FIND 10 04 15　　　　　　　　B．FIND 10/15/04

　　C．SEEK CTOD("04/10/15")　　　D．SEEK DTOC("04/15/10")

【参考答案】C

【例题分析】进行索引查询时，表达式格式必须与建立索引时表达式一致。索引查询的命令有 FIND、SEEK，二者是有区别的，前者只能查询 C 型和 N 型数据，答案 A、B 均不对，后者可查询 C、N、D、L 型数据，须使用定界符，对于以字符串形式表示的日期型常量（系统默认格式为：月/日/年），应使用将字符串转换为日期数据的函数 CTOD()进行转换。

10. 在 VFP 系统的数据库中进行参照完整性设置时，必须建立两个表之间的关联，这种关联是（   ）。

    A. 永久性关系   B. 永久性关系或临时性关系

    C. 临时性关系   D. 永久性关系和临时性关系

【参考答案】A

【例题分析】数据库表之间建立的关系属于永久关系，是随数据库一起进行存储的，而自由表之间建立的关系属于临时性关系，称为"关联"，一旦表被关闭，则这种关系将自由取消，下次使用时需要生养建立。

二、判断题

1. 用于发显示当前数据表记录内容的命令 DISPLAY 和 LIST 命令的主要区别是：DISPLAY 是分屏显示指定范围内满足条件的所有记录，LIST 是滚动显示指定范围内的全部记录。

【参考答案】错

【例题分析】DISPLAY 是分屏显示指定范围内满足条件的连续多条记录（省略范围和条件默认为当前记录，有条件而省略范围则当前开始的连续多条记录），而 LIST 是滚动显示指定范围内满足条件的所有记录（省略范围和条件默认为全部记录）。

2. 命令 GO TOP 功能是将记录指针定位于记录号为 1 的记录。

【参考答案】错

【例题分析】TOP 是佛当前的首记录即当前第一条记录的标志。当进行索引排序后，当前的第一条记录不一定是物理记录顺序的第一条记录。

3. 在已打开的数据表文件中有"性别"字段，此处已定义了一个内存变量"性别"。要把内存变量性别的值传送到当前记录的字段，应使用的命令为

```
REPLACE 性别 WITH 性别
```

【参考答案】错

【例题分析】在 VFP 系统中规定，当内存变量名与当前数据表中的字段变量同名，字段变量优先，同名的内存变量应表示为：M.内存变量名 或 M->内存变量名。

4. 设当前数据表中有"XM"字段，要将"XM"改为"姓名"，同时将该字段的宽度从 8 位改为 6 位，并存盘。显示数据表的记录时，会发现个别记录的姓名数据被丢失。

【参考答案】对

【例题分析】对于原来姓名为 4 个汉字及以上的数据，将姓名字段的宽度从 8 位改为 6 位后，多余 3 个汉字的文字将被删除。

5. 命令 LIST、DISPLAY、DELETE、BROWSE 均不能对数据表中的数据进行修改。

【参考答案】错

【例题分析】LIST 和 DISPLAY 的功能是在系统窗口中显示记录内容，DELETE 的功能是对记录进行逻辑删除，三者均不能修改数据表中的数据，而 BROWSE 是以浏览窗口方式显示记录内容，可以修改数据表中的数据。

6. 函数 BOF()、DELETED()、FOUND() 的返回值均是一个逻辑值。

【参考答案】对

【例题分析】函数 BOF() 的功能是测试指定工作区数据表的记录指针是否指向文件头，函数 DELETED() 的功能是测试指定工作区数据表的当前记录是否的逻辑删除标记，函数 FOUND() 的功能是判断指定工作区数据表中检测是否找到了满足条件的记录。

7. 数据表的索引文件打开后，命令 LIST、GOTO TOP、SKIP、SEEK 的运行结果均会受到索引影响。

【参考答案】对

【例题分析】数据表的索引文件打开，LIST 将按索引顺序显示指定范围内满足条件的记录，GOTO TOP 是将记录指针移动到当前逻辑顺序的首记录，SKIP 是将记录指针移动到当前逻辑顺序记录的下一条记录，SEEK 是按记录的逻辑顺序进行查找定位，它们均是按索引排序后的先后顺序进行的。

8. 可以伴随着表的打开而自动打开的索引是（　　　）。

    A. 单索引文件(IDX)   B. 结构复合索引文件(CDX)

    C. 非结构化复合索引文件   D. 不能自动打开

【参考答案】B

【例题分析】VFP 系统使用的索引有单索引和结构复合索引。一张数据表只能建立一个结构复合索引文件，通过索引标识来区分多个索引，随数据表打开而自动打开、记录变动而自动更新。

9. 执行 GO 3 或 SKIP 3 命令（假设有若干条记录），作用是相同的。

    A. 均将指针定位在记录号为 5 的记录上

    B. 前者将指针定位在记录号为 5 的记录上，后者定位于当前记录后的第 5 条记录上

    C. 前者将指针定位在记录号为 5 的记录上，后者定位于当前记录前的第 5 个记录上

    D. 前者将指针定位在当前记录后的第 5 个记录上，后者定位于记录号为 5 的记录上

【参考答案】错

【例题分析】命令 GO 3 的作用是将记录指针定位在记录号为 3 的记录（与当前记录位置无关），SKIP 3 是定位于当前记录后面的第 3 条记录（与当前记录位置有关）。

10. 若有当前数据表文件记录如下：

记录号	姓名	性别	年龄
1	洪流	男	21
2	明静	女	24
3	张庆虎	男	20

| 4 | 黄飞屏 | 女 | 23 |
| 5 | 王小卫 | 女 | 21 |

第 2 条记录为当前记录。执行命令 LIST REST WHILE 性别="女"后，所显示记录的序号为：2 4 5。

【参考答案】错

【例题分析】命令 LIST REST WHILE 性别="女" 的功能是显示从当前记录开始的满足条件的连续多条记录，所显示记录的序号为：2，即只显示出 2 号记录内容。

三、填空题

1. 命令 SELECT 0 的功能是（   ）。

【参考答案】选择编号最小的空闲工作区

【例题分析】VFP 系统使用工作区来打开需要使用的数据表，一个工作区只能打开一张数据表及索引等。工作区的编号为 1、2、3、4、6、…，1～10 号工作区的别名为 A～J。可使用 SELECT 命令来选择需要的工作区，命令 SELECT 0 的功能选择编号最小的空闲工作区。

2. 当前记录号为 3，要逻辑删除 3～7 记录的命令为（   ）。

【参考答案】DELETE NEXT 5

【例题分析】实现对数据表记录进行逻辑删除的命令是 DELETE，3 号记录为当前记录，要逻辑删除 3～7 共 5 条记录记录，应使用的范围为 NEXT 5。

3. 如已在不同的工作区中打开了多个表文件，要想知道当前工作区的编号，应使用命令（   ）。

【参考答案】? SELECT()

【例题分析】当使用多工作区打开了多张数据表时，可以使用函数 SELECT() 来测试当前的工作区号。

4. 在建立数据表时，某数值型字段宽度为 5，小数位为 1，则此字段能存储的最大数为（   ）。

【参考答案】999.9

【例题分析】数值型字段总的宽度为 5 位、1 位小数，则整数部分最多 3 位，所以，此字段能存储的最大数为 999.9。

5. 当打开一个空数据表文件，分别用函数 EOF()和 BOF()测试时，其结果均为（   ）。

【参考答案】.T.

【例题分析】一个空数据表文件，其记录个数为 0，当前记录指针既指向文件头标志 BOF，也指向文件尾标志 EOF，所以，函数 EOF()和 BOF()的值均为逻辑真。

6. 使用 SORT 命令排序改变的是表文件的（   ）顺序，INDEX 命令索引改变的是表文件的（   ）顺序。

【参考答案】物理顺序   逻辑顺序

【例题分析】使用 SORT 命令对数据进行排序，结果将生成一个新的表文件，会按排序要求改变原来表的记录顺序。INDEX 命令索引不会生成新的表文件，是生成索引文件，其内容只有索引关键字表达式和按逻辑顺序排列的记录号，没有数据表其他字段的数据。索引排序的效率比物理排序好。

7. 显示当前数据表中平均分超过 90 分和不及格的全部男生记录，应使用的命令是（ ）。

【参考答案】LIST FOR 性别="男" AND (平均分>90 OR 平均分<60)

【例题分析】根据题意，条件应描述为：性别为男、且平均分>=90 分或不及格的记录。

8. 运行命令 COPY TO student SDF 后，要查看 student 文件的内容，应该用命令（ ）。

A. USE student	B. USE student
LIST	DISP ALL
C. 不能查看	D. TYPE student.txt

【参考答案】TYPE student.txt

【例题分析】使用 COPY TO student SDF 命令生成的目标文件是一个扩展名为 .txt 的文本文件。在 VFP 系统中，要在系统窗口查看文本文件内容的命令是 TYPE。

9. 某数据表有字符型、数值型和逻辑型 3 个字段，其中，字符型字段宽度为 5，数值型字段宽度为 6、小数为 2。表文件中共有 100 条记录，则理论上全部记录需要占用的存储字节数为（ ）。

【参考答案】1200bit

【例题分析】VFP 系统数据表中字段类型为 L、D、M、G 型数据时，存储一个数据内容占用的存储空间分别为 1bit、8bit、4bit、4bit，一个 C、N 型数据内容根据定义宽度占用相应的字节数。因此，该数据表理论上全部记录需要占用的存储字节数的计算公式应为：(5+6+1)*100=1200 bit。

10. 若某数据表有工资（数值型）、工作日期（日期型）和其他字段，要求按工资升序、工资相同时按参加工作日期早晚顺序，建立索引使用的命令是（ ）。

A. INDEX ON STR(工资,6,2)+DTOC(工作日期,1) TO ge

B. INDEX ON 工资/A,工作日期/D TO ge

C. INDEX ON STR(工资+YEAR(工作日期)) TO ge

D. SET INDEX ON 工资-工作日期 TO ge

【参考答案】INDEX ON STR(工资,6,2)+DTOC(工作日期,1) TO ge

【例题分析】建立一个数据表的索引，索引关键字只能是一个表达式，当涉及多个字段时，进行数据类型转换，一般是转换字符型数据进行运算。工资字段是数值型数据，应使用 STR()函数转换，工作日期是日期型数据，应使用 DTOC()函数进行转换，且需要注意函数值的格式（应为 YYYMMMDD 才能达到目的）。

3.2 习题

一、选择题

1. 以下关于自由表的叙述中，正确的是（ ）。

A. 自由表可以添加到数据库中，但数据库表不能被移出成为自由表

B. 自由表可以添加到数据库中，数据库表也可以被移出成为自由表

    C．在低版本的 FoxPro（或 Foxbase）系统中可以建立的数据库

    D．可以用 VFP 建立自由表，但数据库表只能独立建立再添加到数据库中

2．以下关于 VFP 的数据表描述中，正确的是（　　）。

    A．VFP 中的数据表就是一个二维表

    B．VFP 中的数据表与低版本的 FoxPro 及 Foxbase 中的数据表完全相同

    C．VFP 数据表中的数据全部存放在数据表中

    D．VFP 数据库表中只能保存数据不能保存数据表间的关系

3．以下有关数据表备注文件（.fpt）和数据库备注文件（.dct）叙述中正确的是（　　）。

    A．数据表备注文件放置的是数据表中备注和通用字段的内容

    B．数据库备注文件放置的是数据库中所有数据表备注和通用字段的内容

    C．在数据库中没有数据表的备注文件.fpt

    D．.fpt 和.dct 文件没有区别

4．在以下叙述中，正确的是（　　）。

    A．NULL 和 " " 均可表示空值   B．"" 和 " " 表示相同的意义

    C．"">" "   D．0 可以表示空值

5．以下是数据表复制命令 COPY 的功能说明，其中错误的是（　　）。

    A．可以进行数据表部分字段的复制

    B．可以进行数据表部分记录的复制

    C．可以进行数据表记录的排序复制

    D．如果数据表有备注字段，则自动复制同名的备注文件

6．当前记录号为 25，先执行 GO TOP，再执行 SKIP -1 后，下面值为 .T. 的表达式为（　　）。

    A．RECNO( )<1   B．SELECT( )<1

    C．EOF( ) AND BOF( )   D．EOF( ) OR BOF( )

7．设数据表已打开，其中，字段"委培"为逻辑型，要显示所有非委培的学员应使用的命令为（　　）。

    A．LIST FOR NOT 委培="委培"   B．LIST FOR NOT 委培

    C．LIST FOR NOT 委培=.F.   D．LIST FOR 委培=".F. "

8．以下关于 VFP 数据库操作的描述中，正确的是（　　）。

    A．OPEN DATABASE 和 MODIFY DATABASE 的功能相同

    B．打开数据库时，其包含的数据表一定被打开

    C．使用 DELETE DATABASE 命令删除数据库的同时，数据库所包括的所有数据表均被删除

    D．当打开数据表时，其所属的数据库也同时被打开

9．数据表 cj.dbf 已经打开，共有 10 条记录，按关键字 XM 排序，执行命令：

```
SORT ON XM TO cj
```

系统窗口显示为（　　）。

A．10 条记录排序完成的提示信息　　　B．cj.dbf 已存在，覆盖吗?(Y/N)
C．文件正在使用　　　D．出错信息

10．要将数组 A 中各元素内容作为一条记录追加到当前表文件的末尾,应执行的命令为（　　　）。

A．GATHER FROM DG　　　B．GO BOTTOM
　　　　　　　　　　　　　　　　GATHER FROM DG
C．APPE BLANK　　　D．INSERT BLANK
　　GATHER FROM DG　　　　GATHER FROM DG

11．在当前数据表第 5 条记录之前插入一条空记录的命令是（　　　）。

A．GO 5　　　B．GO 5
　　INSERT BEFORE BLANK　　　INSERT BLANK
C．GO 5　　　D．GO 5
　　APPEND　　　APPEND BLANK

12．设当前所使用的数据表有 20 条记录,而当前记录指针指向第 2 条记录,则执行以下（　　　）命令后,记录指针指向最后一条记录。

A．LIST REST　　　B．LIST NEXT 18
C．LIST ALL　　　D．LIST RECORD 18

13．设数据表文件及其索引文件已打开,为了确保指针定位在物理记录号为 1 的记录上,应该使用命令（　　　）。

A．GO TOP　　　B．GO BOF
C．SKIP 1　　　D．GO 1

14．以下命令中,二者等效的命令是（　　　）。

A．ZAP 和 DELETE ALL, PACK　　　B．ZAP 和 DELETE, PACK
C．ZAP 和 DELETE ALL　　　D．ZAP 和 PACK ALL

15．要把当前记录的所有字段的值依次传递到一维数组 A 中,应使用的命令是（　　　）。

A．GATHER TO A　　　B．SCATTER TO A
C．GATHER MEMO TO A　　　D．SCATTER MEMO TO A

16．某数据表文件有 5 个字段,其中有 3 个字符型的宽度分别为 6、12 和 10,另外还有一个逻辑型字段和一个日期型字段,该数据表文件中每条记录的总字节数是（　　　）。

A．35　　　B．36
C．37　　　D．38

17．将学生成绩库中所有总分字段的内容修改为 0,可使用的最简捷的命令是（　　　）。

A．EDIT ALL FIELDS 总分　　　B．BROWSE ALL FIELDS 总分
C．REPLACE ALL 总分 WITH 0　　　D．CHANGE ALL FIELDS 总分

18．以下命令使用时，不要求对数据表进行索引的是（　　）。

A．SEEK JOIN 　　　　　B．LOCATE JOIN

C．TOTAL LOCATE　　　　D．FIND LOCATE

19．学生成绩数据表按成绩字段升序索引后，执行 GO TOP 命令，则当前记录指针指向（　　）。

A．1　　　　　　　　　　B．成绩最低的记录

C．0　　　　　　　　　　D．成绩最高的记录

20．当前数据表文件记录如下：

记录号	姓名	性别	年龄
1	洪流	男	21
2	明静	女	24
3	张庆虎	男	20
4	黄飞屏	女	23
5	王小卫	女	21

第 2 条记录为当前记录。执行命令 LIST REST FOR 性别="女"后，所显示记录的序号为（　　）。

A．1 2 5　　　　　　　　B．3 4 5

C．2 3 4　　　　　　　　D．2 4 5

21．有以下命令序列：

```
USE 职工表
LIST
```

系统窗口显示为：

记录号	姓名	出生日期
1	王诚	07/02/90
2	洪汶	02/04/89
3	张明明	11/03/91

执行如下命令序列：

```
INDEX ON DTOC(出生日期) TO BD
LIST
```

记录号顺序是（　　）。

A．1 2 3　　　　　　　　B．3 2 1

C．2 1 3　　　　　　　　D．3 1 2

22．学生数据表 student.dbf 各记录的姓名字段值均为学生的全名，执行如下命令序列：

```
USE student
INDEX ON 姓名 TO name
SET EXACT OFF
```

```
FIND 张
DISPLAY 姓名,年龄
```

系统窗口显示如下:

```
        记录号    姓名      年龄
          2      张欣欣     20
SET EXACT ON
FIND 吴
? EOF()
```

最后，EOF()函数的值为（　　　）。

    A．1　　　　　　　　　　　　　　　B．0

    C．.T.　　　　　　　　　　　　　　D．.F.

23．设当前数据表有 7 条记录，执行了以下命令后，系统窗口显示的记录分别有
（　　　）记录。

```
DELETE RECORD 3
SET DELETED ON
GO TOP
LIST NEXT 4
```

    A．1,3,4,5　　　　　　　　　　　　B．1,2,3,4

    C．1,2,4,5　　　　　　　　　　　　D．1,2,3,5

24．顺序执行以下命令之后，系统窗口所显示的记录号顺序为（　　　）。

```
USE xyz
GO 6
LIST NEXT 4
```

    A．1 2 3 4　　　　　　　　　　　　B．4 5 6 7

    C．6 7 8 9　　　　　　　　　　　　D．7 8 9 10

25．在已打开的数据表文件中有"姓名"字段，此处已定义了一个内存变量"姓名"。
要把内存变量姓名的值传送到当前记录的姓名字段，应使用的命令是（　　　）。

    A．姓名=M.姓名

    B．REPLACE 姓名 WITH M.姓名

    C．STORE M.姓名 TO 姓名

    D．GATHER FROM M.姓名 FIELDS 姓名

26．有两张数据表，其结构完全相同，要将 A.dbf 中的记录追加到 B.dbf 之后，使
用的命令是（　　　）。

    A．USE A　　　　　　　　　　　　B．USE B
        APPEND TO B　　　　　　　　　　APPEND FROM A

    C．USE A　　　　　　　　　　　　D．USE B
        COPY TO B　　　　　　　　　　　COPY FROM A

27. 设有学生数据表 student.dbf,其中有 24 条记录,学号字段的值是 1～25,其中缺少学号为 16 的记录。如果用 APPEND 命令来追加学号为 16 的记录,问这条新记录的记录号为(   )。

      A. 16   B. 17

      C. 24   D. 25

28. 某数据表中有数学、英语、计算机、总分和平均分字段,都是数值型,所有学生的各门成绩之和存入总分字段中。计算所有学生平均分字段值应使用的命令是(   )。

      A. REPL 平均分 WITH (数学+英语+计算机)/3

      B. REPL 平均分 WITH (数学,英语,计算机)/3

      C. REPL ALL 平均分 WITH (数学+英语+计算机)/3

      D. REPL 平均分 WITH (数学+英语+计算机)/3 FOR ALL

29. 有数据表 A、B、C,已建立了 A→B 的关联,欲再建立 B→C 的关联,以构成 A→B→C 的关联,则(   )。

      A. 必须使用带 ADDITIVE 子句的 SET RELATION 命令

      B. 使用不带 ADDITIVE 子句的 SET RELATION 命令即可

      C. 在保持 A→B 关联的基础上不能再建立 B→C 的关联

      D. 在保持 A→B 关联的基础上不能再建立 B→C 的关联,但可以建立 A→C 的关联

30. 执行以下命令序列:

```
USE zggz
SUM 工资 FOR 工资>=1500 TO mmm
COPY TO kkk FIELDS 职工号,姓名 FOR 工资>=1500
USE kkk
num=RECCOUNT()
aver=maverAVER
```

    最后显示的值是(   )。

      A. 所有工资在 500 元以上的职工人数

      B. 所有工资在 500 元以上的职工人平均工资数

      C. 所有职工的平均工资数

      D. 出错

31. 在执行了 SET INDEX TO score 之后,当前表文件的记录已按"成绩"字段升序排列,现要定位于成绩及格(大于等于 60)的第一个记录,应使用的命令是(   )。

      A. LOCATE FOR 成绩>=60   B. FIND 成绩>=60

      C. SEEK 60   D. GO 60

32. 如当前数据表为空,则执行 ?RECNO( )>RECCOUNT( ) 后,系统窗口中的显示结果为(   )。

      A. 1,0   B. .F.

      C. .T.   D. 出错信息

33．当前数据表中有一个宽度为 10 的字符字段 sname，执行以下命令：

```
REPLACE sname WITH "张曦予"
? LEN(sname)
```

最后一条命令的显示结果为（　　　）。

A．3
B．6
C．10
D．11

34．设数据表已经打开，有关索引文件已经建立，要打开该数据表的索引文件，应使用的命令是（　　　）。

A．SET INDEX TO <索引文件名>
B．OPEN INDEX <索引文件名>
C．USE INDEX <索引文件名>
D．必须与数据表一起打开

35．对某数据表按工资字段降序排序，建立一个索引文件 dsgz.idx 使用的命令为（　　　）。

A．INDEX ON 工资/D TO DSgz
B．SET INDEX ON -工资 TO DSgz
C．INDEX ON -工资 TO DSgz
D．REINDEX ON 工资 TO DSgz

36．设学生数据表 st.dbf 有字段：姓名/C/8、英语/N/2、数学/N/2、总成绩/N/3，要求按总成绩从高到低排序，值相同时按英语名称的字母顺序从低到高排序，生成新表 sst.dbf，正确的命令是（　　　）。

A．SORT TO sst ON 英语，总成绩/D
B．SORT TO sst ON 英语/A，总成绩/D ALL
C．SORT TO sst ON 总成绩/D，英语
D．SORT TO sst ON，-总成绩+英语

37．学生成绩数据表按总分/N/4 降序、姓名/C/8 升序建立索引，应使用命令（　　　）。

A．INDEX TO abc ON STR(-总分)+姓名
B．INDEX TO abc ON 总分/D，姓名
C．INDEX TO abc ON STR(200-总分)+姓名
D．INDEX TO abc ON -总分+姓名

38．如果有一数据库表，包含有部门和价格两个字段，现要将记录按部门升序、价格升序排序，正确的命令为（　　　）。

A．INDEX ON VAL(部门), STR(价格,9,2) TAG bmjg
B．INDEX ON 部门+STR(价格,9,2) TAG bmjg
C．INDEX ON VAL(部门)-STR(价格,9,2),TAG bmjg
D．INDEX ON VAL(部门)-价格 TAG bmjg

39．相应的数据表和索引文件已经打开，用 FIND 命令把记录指针指向姓李的记录后，要使指针指向下一条同姓记录的命令是（　　　）。

A．GO NEXT
B．CONTINUE
C．SKIP
D．FIND 李

40．对于以下关于索引的说明中，错误的是（　　　）。

A．索引可以提高查询速度
B．索引可能降低更新速度
C．索引和排序具有不同的含义
D．不能更新索引字段

41. 在 VFP 中，"唯一索引"的唯一性是指（   ）。

   A．索引名称的唯一性

   B．数据表中只能有一个唯一的索引

   C．建立索引的字段值的唯一性

   D．重复的索引字段值只有唯一一个出现在索引项中

42. 在下面命令中，执行效果一定相同的是（   ）。

   AVERAGE 基本工资 FOR 性别="男"

   AVERAGE 基本工资 WHILE 性别="男"

   AVERAGE 基本工资 FOR 性别!="女"

   AVERAGE 基本工资 WHILE 性别<>"女"

   A．第一条与第二条命令、第三条与第四条命令

   B．第一条与第三条命令、第二条与第四条命令

   C．第一条与第四条命令、第二条与第三条命令

   D．第一条、第二条、第三条和第四条命令

43. 职工数据表以及按工资降序建立的索引文件已经打开，要快速查找工资为 900 元的记录，应使用命令（   ）。

   A．SEEK 900   B．SEEK 800

   C．SEEK FOR 工资=900   D．FIND FOR 工资=900

44. 在打开数据表的同时已经打开了姓名索引文件，以下命令中作用相同的两个命令是（   ）。

   A．GO TOP 和 GO 1

   B．SEEK 马 和 FIND "马"

   C．SEEK "张" 和 FIND 张

   D．LIST FOR 姓名="李" 和 LIST WHILE 姓名="李"

45. 在打开数据表的同时已经打开了姓名索引文件，变量 XM="张曦予"，要通过变量 XM 来查找其记录，应使用的命令是（   ）。

   A．FIND XM   B．SEEK &XM

   C．LOCATE FOR XM   D．FIND &XM

46. 以下描述中，正确的是（   ）。

   A．对数据表 ZGgz.dbf 建立按姓名的索引文件 XM.idx，那么，ZGgz.dbf 中的所有记录数据全部按姓名排序后放在索引文件 XM.idx 中。

   B．FIND 命令和 SEEK 命令可直接在表文件中查找，也可在索引文件中查找。

   C．LOCATE 命令既可以直接在表文件中查找，也可在使用索引文件时查找。

   D．排序命令 SORT 是对数据表文件中的记录按指定关键字排序后重新放回原数据表文件中。

47. 工资数据表共有 10 条记录，当前记录号为 5，用 SUM 命令计算工资总和，如果不给出范围短语，那么命令将（   ）。

   A．只计算当前记录工资值   B．计算全部记录工资值之和

C．计算后 5 条记录工资值之和　　　　D．计算后 6 条记录工资值之和

48．以下描述中，错误的是（　　　）。

    A．两个赋值语句（"="和"STORE"）都可以给内存变量赋值。

    B．求和命令 SUM 可以给内存变量赋值。

    C．求平均值命令 AVERAGE 可以给内存变量赋值。

    D．分类汇总命令 TOTAL 可以给内存变量赋值。

49．要查找第 2 个性别为"女"的记录，应使用命令（　　　）。

    A．LOCATE FOR　性别="女"　　　　B．LOCATE FOR　性别="女"
       CONTINUE　　　　　　　　　　　　　　SKIP

    C．LOCATE FOR　性别="女"　　　　D．LIST FOR　性别="女"
                                         NEXT 2

50．对不同工作区上所打开的数据表可以进行以下操作的是（　　　）。

    A．只能对当前工作区上的数据表进行操作，不能对其他区的记录操作

    B．对当前工作区上的数据表记录可进行读写操作，其他区的记录只能读不能写

    C．在当前工作区对所有工作区上的数据表记录都可以进行读写操作

    D．对当前工作区上的数据表记录可进行读写操作，对其他区的记录只能读或
       修改，但不能增加和删除

51．若销售数据表（含有：商品名、库存量、总价等字段）及相应的索引文件已经
打开，要求对库存量及总价字段按商品名汇总，结果存在 kc.dbf 中，可使用命令（　　　）。

    A．SUM TO kc ON　商品名　FIELDS　库存量,总价

    B．TOTAL TO kc ON　商品名　FIELDS　库存量,总价

    C．TOTAL ALL ON　商品名　TO kc

    D．SUM TO kc ALL ON　商品名

52．多工作区操作时，要使用非当前工作区的字段变量时可用（　　　）。

    A．数据表名.字段名　　　　　　　　　B．数据表名(字段名)

    C．COPY 字段名　　　　　　　　　　　D．字段名

53．下面有关关联操作的说明，其中错误的是（　　　）。

    A．关联本身并不进行具体的数据操作，在关联的基础上进行什么数据操作由
       其他命令完成

    B．只在两个数据表具有同名字段或相同值域字段的情况下才能按字段建立关联

    C．在当前工作区可对其他工作区的被关联数据表的数据可任意读写，即对子
       数据表的数据既能使用又能修改和追加

    D．关联的作用是单向的，即当前数据表记录指针的定位影响被关联数据表的
       记录指针定位，而不可能出现相反方向的影响

54．设数据表 student.dbf 中有 100 个记录，执行以下命令：

```
SET DELETED OFF
USE student
DELETE
COUNT TO m1
```

```
PACK
COUNT TO m2
ZAP
COUNT TO m3
? m1,m2,m3
```

问：m1,m2,m3 的值分别是（　　）。

 A．100,99,0   B．99,99,0

 C．100,100,0   D．100,99,99

55．建立两个数据表关联，要求（　　）。

 A．两个数据表都必须排序   B．关联的数据表必须排序

 C．两个数据表都必须索引   D．被关联的数据表必须索引

56．已经在 1 号和 2 号工作区中打开了 BOOK1 和 BOOK2 及其所有索引，当前数据表为 BOOK1，两个表中都有字段"书名"和"单价"。执行了以下命令：

`REPLACE ALL 书名 WITH B.书名,单价 WITH B.单价`

则 BOOK1 中各条记录字段"书名"和"单价"的值为（　　）。

 A．不能确定

 B．BOOK2 中当前记录"书名"和"单价"的值

 C．BOOK2 中各相应记录"书名"和"单价"的值

 D．出错

57．在 VFP 中进行参照完整性设置时，要想设置成：当更改父表中的主关键字段或候选关键字段时，自动更改所有相关子表记录中的对应值。应选择（　　）。

 A．限制（Restrict）   B．忽略（Ignore）

 C．级联（Cascade）   D．级联（Cascade）或限制（Restrict）

58．VFP 参照完整性规则不包括（　　）。

 A．更新规则   B．查询规则

 C．删除规则   D．插入规则

59．要控制两个表中数据的完整性和一致性，可以设置"参照完整性"，要求这两个表（　　）。

 A．是同一个数据库中的两个表 B．不同数据库中的两个表

 C．两个自由表   D．一个是数据库表另一个是自由表

60．在 VFP 中利用（　　）保证实体唯一性。

 A．候选索引   B．主索引、候选索引、普通索引

 C．主索引或候选索引   D．主索引、候选索引和唯一索引

二、填空题

1．VFP 有两种类型的关系表：（　　）、（　　）。

2．REPLACE 命令中有范围 ALL 或 REST，而无 WHILE 与 FOR 子句时，命令执行后记录指针应指向（　　）。

3．当前记录号为 5，要逻辑删除 5~7 记录的命令为（　　　）。

4．对于 FIND 和 SEEK 命令，索引查询日期型数据时，只能用（　　　）命令。

5．关联是在两个或两个以上表之间建立某种联接，使其表的记录指针（　　　）移动。用来建立关联的表称为（　　　），被关联的表称为（　　　）。

6．REPLACE 命令不能修改（　　　）字段的值。

7．数据表文件刚刚打开，显示数据表前 5 条记录的命令是（　　　），之后为显示数据表第 13 到第 16 条记录，应先执行命令（　　　），然后再执行命令（　　　）。

8．在 VFP 中共有 4 种索引类型，分别为：（　　　）、（　　　）、（　　　）和（　　　）。

9．修改数据表记录可用 EDIT、CHANGE、REPLACE 和（　　　）4 条命令。

10．当数据表的记录指针指向（　　　）时，EOF( )函数的返回值为真。

11．在数据表顺序查找命令中，LOCATE 命令与（　　　）命令配合使用，LOCATE 命令的功能（　　　），它的范围缺省值是（　　　）。

12．一个表可以建立（　　　）个索引文件，打开表时或之后，可以同时打开（　　　）个索引文件，同一时刻起作用的索引（主控索引）有（　　　）个。

13．假设当前仅在 1 号和 8 号工作区中打开有数据表文件，当执行命令 SELECT 0 后，当前工作区应为（　　　）。

14．请解释下面几条命令的含义：

```
CLOSE ALL （    ）
USE ST INDEX cj （    ）
COUNT FOR 出生日期>{01/01/00} （    ）
```

15．数据表文件 books.dbf，有入馆日期字段为 D 型，要求显示 2010 年及以后入馆的图书记录，应使用命令为（　　　）。

16．执行如下操作后，插入的数据记录在数据表中是第（　　　）条记录。

```
USE student
LIST NEXT 5
INSERT BEFORE
```

17．若已打开数据表中有一个"学分"字段，同时也有一内存变量"学分"，则将当前记录的"学分"字段值存入内存变量"学分"中，应使用的命令为（　　　）。

18．一维数组在（　　　）命令中可以不必遵循先定义后使用的原则。

19．已知学生表文件 student.dbf，有 5 条记录如下：

记录号	姓名	年龄	性别
1	李明明	23	男
2	胡芳	24	女
3	陈冰冰	22	女
4	韦波	24	男
5	李嘉欣	23	女

执行以下命令：

```
USE student
INDEX ON 年龄 TAG AGE
SEEK 24
? 姓名,年龄
SKIP
? 姓名,年龄
```

最后一条输出命令显示内容为（   ）。

20. 数据表与上题相同，执行以下命令：

```
USE student
INDEX ON 性别 TAG sx
LIST
```

最后一条命令 LIST 显示的数据记录中，记录号的顺序依次是（   ）。

21. 考生数据表 student.dbf 和不合格考生表 bhg.dbf，二表结构相同，先将 student.dbf 中的笔试成绩和上机成绩都不及格（小于 60 分）学生记录的"合格否"字段修改为逻辑假，然后将不合格的记录追加到不合格表 bhg.dbf 中，并打印，请填空完善命令序列：

```
USE student
REPLACE _____ FOR _____
USE bhg
APPEND FROM student FOR _____
LIST FOR _____ TO _____
USE
```

22. 设有职工工资数据表（zggz.dbf），其内容如下：

编号	姓名	部门	工资	奖金
1001	王程程	一车间	850.00	200.00
1002	汪洋	一车间	700.00	200.00
1003	张宽厚	一车间	680.00	200.00
2001	柳宏予	二车间	900.00	500.00
2002	刘军	二车间	1200.00	500.00
3001	唐棣	三车间	1200.00	140.00
3002	李心情	三车间	780.00	140.00
3003	恭敬	三车间	690.00	140.00

（1）执行如下命令：

```
USE zggz
TOTAL ON 部门 TO bm
USE BM
```

```
SORT ON 工资 TO new1
USE new1
DISPLAY 部门，工资，奖金
```

显示的数据是（　　　）。

（2）执行如下命令：

```
USE zggz
AVERAGE 工资 TO a FOR 部门="三车间"
```

变量 a 的值为（　　　）。

（3）执行如下命令：

```
USE zggz
INDEX ON 工资 TO gz
GO 1
? 编号,姓名
```

显示结果为（　　　）。

执行如下命令：

```
SEEK 700
SKIP 3
? 工资+奖金
```

显示结果是（　　　）。

执行如下命令：

```
LOCATE FOR 工资=1200
CONTINUE
? 姓名
```

显示结果是（　　　）。

（4）执行如下命令：

```
USE zggz
SUM 奖金 TO b FOR SUBSTR(编号,4,1)= "1"
```

变量 b 的值为（　　　）。

23．请在下面的命令序列中填空：

```
USE TEACHER
LIST
```

记录号	姓名	性别	年龄	职称代码
1	李群	男	29	1
2	何雅	女	43	3
3	刘荣	女	54	4

4	赵红梅	女	35	3
5	周永清	男	32	2

```
SELECT 2
USE TITLE ALL AS q
LIST
```

记录号	职称代码	职称
1	1	助教
2	2	讲师
3	3	副教授
4	4	教授

```
INDEX ON 职称代码 TO tc
SELECT 1
SET RELATION TO _____ INTO q
GO 3
?RECNO(2)                    && 系统窗口显示为:(    )
```

24. 写出执行以下命令后,填写系统窗口的显示结果:

```
USE AB
COUNT                        && 系统窗口显示为: 15 records
LOCATE FOR 姓名="黎明"        && 系统窗口显示为: record=2
DISPLAY                      && 系统窗口显示第( ① )号记录内容
? FOUND( )                   && 系统窗口显示为( ② )
DISPLAY ALL
? RECNO( )                   && 系统窗口显示为( ③ )
? EOF(                       && 系统窗口显示为( ④ )
? FOUND(                     && 系统窗口显示为( ⑤ )
GO TOP
? BOF(                       && 系统窗口显示为( ⑥ )
DISPLAY NEXT 3               && 系统窗口显示第( ⑦ )号记录内容
?RECNO(                      && 系统窗口显示为( ⑧ )
DISPLAY REST                 && 系统窗口显示第( ⑨ )号记录内容
? RECNO(                     && 系统窗口显示为( ⑩ )
```

以上相应命令的显示结果分别为:

① (   ) ② (   ) ③ (   ) ④ (   ) ⑤ (   )
⑥ (   ) ⑦ (   ) ⑧ (   ) ⑨ (   ) ⑩ (   )

25. 执行如下命令序列,填写系统窗口的显示结果:

```
USE AB
COUNT                        && 系统窗口显示为: 8 records
```

```
GO 1
DELETE
? RECNO( )                      && 系统窗口显示为（ ① ）
COUNT                           && 系统窗口显示为（ ② ）records
RECALL FOR RECNO( )=1           && 系统窗口显示为（ ③ ）records recalled
? RECNO( )                      && 系统窗口显示为（ ④ ）
GO 2
DELETE NEXT 3                   && 系统窗口显示为（ ⑤ ）records deleted
? RECNO( )                      && 系统窗口显示为（ ⑥ ）
RECALL ALL
GO BOTTOM
DELETE REST                     && 系统窗口显示为（ ⑦ ）records deleted
PACK                            && 系统窗口显示为（ ⑧ ）records deleted
? RECNO( )                      && 系统窗口显示为（ ⑨ ）
COUNT                           && 系统窗口显示为（ ⑩ ）records
```

以上相应命令的显示结果分别为

① （   ） ② （   ） ③ （   ） ④ （   ） ⑤ （   ）
⑥ （   ） ⑦ （   ） ⑧ （   ） ⑨ （   ） ⑩ （   ）

26. 设有课程代码表 code.dbf 和学生选课表 student.dbf。欲使用关联方法显示有关数据，请将以下命令补充完整。

```
SELECT 1
USE code
LIST
```

记录号	编号	课程名称
1	A1	大学计算机基础
2	A3	VFP 程序设计
3	C2	英语

```
SELECT 2
USE student INDEX st
LIST
```

记录号	编号	姓名
1	A1	刘然
2	A1	李丽
3	A1	张中华
4	A3	魏建国
5	A3	陈中
6	C2	刘然

```
SELECT 1
```

```
_____
GO TO 2
? RECNO(2)                          && 系统窗口显示结果（      ）
GO TO 3
? 编号,课程名称,B.学生姓名              && 给出显示结果（      ）
```

27. 执行以下命令：

```
SELECT2
USE F1
SELECT3
USE F2
SELECT2
SKIP 3
```

最后，数据表文件 F1 的指针指向记录号（   ），数据表文件 F2 的指针指向记录号（   ）。

28. 现有考生数据表 student.dbf 和考试成绩表 std.dbf。使用关联的方法显示两个表的相关数据，请对下述命令序列填空。

```
SELECT 1
USE student
LIST
```

记录号	考生编号	姓名	年龄	性别
1	1001	尚明	25	女
2	1002	李欣	22	男
3	1003	杨勇	27	女
4	1004	刘玉	22	男
5	1005	王东	20	男

```
SELECT 2
USE STD ALIAS TL
LIST
```

记录号	考生编号	笔试成绩	上机成绩
1	1004	72	85
2	1002	67	92
3	1003	93	88
4	1005	86	74
5	1001	66	90

```
INDEX ON 考生编号 TO ABC
SELECT 1
_____
LIST 考生编号,姓名,性别,B.笔试成绩,B.上机成绩
```

记录号	考生编号	姓名	性别	B.笔试成绩	B.上机成绩
1	1001	尚明	女	66	90
2	1002	李欣	男	67	92
3	1003	杨勇	女	93	88
4	1004	刘玉	男	72	85
5	1005	王东	男	86	74

29. 设有设备数据表 SBK.dbf，其中有若干仪器设备信息，结构为：部门代码(C,1),设备名称(C,10),购入价格(N,10,2),购入日期(D),是否可用(L)；另一个部门表 BMK.dbf 与设备表配合使用，其结构为：部门代码(C,1),部门名称(C,10),部门人数(N,3)，要计算"信息部"部门人均占有设备价值，顺序执行以下命令，请填空：

```
SELECT 1
USE SBK
SELECT 2
USE BMK
LOCATE FOR 部门名称 = "信息部"
SELECT 1
SUM 购买价格 TO zj FOR 部门代码=_____。
SELECT 2
? 部门名称 + "共有"+ STR(部门人数，3) +"人"
? 人均占有设备价值为_____。
```

30. 现有学生数据表 student.dbf，其中，考试成绩暂空，待阅卷后下发成绩表 st.dbf，使用数据再生的方法，把成绩填入学生数据表 student.dbf 中，并将合格否字段修改为逻辑真值，存入命令序列，请填空。

```
SELECT 1
USE student
LIST
```

记录号	准考证号	姓名	年龄	性别	班号	笔试成绩	上机成绩	合格否
1	1011017	王林	23	男	101			.F.
2	1011083	吴明友	28	男	101			.F.
3	1011005	郭旭	19	男	102			.F.
4	1011108	杨红	25	女	102			.F.
5	1011001	陈冬梅	24	女	103			.F.

```
INDEX ON 准考证号 TO aind
SELECT 2
USE st
LIST
```

记录号	准考证号	笔试成绩	上机成绩
1	1011001	70	80

```
2        1011108      85          87
3        1011083      90          60
4        1011005      95          78
5        1011017      60          40
INDEX ON 准考证号 TO BIND
SELECT 1
REPLACE _____ 笔试成绩 WITH B.笔试成绩,上机成绩 WITH B.上机成绩
LIST
```

记录号	准考证号	姓名	年龄	性别	班号	笔试成绩	上机成绩	合格否
1	1011001	陈心蕾	24	女	103	70	80	.F.
2	1011005	郭旭东	19	男	102	95	78	.F.
3	1011017	森林	23	男	101	60	40	.F.
4	1011083	明友	28	男	101	90	60	.F.
5	1011108	杨度蕊	25	女	102	85	87	.F.

```
_____ 合格否 WITH _____ FOR 笔试成绩>=60 AND 上机成绩>=60
```

练习4 数据库的查询和视图

4.1 例题分析

一、选择题

1. 在 VFP 系统中，使用查询设计器生成的查询文件中保存的是（   ）。
    A. 查询的命令   B. 与查询有关的基表
    C. 查询的结果   D. 查询的条件

【参考答案】A

【例题分析】所有查询文件中，保存的都是查询的命令。

2. 以下关于查询，描述正确的是（   ）。
    A. 不能根据自由表建立查询   B. 只能根据自由表建立查询
    C. 只能根据数据库表建立查询   D. 可根据数据库表和自由表建立查询

【参考答案】D

【例题分析】查询并不依赖于数据库而存在。

3. 下列选项中，（   ）不是查询的输出形式。
    A. 数据表   B. 图形
    C. 报表   D. 表单

【参考答案】D

【例题分析】查询输出去向中无表单选项。

4. 以下关于视图，描述正确的是（   ）。
    A. 可以根据自由表建立视图   B. 可以根据查询建立视图
    C. 可以根据数据库表建立视图   D. 可以根据数据库表和自由表建立视图

【参考答案】C

【例题分析】视图只能建立在数据库中。

5. 视图不能单独存在，它必须依赖于（   ）。
    A. 视图   B. 数据库
    C. 数据表   D. 查询

【参考答案】B

【例题分析】视图只能建立在数据库中。

6. 查询设计器中包括的选项卡有（   ）。
    A. 字段、筛选、排序依据   B. 字段、条件、分组依据
    C. 条件、排序依据、分组依据   D. 条件、筛选、杂项

【参考答案】A

【例题分析】查询设计器包括的选项卡有字段、联接、筛选、排序依据、分组依据、杂项，还可设置输出去向；视图设计器中包括的选项卡有字段、联接、筛选、排序依据、分组依据、更新条件、杂项，无输出去向。

7. 下列关于视图的说法中，不正确的是（　　　）。

    A. 在 Visual FoxPro 中，视图是一个定制的虚拟表

    B. 视图可以是本地的、远程的，但不可以带参数

    C. 视图可以引用一个或多个表

    D. 视图可以引用其他视图

【参考答案】B

【例题分析】视图可以带参数。

8. 以下关于视图，描述中，正确的是（　　　）。

    A. 视图结构可以使用 MODIFY STRUCTURE 命令来修改

    B. 视图不能同数据库表进行联接操作

    C. 视图不能进行更新操作

    D. 视图是从一个或多个数据库表中导出的虚拟表

【参考答案】D

【例题分析】视图依赖于数据库而存在，只能从数据库表中导出，不能从自由表导出。

9. 查询得到的结果可以（　　　）。

    A. 直接输出到打印机　　　　　　B. 保存在文本文件中

    C. 输出到屏幕上　　　　　　　　D. 以上均可

【参考答案】D

【例题分析】查询的输出去向。

10. 查询设计器与视图设计器的主要区别在于（　　　）。

    A. 查询设计器没有"更新条件"选项卡，有"查询去向"选项

    B. 查询设计器有"更新条件"选项卡，没有"查询去向"选项

    C. 视图设计器没有"更新条件"选项卡，有"查询去向"选项

    D. 视图设计器有"更新条件"选项卡，也有"查询去向"选项

【参考答案】A

【例题分析】查询不能更新，而视图可以更新。

二、填空题

1. [查询设计器]默认的输出去向为（　　　）。

【参考答案】浏览

【例题分析】系统默认查询的输出去向是以浏览方式查看查询结果。

2. 使用查询菜单或查询设计器工具栏的（　　　）功能或按钮，可以改变默认的输出去向，其中与 SQL 对应的输出去向包括（　　　）。

【参考答案】查询去向　表和临时表

【例题分析】可以选择查询菜单中的"查询去向"功能或工具栏的"查询去向"按钮改变查询默认的输出去向。与 SQL 对应的输出去向包括表和临时表。

3. 用视图可以修改数据表中的（　　　）。视图可分为（　　　）、（　　　）两种。

【参考答案】数据　本地试图　远程试图

【例题分析】视图来源于数据库表，对其表数据可以自动更新，视图可分为本地试

图和远程试图两种。

4．查询（　　）更新数据表中的数据。

【参考答案】不能

【例题分析】查询不能更新，视图可以更新。

5．由多个本地数据表创建的视图为（　　）。

【参考答案】本地试图

【例题分析】本地视图的概念。

6．创建视图时，相应的数据库必须是（　　）状态。

【参考答案】打开

【例题分析】试图必须依赖于数据库存在。

7．视图既具有（　　）的特点，又具有（　　）的特点。

【参考答案】表　查询

【例题分析】视图的特点。

8．视图设计器的选项卡与查询设计器中的选项卡几乎一样，只是视图设计中的选项卡比查询设计器中的选项卡多一个（　　　）。

【参考答案】更新条件

【例题分析】视图设计器多一个更新条件，而无查询去向。

9．建立远程视图必须先建立与远程数据库的（　　）。

【参考答案】联接

【例题分析】远程试图的概念。

10．可以用（　　）命令来打开视图设计器。

【参考答案】CREATE VIEW

【例题分析】创建视图的命令。

4.2 习题

一、选择题

1．下列说法正确的是（　　）。

    A．视图文件的扩展名是.vcx

    B．查询文件中保存的是查询的结果

    C．查询设计器实质上是 SELECT-SQL 命令的可视化设计方法

    D．查询是基于表的，并且是可更新的数据集合

2．有关查询和视图，下列说法不正确的是（　　）。

    A．查询是只读型数据，视图可以改变数据源

    B．查询可以更新数据源，视图也有此功能

    C．视图具有许多数据库表的属性，利用视图可以创建查询和视图

    D．视图可以更新数据源，存在于数据库中

3．在 VFP 系统中，使用查询设计器生成的查询文件中保存的是（　　）。

    A．查询的命令　　　　　　　　　　B．与查询有关的基表

    C．查询的结果　　　　　　　　　　D．查询的条件

4. 根据需要，可以把查询输出到不同的目的地。以下不可以作为查询输出类型的是（　　）。

　　A. 自由表　　　　　　　　　　　B. 临时表

　　C. 表单　　　　　　　　　　　　D. 屏幕

5. 下列关于视图的说法中，错误的是（　　）。

　　A. 视图中的源数据表也称为基表

　　B. 视图不以文件的方式独立存在

　　C. 视图设计器只比查询设计器多一个"更新条件"选项卡

　　D. 远程视图使用 VFP 的 SQL 语法从 VFP 视图或表中选择信息

6. 查询设计器和视图设计器的主要不同表现在（　　）。

　　A. 查询设计器有"更新条件"选项卡，没有"查询去向"选项。

　　B. 查询设计器没有"更新条件"选项卡，有"查询去向"选项。

　　C. 视图设计器没有"更新条件"选项卡，没有"查询去向"选项。

　　D. 视图设计器有"更新条件"选项卡，也有"查询去向"选项。

7. 下列有关查询与视图的叙述中错误的是（　　）。

　　A. 查询文件不仅可以在查询设计器中修改，而且可利用 Windows 的"记事本修改"

　　B. 视图分为本地视图和远程视图两种类型，而且可以创建参数化视图

　　C. 查询结果在屏幕上直接浏览时，其数据是只读的，而视图的结果是可以修改的

　　D. 查询与视图的数据源可以是自由表、数据库表、查询和视图

8. 查询的数据源（　　）。

　　A. 只能是自由表　　　　　　　　B. 只能是关联的多表

　　C. 只能是视图　　　　　　　　　D. 表和视图

9. 视图是一个（　　）。

　　A. 虚拟的表　　　　　　　　　　B. 真实的表

　　C. 不依赖数据库的表　　　　　　D. 不能修改的表

10. 以下哪条命令可以打开"查询设计器"（　　）。

　　A. OPEN QUERY　　　　　　　　B. OPEN VIEW

　　C. CREATE QUERY　　　　　　　D. CREATE VIEW

二、填空题

1. 运行查询文件 cxi.qpr 的命令是（　　）。

2. 建立视图，其数据源可以是（　　）、（　　）、（　　）。

3. 视图可以在"数据库设计器"窗口中打开，也可以用 USE 命令打开，在使用 USE 命令之前，必须打开包含该视图的（　　）。

4. 如果打开基于本地表的视图，则在 Visual FoxPro 的另一个工作区中（　　）被同时打开。

5. 查询的扩展名为（　　），它是一个文本文件，实际上，查询就是一个预先定义好的（　　）。

练习5 关系数据库标准语言 SQL

5.1 例题分析

一、选择题

1. 在 VFP 的查询设计器中的"筛选"选项卡对应的 SQL 短语是（   ）。
   A. SELECT   B. OR
   C. WHERE   D. JOIN

   【参考答案】C

   【例题分析】筛选表示条件，对应 WHERE 子句。

2. 在 SQL 的查询语句中，实现关系运算的投影操作的短语为（   ）。
   A. SELECT   B. FROM
   C. WHERE   D. JOIN ON

   【参考答案】A

   【例题分析】投影表示所需字段，对应 SELECT 子句。

3. 下列哪条命令执行后不能产生磁盘文件（   ）。
   A. CREATE TABLE   B. CREATE view
   C. CREATE QUERY   D. CREATE DATABASE

   【参考答案】B

   【例题分析】CREATE VIEW 建立视图，视图不产生磁盘文件。

4. 在 SQL 命令中，WHERE 短语的功能是（   ）。
   A. 设置输出字段   B. 设置输出记录的条件
   C. 设置联接条件   D. 设置分组条件

   【参考答案】B

   【例题分析】WHERE 表示输出记录的条件，对应[查询设计器]的[筛选]选项卡。

5. 在 xkcjb.dbf 表中查询成绩在 90~95 分的学生信息，应输入命令（   ）。
   A. SELECT * FROM   xkcjb WHERE 成绩 BETWEEN 90 AND 95
   B. SELECT 信息 FROM xkcjb WHERE 成绩 BETWEEN 90 AND 95
   C. SELECT * FROM xkcjb WHERE 成绩 BETWEEN 90 到95
   D. SELECT 成绩 WHERE 成绩 BETWEEN 90 到95 FROM xkcjb

   【参考答案】A

   【例题分析】BETWEEN…AND… 等价于 >=… AND <=…

6. SQL 的 SELECT 语句中的 GROUP BY 和 HAVING 短语对应查询设计器上的选项卡是（   ）。
   A. 字段   B. 联接
   C. 分组依据   D. 排序依据

【参考答案】C

【例题分析】GROUP 和 HAVING 属于分组查询子句。

7. 使用 SQL 语句进行分组查询时,为了去掉不满足条件下的分组,应当（　　）。

　　A. 使用 WHERE 子句

　　B. 在 GROUP BY 后面使用 HAVING 子句

　　C. 先使用 WHERE 子句,再使用 HAVING 子句

　　D. 先使用 HAVING 子句,再使用 WHERE 子句

【参考答案】B

【例题分析】分组条件使用 HAVING 子句，不能使用 WHERE。

8. 下列有关 SQL 的叙述，错误的是（　　）。

　　A. SQL 包括了数据定义、数据查询、数据操纵和数据控制等方面的功能

　　B. SQL 语言能嵌入到程序设计语言中以程序方式使用

　　C. SQL 语言非常简洁

　　D. SQL 语言是一种高度过程化的语言

【参考答案】D

【例题分析】SQL 语言是一种高度非过程化的语言。

9. 下列关于 ALL、DISTINCT、TOP n [PERCENT]叙述中错误的是（　　）。

　　A. 如果不包含任何一个短语，则默认为 ALL

　　B. DISTINCT 可省略选择字段中包含重复数据的记录

　　C. TOP n [PERCENT]可指定返回特定数目的记录

　　D. 当查询使用 DISTINCT 时，可以更新其输出

【参考答案】D

【例题分析】SQL 的查询没有更新功能。

10. 下列 SQL 语句的功能是显示出产品名和相应的类名，包含那些没有产品的种类，请完成该语句。

　　　　SELECT 分类.类名, 产品.产品名 FROM （　　　）

　　　　ON 分类.类标号= 产品.类标号

　　A. 分类，产品　　　　　　　　　　　B. 分类 INNER JOIN 产品

　　C. 产品 LEFT JOIN 分类　　　　　　D. 分类 RIGHT JOIN 产品

【参考答案】B

【例题分析】内联接的作用。C、D 选项是等价的。

二、判断题

1. SQL 的核心是数据查询。

【参考答案】对

【例题分析】SQL 功能包括数据定义、修改、查询和操纵，其中，数据查询是其特色。

2. SQL 查询结果可以保存在文本文件中。

【参考答案】对

【例题分析】使用 TO FILE <文本文件名>可将查询生成文本文件。

3．使用 SQL 语言修改字段的值，应使用的命令是 UPDATE。

【参考答案】对

【例题分析】SQL 语言用于数据更新的命令是 UPDATE。

4．SQL 语言只能进行数据查询。

【参考答案】错

【例题分析】SQL 功能包括数据定义、修改、查询和操纵。

5．SQL 语言的 HAVING 短语可以代替 WHERE 短语。

【参考答案】错

【例题分析】HAVING 子句用于 GROUP BY 之后，指定分组需满足的条件。

6．在 SQL 查询语言中，top 短语必须与 ORDER by 短语配对使用，但 ORDER by 短语可以单独使用。

【参考答案】对

【例题分析】TOP 子句必须排序使用。

7．用 SQL 语言要查询某字段为空值 NULL 的记录时，条件短语是 字段=NULL。

【参考答案】错

【例题分析】条件短语应是 IS NULL。

8．查询设计器中"联接"选项卡对应的 SQL 短语是 ORDER BY。

【参考答案】错

【例题分析】用于联接的短语是 JOIN，短语 ORDER BY 是用来进行分组的。

9．在 SELECT-SQL 命令中，如果在分组基础上，还需对查询结果进行记录的筛选，即取查询记录的子集，可以用 DISTINCT 子句。

【参考答案】错

【例题分析】如果在分组基础上，还需对查询结果进行记录的筛选应用 HAVING 子句。

10．使用 SELECT-SQL 命令建立查询时，若要将查询结果输出到临时数据表中，需要使用 INTO TABLE 子句。

【参考答案】错

【例题分析】将查询结果输出到临时数据表中的子句是 JOIN INTO CURSOR。

三、填空题

1．主文件名为 cx 的查询文件，其扩展名为（　　），其中保存的是查询的（　　），运行这个查询的命令为（　　），得到查询的（　　）。

【参考答案】.qpr　命令　DO cx.qpr　结果

【例题分析】查询的基本概念。

2．在 VFP 中，使用（　　）命令创建查询，使用（　　）命令创建视图，创建视图前需要事先打开（　　）。

【参考答案】CREATE QUERY　CREATE VIEW　数据库

【例题分析】创建查询与视图的命令。

3．与表达式 职称= "教授" OR 职称= "副教授" 等价的 SQL 表达式为

职称 _____ ("教授", "副教授") 或 职称 _____ "%教授" 或 "教授" $ 职称

【参考答案】IN LIKE

【例题分析】查询中的特殊命令。

4. 数据库中含有 2 个表：商品表和销售表，结构如下：

商品表：商品编号 C（6），商品名称 C（20），进货价 N（12，2），销售价 N（12，2），备注 M

销售表：流水号 C（6），销售日期 D，商品编号 C（6），销售数量 N（8，2）

用 SQL 命令实现查询 2010 年 5 月 20 日所销售的各种商品的名称、销售量和销售总额，并按销售量从小到大排序的语句是：

SELECT 商品名称, SUM（销售数量）AS 销售量, _____ AS 销售总额 FROM 商品，销售 WHERE 商品.商品编号=销售.销售编号 _____ 销售日期={^2006/05/20} GROUP BY 商品名称 ORDER BY _____

【参考答案】(销售价*销售数量) AND 销售量

【例题分析】多表查询中的分组与排序。

5. SQL 的 SELECT 语句为了将查询结果存放到临时表中应使用（   ）短语。

【参考答案】INTO CURSOR

【例题分析】将查询结果输出为临时表。

6. 在 SQL 的 SELECT 中，用于计算查询的函数有 count()、（   ）、（   ）、max() 和 min()。

【参考答案】SUM() AVG()

【例题分析】查询中的计算函数。

7. 使用 SQL 语句实现数据查询，设置查询输出的字段，使用（   ）短语；设置查询的基表，使用（   ）短语；设置查询输出记录的条件，使用（   ）短语，短语 ORDER BY 用来设置输出记录的（   ），短语 GROUP BY 用来设置（   ）。

【参考答案】SELECT FROM WHERE 顺序 分组

【例题分析】查询中各子句的功能。

8. 在 SQL 查询中，与查询设计器的"联接"选项卡对应的短语为（   ），与"字段"选项卡对应的短语为（   ），与"筛选"选项卡对应的短语为（   ）。

【参考答案】ON SELECT WHERE

【例题分析】查询设计器与查询命令。

9. SQL 修改表结构的命令是（   ）。

【参考答案】ALTER TABLE

【例题分析】SQL 的数据定义功能。

10. 与 SQL 表达式 "成绩" IN (60,100) 等价的逻辑表达式为（   ）。

【参考答案】成绩=60 OR 成绩=100

【例题分析】IN 运算符的使用。

5.2 习题

一、选择题

1. SQL 是（ ）的缩写。
    A．Standard Query Language   B．Structured Query Language
    C．Select Query Language   D．其他三项都不是

2. 嵌套查询命令中的 In 相当于（ ）。
    A．等号 =   B．集合运算符 ∈
    C．加号 +   D．减号-

3. SQL 的数据操作语句不包括（ ）。
    A．INSERT   B．UPDATE
    C．DELETE   D．CHANGE

4. 如果没有选定输出目的地，那么查询结果将显示在（ ）中。
    A．VFP 系统窗口   B．浏览窗口
    C．用户自定义窗口   D．临时表

5. 从表 customer 中提取所有记录生成查询，并将查询结果存放于表 MyCursor 的 SQL 命令为（ ）。
    A．SELECT * FROM customer INTO CURSOR MyCursor
    B．SELECT * FROM customer INTO TABLE MyCursor
    C．SELECT ALL FROM customer INTO TABLE MyCursor
    D．CREATE SQL VIEW MyCursor ASSELECT * FROM customer

6. 查询如果要输出匹配记录，多表关联应选择（ ）。
    A．内部联接   B．左外部联接
    C．右外部联接   D．全外部联接

7. 查询结果可进行（ ）。
    A．数据修改   B．数据追加
    C．单独保存   D．保存在数据库中

8. Visual FoxPro 6.0 中，建立查询可用（ ）方法。
    A．使用查询向导   B．使用查询设计器
    C．直接使用 SELECT-SQL 命令   D．以上方法均可

9. 在 SQL 中，与表达式"仓库号 NOT IN（"WH1","WH2"）"功能相同的表达式是（ ）。
    A．仓库号="wh1" AND 仓库号="wh2"
    B．仓库号!="wh1" OR 仓库号#"wh2"
    C．仓库号<>"wh1" OR 仓库号!="wh2"
    D．仓库号!="wh1" AND 仓库号!="wh2"

10. 使用 SELECT-SQL 命令来建立各种查询时，下列叙述正确的是（ ）。
    A．基于两个表创建查询时，必须预先在两个表之间创建永久性关系

　　B．基于两个表创建查询时，查询结果的记录数不会大于任一表中的记录数

　　C．基于两个表创建查询时，两个表之间可以无同名字段

　　D．用 ORDER BY 子句只能控制查询结果按某个字段进行升序排序

11．在 SQL 语句中，建立表的命令是（　　　）。

　　A．CREATE TABLE　　　　　　　　　B．CREATE database

　　C．ALTER TABLE　　　　　　　　　　D．CREATE

12．在 SQL 语言中，删除数据表的命令是（　　　）。

　　A．DROP TABLE　　　　　　　　　　B．DELETE TABLE

　　C．CREATE TABLE　　　　　　　　　D．DELETE dbf

13．向表中插入数据的 SQL 命令是（　　　）。

　　A．INSERT　　　　　　　　　　　　B．INSERT INTO

　　C．INSERT IN　　　　　　　　　　　D．INSERT BEFORE

14．在 SQL 语句中，用于修改表结构的命令是（　　　）。

　　A．ALTER structure　　　　　　　　B．MODIFY structure

　　C．ALTER TABLE　　　　　　　　　D．MODIFY TABLE

15．下列选项中，不属于数据定义功能的 SQL 命令是（　　　）。

　　A．CREATE　　　　　　　　　　　　B．ALTER

　　C．SELECT　　　　　　　　　　　　D．DROP

16．下列关于联接的叙述中，错误的是（　　　）。

　　A．LEFT JOIN 运算可创建一个左边外部联接。左边外部联接将包含了从第一个（左边）开始的两个表中的全部记录，即使在第二个（右边）表中并没有相符值的记录

　　B．RIGHT JOIN 运算可创建一个右边外部联接。右边外部联接将包含了从第二个（右边）开始的两个表中的全部记录，即使在第一个（左边）表中并没有匹配值的记录

　　C．使用 INNER JOIN 运算创建的查询只包含在联接字段中有相同数据的记录

　　D．在 INNER JOIN 之中可以写一个嵌套的 LEFT JOIN 或一个 RIGHT JOIN，并且在一个 LEFT JOIN 或一个 RIGHT JOIN 之中也可以嵌套 INNER JOIN

17．SQL 使用的通配符有（　　　）。

　　A．*和%　　　　　　　　　　　　　B．%和?

　　C．_和*　　　　　　　　　　　　　D．%和_

18．下面关于 SELECT 嵌套语句的叙述中，错误的是（　　　）。

　　A．首先应对子查询求值

　　B．外部查询依赖于子查询的求值结果

　　C．子查询必须被括在圆括号中

　　D．子查询的结果会被显示出来

19．下列叙述中，错误的是（　　　）。

　　A．SQL 语句可为输出的字段重新命名

　　B．SQL 语句可为输出的记录进行排序

C. SQL 语句不能重新指定列的顺序

D. SQL 语句不能省略 FROM 子句

下面 20~28 题使用数据表 student.dbf 中的数据，该表的具体数据如下：

记录号	学号	姓名	成绩	专业
1	200602	徐秀娟	588	金融
2	200606	宋力萍	639	金融
3	200612	李梅	656	金融
4	200501	孙红	587	法律
5	200508	万福全	559	法律
6	200615	左安方	602	金融
7	200516	李程碑	546	法律
8	200619	朱益群	591	金融

20．若要在 student 表中增加一条记录，其学号是 200538、姓名为王力、成绩为 587、专业为法律，应使用的 SQL 命令为（   ）。

    A．ALTER TABLE ADD student(学号,姓名,成绩,专业) VALUES(200538,王力,587,法律)

    B．ALTER TABLE INSERT student(学号,姓名,成绩,专业) VALUES(200538,王力,587,法律)

    C．INSERT INTO student (学号,姓名,成绩,专业) VALUES(200538, 王力, 587, 法律)

    D．INSERT INTO student (学号,姓名,成绩,专业) VALUES("200538", "王力", 587, "法律")

21．若要在 student 表中给法律专业学生的成绩增加 20 分，应使用 SQL 命令为（   ）。

    A．UPDATE student SET 成绩=成绩+20 FOR 专业="法律"

    B．UPDATE student SET 成绩=成绩+20 WHERE 专业="法律"

    C．UPDATE student ADD 成绩+20 FOR 专业="法律"

    D．UPDATE student ADD 成绩=成绩+20 WHERE 专业="法律"

22．若要在 student 表中增加一个宽度为 2 的"性别"字段，应使用的 SQL 命令为（   ）。

    A．ALTER TABLE student ADD 性别 C(2)

    B．ALTER TABLE student ADD 性别 with C(2)

    C．INSERT TABLE student ADD 性别 C(2)

    D．INSERT student ALTER ADD 性别 with C(2)

23．若要将 student 表中"姓名"字段的宽度由 8 改为 10，应使用的 SQL 命令为（   ）。

    A．ALTER TABLE student 姓名 WITH C(10)

    B．ALTER TABLE student ALTER 姓名 C(10)

  C．INSERT TABLE　student ALTER　姓名　C(10)

  D．INSERT student ALTER　姓名　C(10)

 24．若要输出 student 表中各专业成绩最高的学生姓名、专业与成绩，应使用的 SQL 命令为（　　）。

  A．SELECT　姓名,专业,max(成绩) FROM student GROUP BY "专业"

  B．SELECT　姓名,专业,max(成绩) FROM student GROUP BY　专业

  C．SELECT　姓名,专业,成绩　FROM student ORDER by　"成绩" desc

  D．SELECT　姓名,专业,成绩　FROM student ORDER by　成绩　desc

 25．若要将 student 表中的成绩在 600 分以上（含 600 分）的学生姓名和成绩按成绩由高到低的顺序显示出来，应使用的 SQL 命令为（　　）。

  A．SELECT　姓名,成绩　FROM student WHERE　成绩>=600 ORDER by　成绩

  B．SELECT　姓名,成绩　FROM　student　WHERE　成绩>=600 ORDER by　成绩
　　　ASC

  C．SELECT　姓名,成绩　FROM　student　WHERE　成绩>=600 ORDER by　成绩
　　　DESC

  D．SELECT　姓名,成绩　FROM student WHERE　成绩>=600 ORDER by　成绩/D

 26．执行"SELECT * FROM student INTO dbf cipx ORDER by　成绩"命令之后，将（　　）。

  A．会提示命令出错

  B．会生成一个按"成绩"升序排序的表文件

  C．会生成一个按"成绩"降序排序的表文件

  D．在屏幕的浏览窗口中显示一个按"成绩"排序的结果

 27．分别求 student 表中每个专业的学生的平均成绩的 SQL 命令是（　　）。

  A．SELECT　专业,avg(成绩)　FROM　student GROUP BY　成绩

  B．SELECT　专业,avg(成绩)　FROM　student ORDER BY　成绩

  C．SELECT　专业,avg(成绩)　FROM　student ORDER BY　专业

  D．SELECT　专业,avg(成绩)　FROM　student GROUP BY　专业

 28．若要删除 student 表中的"性别"字段，应使用的 SQL 命令为（　　）。

  A．ALTER TABLE student DROP　性别

  B．ALTER TABLE student DELETE　性别

  C．DELETE TABLE student drop　性别

  D．drop student ALTER erase　性别

下面 29~35 题使用数据库 db_stock.dbc,其中有表 stock.dbf,该数据库表的内容如下：

记录号	股票代码	股票名称	单价	交易所
1	600600	青岛啤酒	7.48	上海
2	600601	方正科技	15.20	上海
3	600602	广电电子	10.40	上海
4	600603	兴业房产	12.76	上海
5	600604	二纺机	9.96	上海

6	600605	轻工机械	14.59	上海
7	000001	深发展	7.48	深圳
8	000002	深万科	12.50	深圳

29. 查询交易所在"深圳"的股票的信息所用的命令是（   ）。

    A. SELECT ALL FROM stock

    B. SELECT * FROM stock WHERE 交易所="深圳"

    C. SELECT * WHERE 交易所="深圳"

    D. SELECT ALL FROM stock WHERE 交易所="深圳"

30. 查询单价超过 10 元的股票的所有信息所用的命令是（   ）。

    A. SELECT * FROM stock

    B. SELECT * FROM stock WHERE 单价>10

    C. SELECT ALL FROM stock WHERE 单价>10

    D. LIST ALL

31. 在该表中插入一条记录应使用的命令是（   ）。

    A. INSERT INTO stock values("000001","长江",12.54, "成都")

    B. INSERT VALUES("000001","长江",12.54, "成都")

    C. INSERT INTO stock SET("000001","长江",12.54, "成都")

    D. INSERT TO stock VALUES("000001", "长江",12.54, "成都")

32. 查询股票名称与"电子"有关的记录应该用（   ）。

    A. SELECT * FROM stock WHERE 股票名称="电子"

    B. SELECT * FROM stock WHERE 股票名称 LIKE "%电子%"

    C. SELECT * FROM stock WHERE 股票名称 LIKE "_电子"

    D. SELECT * FROM stock WHERE 股票名称="_电子_"

33. 按股票的单价值升序检索出全部的股票信息应该使用的命令是（   ）。

    A. SELECT * FROM stock WHERE ALL

    B. SELECT * FROM stock ORDER BY 单价

    C. SELECT * FROM stock ORDER BY 单价 DESC

    D. SELECT * FROM stock GROUP BY 单价

34. 检索出单价在 10~15 的所有股票的信息，应使用的 SQL 语句是（   ）。

    A. SELECT * FROM stock WHERE 10<单价<15

    B. SELECT * FROM stock WHERE 单价 BETWEEN 10 AND 15

    C. SELECT * FROM stock WHERE 单价>10 or 单价<15

    D. SELECT * WHERE 单价 BETWEEN 10 AND 15

35. 查看股票的最高单价和最低单价相差多少，应使用的 SQL 语句是（   ）。

    A. SELECT * FROM stock WHERE BETWEEN MAX(单价) AND MIN(单价)

    B. SELECT MAX(单价)-MIN(单价) FROM stock

    C. SELECT * FROM stock WHERE MAX(单价)-MIN(单价)

    D. MAX(单价)-MIN(单价) SELECT * FROM stock

36. 现有两张数据库表分别为部门表和商品表的数据（12-16 题均用该数据）。

部门表.dbf

记录号	部门号	部门名称
1	40	家用电器部
2	10	电视录摄像机部
3	20	电话手机部
4	30	计算机部

商品表.dbf

记录号	部门号	商品号	商品名称	单价	数量	产地
1	40	0101	A牌电风扇	200.00	10	广东
2	40	0104	A牌微波炉	350.00	10	广东
3	40	0105	B牌微波炉	600.00	10	广东
4	20	1032	C牌传真机	1000.00	20	上海
5	40	0107	D牌微波炉	420.00	10	北京
6	20	0110	A牌电话机	200.00	50	广东
7	20	0112	B牌手机	2000.00	10	广东
8	40	0202	A牌电冰箱	3000.00	2	广东
9	30	1041	B牌计算机	6000.00	10	广东
10	30	0204	C牌计算机	10000.00	10	上海

如下 SQL 语句查询结果有（　　）条记录。

　　SELECT 部门号,MAX(单价*数量) FROM 商品表 GROUP BY 部门号

　　A. 1　　　　B. 4　　　　C. 3　　　　D. 10

37. 有如下 SQL 语句，其查询结果的第一条记录的产地和提供的商品种类数是（　　）。

　　SELECT 产地,COUNT(*) 提供的商品种类数 FROM 商品表 WHERE 单价>200 GROUP BY 产地 HAVING COUNT(*)>=2 ORDER BY 2 DESC

　　A. 北京　1　　　　　　　　　　B. 上海　2

　　C. 广东　5　　　　　　　　　　D. 广东　7

38. 如下 SQL 语句查询结果是（　　）。

　　SELECT 部门表.部门号, 部门名称,SUM(单价*数量) FROM 部门表,商品表 WHERE 部门表.部门号=商品表.部门号 GROUP BY 部门表.部门号

　　A. 各部门商品数量合计　　　　　　B. 各部门商品金额合计

　　C. 所有商品金额合计　　　　　　　D. 各部门商品金额平均值

39. 如下 SQL 语句查询结果的第一条记录的商品号是（　　）。

　　SELECT 部门表.部门号, 部门名称, 商品号, 商品名称, 单价 FROM 部门表,商品表 WHERE 部门表.部门号=商品表.部门号 ORDER BY 部门表.部门号 DESC,单价查询结果的第一条记录的商品号是（　　）。

　　A. 0101　　　　　　　　　　　　B. 0202

　　C. 0110　　　　　　　　　　　　D. 0112

40. 如下 SQL 语句查询结果是（　　）。

SELECT 部门名称 FROM 部门表 WHERE 部门号 IN (SELECT 部门号 FROM 商品表 WHERE 单价 BETWEEN 420 AND 1000)

  A．家用电器部、电话手机部   B．家用电器部、计算机部

  C．电话手机部、电视录摄像机部 D．家用电器部、电视录摄像机部

二、填空题

1．SELECT 查询命令中（ ）子句，可以把一个 SELECT 语句的查询结果同另一个 SELECT 语句的查询结果组合起来。

2．SELECT-SQL 命令中，ORDER BY 的功能是（ ）。

3．完善下面的 SQL 命令，实现给 cj 表中成绩不及格的记录加上删除标记：

  DELETE FROM cj _____ cj.cj<60

4．SELECT-SQL 命令中，GROUP BY 关键字的功能是（ ）。

5．运行查询 cx1.qpr 的命令是（ ）。

6．在 SELECT-SQL 语句中，DISTINCT 选项的功能是（ ）。

7．在 VFP 中创建多表查询时，表之间的联接类型分为 4 种，即（ ）、左联接、右联接和（ ）。

8．用 SELECT-SQL 命令对数据进行查询时，SELECT 命令中的 FROM 子句是用来指定数据源的，（ ）子句用来筛选源表记录的，（ ）子句用来筛选结果记录的。

9．如果要在学生表中查询籍贯为"江苏南京"和"上海"的同学，则 SELECT-SQL 语句如下：

  SELECT 学号, 姓名, 籍贯 FROM 学生 WHERE 籍贯 _____

10．如果要查询学生"李林"的情况，并将查询结果追加在文本文件 temp.txt 的尾部，请对下面的 SQL 语句填空：

  SELECT * FROM 学生 TO FILE temp _____ WHERE 姓名="李林"

11．设有以下两条 SELECT 查询命令：

  ① SELECT xs.xh, xs.xm, zy.zymc FROM sjk!xs, sjk!zy WHERE xs.zydh=zy.zydh INTO CURSOR cx1 ORDER BY 3

  ② SELECT xs.xh, xs.xm, zy.zymc FROM sjk!xs inner join sjk!zy ON xs.zydh=zy.zydh INTO CURSOR cx1 ORDER BY 3

  两条查询命令的功能（ ）(注：回答"相同"或"不相同")。

12．已知 js（教师表）中有 xdh(系代号)、jbgz（基本工资）等字段，下列语句是显示教师表（js.dbf）中各系科基本工资总和，请完善下列填空：

  SELECT js.xdh, _____ AS "基本工资总和" FROM js GROUP BY _____

13．已知某数据库表 kcyz.dbf 含有 5 个字段，若其中有一个名为 bxk 的逻辑型字段，则可用下列 SQL 命令查询 bxk 字段值为.T.的所有记录，且要求输出所有字段，输出结果保存在表 TEMP.dbf 中。

  SELECT _____ FROM kcyz WHERE bxk=_____ Table temp

14．设某图书馆"图书管理"数据库中有三张表：TS.dbf 、DZ.dbf 与 jy.dbf，表结构如下：

TS.dbf 结构		DZ.dbf 结构		jy.dbf 结构	
字段名	字段类型	字段名	字段类型	字段名	字段类型
总编号	C(10)	借书证号	C(6)	借书证号	C(6)
分类号	C(10)	单位	C(18)	总编号	C(10)
书名	C(8)	姓名	C(8)	借书日期	D(8)
出版单位	C(20)	性别	C(2)	还书日期	D(8)
作者	C(8)	职称	C(10)		
单价	N(7,2)	地址	C(20)		
馆藏册数	N(4)				

完善下列语句以查询该图书馆各出版社出版图书的总册数、总金额、平均单价：

SELECT 出版单位, SUM(馆藏册数) AS 馆藏总册数, _____ AS 总金额, _____ AS 平均单价 FROM 图书管理!TS GROUP BY 出版单位

15. 完善下列语句以查询借阅次数最多的前 10 名读者的代书证号、姓名和借阅次数（表结构同上）：

SELECT _____ DZ.借书证号, DZ.姓名, COUNT(*) as 借阅次数, FROM 图书管理!DZ INNER JOIN 图书管理!jy ON DZ.借书证号= _____ GROUP BY 1 ORDER BY _____

16. 如果要查询借阅了两本和两本以上图书的读者姓名和单位，请完善下列 SQL 语句(表结构同上)：

SELECT 姓名, 单位 FROM 图书管理! DZ WHERE 借书证号 IN(SELECT _____ FROM 图书管理!jy GROUP BY 借书证号 HAVING _____

17. 下列 SELECT-SQL 命令用于查询每个图书证号借书本数、过期本数、过期罚款数。（注："过期"是指借阅超过 60 天，罚款数以每本书借阅超过 60 天者，超过部分按每天 0.05 元计算。）

SELECT Jy.借书证号, COUNT(*) as 借书本数, _____ AS 过期本数, SUM(IIF(Jy.hsrq-Jy.jyrq>60, 0.05*_____,0.00)) AS 罚款数 FROM jy GROUP BY _____

18. 在教学管理数据库 sjk.dbc 中有两个表：kc.dbf（课程表）和 cj.dbf（成绩表），表结构如下：

kc.dbf			cj.dbf		
字段名	含义	字段类型及宽度	字段名	含义	字段类型及宽度
kcDH	课程代号	C（8）	XH	学号	C（10）
kcM	课程名	C（26）	kcDH	课程代号	C（3）
XF	学分	N（2）	cj	成绩	N（3）

则可用下列 SQL 命令查询总学分大于 100 的记录。（注：成绩为 60 或 60 以上才能获得相应学分，否则学分为 0）：

SELECT cj.xh, SUM _____ AS 总学分 FROM Sjk!Kc INNER _____ Sjk!Cj WHERE Cj.Kcdh=kc.Kcdh GROUP BY cj.Xh _____ 总学分>100

19. 完善下列 SQL 命令以查询每门课的课程代号、课程名、选课人数、优秀人数、不及格人数（表结构同上）。

　　SELECT Kc.kcdh, Kc.kcm, _____ AS 选课人数, SUM(IIF(cj.cj>=90,1,0)) AS 优秀人数, _____ AS 不及格人数 FROM sjk!kc INNER JOIN sjk!cj ON kc.kcdh = cj.kcdh GROUP BY _____

20. 数据库 jxsj.dbc 中有 js.dbf（教师）表、kcap.dbf（课程安排）表和 kc.dbf（课程）表，教师表中有 GH（工号）、XM（姓名）等字段；课程安排表中有 GH（工号）、kcDM（课程代码）和 BJBH（班级编号）等字段；课程表中有 kcDM（课程代码）、kcMC（课程名称）和 KSS（周课时数，数值型）等字段。若周课时总数<=9 时，每课时津贴 30 元；周课时总数>9 时，超过部分每课时津贴 80 元，则下列 SELECT-SQL 命令可以统计每位教师周课时总数以及周课时津贴，且按周课时津贴降序排序，查询去向为文本文件 rs.txt。

　　SELECT js.gh AS 工号, js.xm AS 姓名, _____ AS 周课时总数, IIF(SUM(kc.kss) <=9, SUM(Kc.kss)*30, _____ AS 周课时津贴 FROM jxsj!js INNER JOIN jxsj!kcap INNER JOIN jxsj!kc ON _____ ON js.gh = Kcap.gh GROUP BY js.gh ORDER BY 4 DESC _____ rs.txt

三、写 SQL 语句

有以下多张数据表：

① 学生表 xs.dbf：字段 XH、XM、XB、XZYDM、XDH 分别表示学生的学号、姓名、性别、系专业代码和系代号。

② 教师表 js.dbf：字段 GH、XM、XDH、ZC 分别表示工号、姓名、系代号、职称。

③ 课程表 kc.dbf：字段 KCDH、KCM、KSS、BXK,XF 分别表示课程代号、课程名、课时数、是否必修课和学分。

④ 成绩表 cj.dbf：字段 XH、KCDH、CJ 分别表示学号、课程代号和成绩。

⑤ 系名表 xim.dbf：字段 XDH、XIMING 分别表示系代号和系名。

⑥ 工资表 gz.dbf：字段 GH、JBGZ 分别表示工号和基本工资。

⑦ 借阅表 jy.dbf：字段 JSZH、JYRQ、HSRQ 分别表示借书证号、借阅日期和还书日期。

⑧ 院系专业信息表 yxzy.dbf：字段 XZYDM、ZYMC 分别表示系专业代码和专业名称。

⑨ 教材 jc.dbf 表：字段 CBSMC、ZZ 和 CBNF 分别表示出版社名称、作者和出版年份等。

根据以下要求，填写出 SELECT-SQL 命令：

1. 基于 xs 表，显示学生表中系代号为"05"的学生的学号和姓名。

2. 基于学生表，查询学号以"002"开头的学生的学生情况。

3．基于教师表查询年龄在 40～50 岁的所有教师的工号、姓名和年龄，并按年龄排序。

4．基于学生表查询所有籍贯为"江苏"的同学记录。

5．基于 cj 表，查询已及格的所有学生的学习情况，并按学号降序排序。

6．基于 kc 表，显示所有必修课的课程代号和课程名，并按课程代号降序排列。

7．显示 cj 表中有不及格课程成绩的学生学号，有多门课程不及格的学生只显示一次。

8．基于 js 表查询各职称的教师人数。要求输出职称、教师人数，按教师人数降序排序，查询结果输出到临时表 TEMP。

9．基于 xs 表查询所有学生的情况，并把结果输出在屏幕上。

10．基于学生表查询出在 1980 年以后出生的学生的学号、姓名和出生日期，并按学号升序排序。

11．基于 gz 表查询基本工资在 1000~2000 元之间的教师，要求输出工号和基本工资，并且按基本工资的降序排列。

12．基于 jc 表查询各个作者在各个出版社每年出书情况，要求输出作者、出版社名称、出书数量。

13．基于 jc 表查询每个年份出版图书总量，要求输出出版年份、图书总量，并按图书总量降序排列。

14．从高到低显示 cj 表中课程代号为"01"的课程学生的学号和成绩。

15．基于 xs 表和 cj 表，查询各个学生的平均成绩，要求输出：学号、姓名和平均成绩，并按平均成绩升序排列。

16．基于 kc 表和 cj 表，查询每门课的最高分、总分，要求输出总分在 480 分以上的课程代号、课程名、最高分和总分，并把查询结果保存到 kc-maxcj.dbf 表文件中。

17．基于 cj 表和 kc 表，查询出所有课程名为"英语"的学生的学号、成绩和课程名，并按成绩降序排。

18. 基于 kc 表和 cj 表和 xs 表，查询每门课程的选课人数、平均分，要求输出课程代号、课程名、选课人数、平均分，结果按选课人数降序排序。

19. 基于 xs 表和 xim 表查询各系男女生人数，要求输出系名、系代号、男生人数、女生人数，结果按系代号降序排，系代号相同的按人数从低到高排。

20. 于 js 表、gz 表和 xim 表查询各系教师的工资总额和平均工资，要求输出 XDH、Ximing、工资总额、平均工资，结果按工资总额降序排序。

21. 于 xs 表和 cj 表查询总分前 5 名的学生成绩。要求输出字段为：XH、XM、XB、总成绩、平均成绩，查询结果按总成绩降序排列。

22. xs 和 cj 查询"01"年级优秀生的信息，要求输出的字段为：学生的学号、姓名、平均分、最低分，输出结果按优秀生平均分的降序排序。

(注：xh 字段的前两位表示年级；优秀生的条件是各门课的平均分不低于 80 且每门课的成绩不低于 70。)

23. 示 js 表中已担任课程（即在 RK 表中没有相关工号）的教师的姓名和系名。

24. 查询专业表 YXZY 中，哪些专业在学生表 xs 中尚未有该专业的学生，输出 xzydm、zymc（子查询）

25. 基于 xs 表和 cj 表统计所有已登记的成绩中，有两门或两门以上课程不合格的学生的总课程门数和成绩不合格门数，要求输出字段为：XH、XM、总门数、不合格门数，查询结果按不合格门数降序排序。（注："不合格"是指成绩小于 60。）

26. 基于 xs 表和 cj 表统计所有已登记的成绩中全部课程均合格的学生名单及其合格课程门数，要求输出字段为：XH、XM、合格门数，查询结果按合格门数降序排序。（提示："全部课程均合格"就是指最低分数大于或等于 60。）

27. 基于 xs 表和 cj 表，查询班级编号为"0137"的那些没有登记过任何课程成绩的学生名单，要求输出字段为：XH、XM，查询结果按学号升序排序。（提示：班级编号为学号的前 4 位，要求使用左联接。）

28. 基于 jy 表统计教师、学生借书过期罚款人次和罚款金额，要求输出字段为类别（学生还是教师）、过期罚款人次和罚款金额。（注：学生类读者 jsZH 的第一个字符为"X"，罚款数以每本书借阅超过 30 天者，超过部分按每天 0.05 元计算；教师类读者 jsZH 的第一个字符为"J"，罚款数以每本书借阅超过 60 天者，超过部分按每天 0.05 元计算。）

29．基于 xs 表和 Xim 表查询各系男女生人数，要求输出系名、性别、系代号、人数。（注意同 16 的区别。）

30．查询个系科教师工资总额、各系科每个教师的工资以及全校所有教师工资总额。要求结果中包含三个列：系名、姓名和工资，并按系名排序。

练习6 结构化程序设计

一、判断题

1. 语句 RETUNR、WAIT、CANCEL、QUIT 都能终止程序的运行。

【参考答案】错

【例题分析】语句 WAIT 的功能是暂停程序执行，等待用户输入一个数据，以 Enter 键结束后继续执行程序。

2. 对于实现交互式功能的 3 条语句 WAIT、ACCEPT 和 INPUT，需要以回车键表示输入结束的语句是 ACCEPT、INPUT。

【参考答案】对

【例题分析】3 条语句都是暂停程序执行，等待用户输入数据，称为交互式语句。ACCEPT、INPUT 语句需要以 Enter 键结束数据输入，WAIT 语句用来接收单个字符，只需用户按任一键则立即自动继续执行程序。

3. 在程序文件中，程序文件和被调用过程之间的参数传递要求调用程序中 WITH 的参数与子程序或过程中 PARAMETERS 语句的参数一一对应。

【参考答案】对

【例题分析】一个程序可以调用其他的程序（称为子程序）或程序段（称为过程），调用时可以通过参数来实现数据的传递，但要求主程序的参数个数及类型均应与子程或过程中 PARAMETERS 语句的参数一一对应。

4. 在 DO 循环结构中，如果使用了语句 DO WHILE .T. ，则称为永真条件的循环结构。若使用永真条件则无法退出循环。

【参考答案】错

【例题分析】在有些特定循环结构问题需要使用永真条件，只是应在其循环体中 EXIT 语句来强制结束循环。

5. 对于 IF 语句和 IIF 函数，用 IIF 函数能完成操作完全可以用 IF 语句实现；相反，用 IF 语句能完成的操作也完全可以用 IIF 函数实现。

【参考答案】错

【例题分析】IIF 函数格式为：IIF(<逻辑表达式>,<值 1>,<值 2>)，功能是当<逻辑表达式>值为真时，函数值为<值 1>，否则为<值 2>，实现的功能比较单一。IF 语句中的语句序列可以是若干条语句，功能要强得多。

6. 在选择和循环结构中均可以使用 EXIT 语句来结束该结构的执行。

【参考答案】错

【例题分析】循环结构中均可以使用 EXIT 语句来结束该本层循环的执行，但选择结构中不能使用 EXIT 语句。

7. INPUT 语句允许输入的数据可以是字符型、数值型、日期型、逻辑型及表达式（其中变量应已赋值）。

【参考答案】对

【例题分析】3 条交互式语句中，INPUT 语句可用来接收字符型、数值型、日期型、逻辑型及表达式（其中变量应已赋值）数据，ACCEPT 语句是用来接收字符型数据的，WAIT 语句是用来接收单个字符的。

8. 语句 RETURN TO MASTER 的含义是结束程序运行。

【参考答案】错

【例题分析】语句 RETURN TO MASTER 的含义是返回到主程序，语句 RETURN 的含义是返回到上一级程序。

9. 用于定义局部变量的语句是 PUBLIC。

【参考答案】错

【例题分析】语句是 PUBLIC <变量表> 的功能是定义全局变量，在整个程序执行过程中都一直起作用。定义局部变量的语句是 LOCAL <变量表> 功能是只在本模块中起作用。

10. 若当前不存在任何内存变量，语句 PUBLIC X 可以在命令窗口中执行。一旦执行，则 X 变量被定义为公共变量，并自动赋值为 0。

A. 全局变量，并自动赋值为.F.　　　 B. 区域变量

C. 局部变量，并自动赋值为.F.　　　 D. 变量没有产生

【参考答案】错

【例题分析】语句 PUBLIC X 可以在命令窗口中执行，执行后定义的变量仍应为全局变量，并自动赋值为逻辑假（.F.）。一般地，VFP 系统命令窗口中需要使用的变量直接赋值，不需要事先定义。

二、填空题

1. VFP 结构化程序设计的 3 种基本结构有（　　　）、（　　　）、（　　　）。

【参考答案】顺序结构　选择（分支）结构　循环结构

【例题分析】结构化程序设计的三种基本结构是顺序结构、选择（分支）结构和循环结构。其共同特征是：只有一个入口和一个出口。通过这三种基本结构，可以表示出其它各种各样的程序结构。

2. 用于定义局部变量的语句是（　　　）。

【参考答案】LOCAL

【例题分析】程序中使用的内存变量按其作用范围可分为全局变量、局部变量和私有变量。局部变量只能在定义它的模块中使用，不能在上层或下层模块中使用。可用 LOCAL 语句来定义局部变量，一旦定义，其初值就为 .F.。

3. 假定今天是 2012 年 3 月 20 日，执行命令：

```
INPUT "请输入今天日期: " TO today
```

为把今天日期赋值给变量 today，用户应键入（　　　）。

【参考答案】{^2012-03-20}

【例题分析】使用 INPUT 语句来输入数据时，特别要注意的是字符型、日期型、逻辑型常量必须使用定界符。

4．在循环结构中，可以立即跳出循环的语句是（　　　　）。

【参考答案】EXIT

【例题分析】在循环结构中，可以使用两个特殊的语句：LOOP 和 EXIT。LOOP 语句用来则结束本次循环进入下一次循环，EXIT 语句用来结束本层循环。

5．每个过程的第一条语句是（　　　　）。

    A．<过程名>   B．

    C．PARAMETER   D．DO <过程名>

【参考答案】PROCEDURE

【例题分析】过程是一段程序，一般被其他程序调用而不单独执行。它常常放于调用它的主程序中，为了区别，其第 1 条语句用来定义，格式为：PROCEDURE <过程名>

6．下面程序的功能是从键盘接收到 Y 或 N 才能退出循环，请填空：

```
DO WHILE .T.
    WAIT "请输入(Y/N): " TO yn
    IF ((UPPER(yn)<> "Y") AND (UPPER(yn)<> "N"))

        _____
    ELSE
        EXIT
    ENDIF
ENDDO
```

【参考答案】MESSAGEBOX("数据错误，请重新输入！") 或 ?"数据错误，请重新输入！"

【例题分析】当用户输入数据出错时，应给出提示信息，使用文本提示或用对话框提示均可。

7．在以下程序中，当变量 k 为输入值为（　　　　）时，程序可以跳出循环。

```
DO WHILE .T.
    WAIT TO k
    IF UPPER(k)$"YN"
        EXIT
    ENDIF
ENDDO
RETURN
```

【参考答案】Y 或 y 或 N 或 n

【例题分析】当输入大小写字母 Y 或 N 时，条件 UPPER(k)$"YN" 均为逻辑真（.T.），执行 EXIT 语句结束循环。

8．以下程序是把"平安重庆"4 个字竖向显示出来，并横向显示"重庆平安"，如练习图 6.1 所示。请完成下面的程序：

```
STORE "平安重庆" TO cc
CLEAR
n=1
DO WHILE n<8
    ? _____ AT 3
    n=n+2
ENDDO
? _____
?? SUBSTR(cc,1,4)
RETURN
```

```
        平
        安
        重
        庆
      重庆平安
```
练习图 6.1

【参考答案】SUBSTR(cc,n,2)　SUBSTR(cc,5,4)

【例题分析】此程序 DO 循环的功能是从 cc 的值 "平安重庆" 中，按从左到右顺序依次取出 4 个汉字（循环 1 次取 1 个汉字）在指定列换行输出，应使用取子串函数 SUBSTR(<C>,<起始位置>,<长度>)，要注意 1 个汉字占 2 个宽度。后一个空需要从 cc 的值 "平安重庆"取出子串 "重庆" 2 字，同样应使用取子串函数。

9．以下程序用来显示一个由"*"组成的三角形(练习图 6.2)，请进行程序填空。

```
CLEAR
r=1
cc=10
DO WHILE r<=5
    s=1
    DO WHILE s<=2*r-1
        ?? "*" AT ____
        cc=cc+1
        s=s+1
    ENDDO
    cc=10-r
    _____
    ?
ENDDO
RETURN
```

```
        *
       ***
      *****
     *******
    *********
```
练习图 6.2

【参考答案】cc　r=r+1

【例题分析】此程序是一个双重循环结构，内循环是用来输出 1 行的若干个"*"号，外循环是用来输出若干行"*"号。根据分析，变量 r 是用来控制行数、s 控制每行"*"号个数、cc 控制当前输出"*"号列的位置，所以，前一空应填 cc，内循环完毕，外循环应改变循环变量 r 的值（增加 1 行），后一空应 r=r+1。

10．有以下程序段：

```
*** sub.prg ***
PARAMETERS r,a
PI=3.14159
a=PI*r^2
RETURN
```

在命令窗口中执行以下命令：

```
area=0
DO sub WITH 1,area
? area
DO sub WITH 2,area+0
? area
```

问：第 1 个输出语句 ? area 的显示结果是（　　　　），第 2 个输出语句 ? area 显示结果是（　　　　）。

【参考答案】3.14159　3.14159

【例题分析】此程序有参数，调用时存在参数的传递。当调用程序的参数是单个变量时，则该变量与子程序的参数变量结合为同一个变量。这种方式称为地址引用方式传递，是指将主程序变量的地址传递给子程序，如果子程序中修改了这个变量，则在主程序中这个变量将随之而变化；当主程序中的参数是表达式或常量，而不是单个变量时，先计算出表达式的值然后传递给子程序中的形式参数。这种方式称为按值传递，是指将主程序中参数的值传递给子程序，而且主程序中的这个表达式值将不受被调用子程序的影响。所以，执行命令 DO sub WITH 1,area 时，先进行 1→r、area→a，在子程序中，通过计算，r=1、a=3.14159*1^2=3.14159，执行完毕将进行参数的回传，只有 a→area。再执行命令 DO sub WITH 2,area+0 时，先进行 2→r、area+0→a，执行完毕不会有参数回传过程，变量 area 的值不会发生变化。

6.2 习题

一、选择题

1．以下有关 VFP 过程文件的叙述，正确的是（　　　）。

  A．先用 SET PROC TO 命令关闭原来已打开的过程文件，然后用 DO <过程名> 执行

  B．可直接用 DO <过程名>执行

  C．先用 SET PROC TO <过程文件名>命令打开过程文件，然后用 USE <过程名> 执行

  D．先用 SET PROC TO <过程文件名>命令打开过程文件，然后用 DO <过程名> 执行

2. 在永真条件 DO WHILE .T. 的循环结构中，为退出循环可使用（　　）。

 A. LOOP   B. EXIT

 C. CLOSE   D. CLEAR

3. 设某数据表有 5 个字段，分别是设备编号（C）、设备名称（C）、设备类型（C）、设备数量（N）、设备单价（N），记录指针指向一个非空的记录。顺序执行以下命令后，数组元素的值分别是（　　）。

```
DIMENSION sb(3)
SCATTER TO sb
LIST MEMORY
```

 A. 都是一串"*"号，表示数据溢出

 B. 自动重建数组为 sb(5)，各元素值分别是当前记录各字段的值

 C. sb(1), sb(2), sb(3)分别是当前记录的前 3 个字段值

 D. sb(1), sb(2), sb(3)分别是从当前记录开始的连续 3 个记录的设备编号

4. 在程序中用 LOCAL 语句定义的内存变量有以下特性（　　）。

 A. 只能在定义该变量的过程中及本过程所嵌套的过程中使用

 B. 只能在定义该变量的过程中使用

 C. 可以在所有过程中使用

 D. 只能在定义该变量的过程中及该过程所嵌套的过程中与相关数据库一起使用

5. 设当前没有任何内存变量，在命令窗口中执行 "PRIVATE X"，则变量 X（　　）。

 A. 被定义为全局变量，并自动赋值为.F. B. 其值被屏蔽

 C. 被定义为局部变量，并自动赋值为.F. D. 在内存中被释放

6. 语句 LOOP 和 EXIT 只能用于（　　）结构中。

 A. PROCEDUER...RETURN   B. DO WHILE...ENDDO

 C. IF...ENDIF   D. DO CASE...ENDCASE

7. 在 VFP 命令窗口中，执行下述命令，则现在打开的表文件是（　　）。

```
a= "8"
aa=[a]+a
USE &aa
```

 A. 8A.   B. A8

 C. AA.   D. AAA

8. 在 VFP 命令窗口中，顺序执行下面命令之后，系统窗口的显示结果为（　　）。

```
INPUT TO xx              && 输入逻辑常量：.T.
? xx AND xx=xx
```

 A. .T.   B. .F.

 C. 0   D. 错误信息

9. 在 VFP 命令窗口中，顺序执行以下命令序列，最后一条命令的显示结果是（　　）。

```
t=.F.
```

```
f=.T.
n=t
y=f
? y AND NOT n
```

A. .T.   B. .F.

C. n   D. y

10. 执行如下程序段，最后一条命令的显示值是（   ）。

```
ya=100
yb=200
yab=300
n="a"
m="y&n"
? &m
```

A. 100   B. 200

C. 300   D. Y&M

11. 在下面的 DO 循环中，循环次数是（   ）。

```
m=6
n=1
DO WHILE n<=m
    n=n+1
ENDDO
```

A. 2   B. 5

C. 7   D. 6

12. 阅读以下程序段，选出正确的结果（   ）。

```
SET TALK OFF
CLEAR
STORE 0 TO a,b,n
f=.T.
DO WHILE f
    a=a+1
    DO CASE
        CASE INT(a/3)<>a/3
            b=b+a
        CASE a>10
            EXIT
        CASE a<=10
            n=n+1
```

```
        ENDCASE
    END DO
    ? n,b
    SET TALKON
    RETURN
```

A. n=3 b=27　　　　　　　　　　B. n=4 b=27

C. n=3 b=48　　　　　　　　　　D. n=4 b=48

13. 有以下程序段：

```
CLEAR
    ? "菜单选择"
    ? "A.档案修改"
    ? "B.档案查询"
    ? "C.档案输出"
    ? "D.返回上级"
WAIT "请选择(字母代码)：" TO xz
```

执行此程序段时，如键入字母 C，则变量 xz 值应为（　　）。

A. "A"　　　　　　　　　　　　B. "C"或"c"

C. 3　　　　　　　　　　　　　D. 0

14. 读以下程序段，执行此程序段后，在系统窗口上将显示（　　）。

```
CLEAR
t="ABCDEFG"
a=1
DO WHILE a<6
    ?? SUBSTR(t,6-a)+SPACE(2)
    a=a+1
ENDDO
RETURN
```

A. EFG　DEFG　CDEFG　BCDEFG　ABCDEFG

B. A　B　C　D　E　F　G

C. ABCDEFG

D. DEF　DEF　DEF　DEF　DEF　DEF

15. 读以下程序段：

```
CLEAR
a=1
DO WHILE .T.
   IF a>=50
        EXIT
```

```
        ENDIF
        a=a+1
    ENDDO
    ? a
    RETURN
```

（1）执行该程序后，变量 a 的值是（   ）。

（2）执行该程序后，语句 a=a+1 共执行了（   ）。

    A. 49 50 次   B. 50 49 次

    C. 51 51 次   D. 52 52 次

16. 有如下程序，程序运行后显示的结果是（   ）。

```
    DIME a(6)
    k=2
    DO WHILE k<=6
            a(k)=20-2*k
            k=k+1
    ENDDO
    k=5
    DO WHILE k>=2
            a(k)=a(k)/(a(4)-10)
            k=k-1
    ENDDO
    ? a(1),a(6)
    RETURN
```

    A. 10 4   B. 10 8

    C. .T. 8   D. .F. 8

17. 下面这个自定义函数 f(n)的功能是（   ）。

```
    PARAMETER n
    STORE 1 TO f
    DO WHILE n>0
        STORE f*n TO f
        STORE n-1 TO n
    ENDDO
    RETURN f
```

    A. f(n)=n!   B. f(n)=(n+1)!

    C. f(n)=(n-1)!   D. f(n)=nn

18. 有以下程序段

```
    js="*+-"
```

```
   n=1
   DO WHILE n<=LEN(js)
     m=SUBSTR(js,n,1)
     x=4&m.2
     y=2&m.1
     ? x&m.y
     n=n+1
   ENDDO
   RETURN
```

（1）当 n=3 时，m 的值为（   ）。

　　A．"3"　　　　　　　　　　　　B．"+-*"

　　C．"+"　　　　　　　　　　　　D．"-"

（2）执行程序所显示的结果为（   ）。

　　A．9, 12, 18　　　　　　　　　　B．32, 24, 8

　　C．16, 9, 1　　　　　　　　　　D．24, 8, 4

19．有一主程序 main.prg 和三个过程文件 m1,m2,m3

```
*main.prg                        PROCEDURE m1
k={^2011-10-10                   PUBLIC d
i=1                              i=i*2+1
DO m1                            d="FOX"
? i, D.                          RETURN
j=.T.                            PROCEDURE m2
DO m2                            PRIVATE j
? j,k                            j=i*2+1
RETURN                           k="K"
                                 DO m3 WITH k
                                 ? j, k
                                 RETURN
                                 PROCEDURE M3
                                 PARAMETERS k
                                 k=d+"PRO"
                                 RETURN
```

（1）main.prg 中语句 ? i,d 的结果为（   ）。

　　A．出错信息　　　　　　　　　　B．1 FOX

　　C．3 FOX　　　　　　　　　　　D．3 'FOX'

（2）过程 M2 中语句 ?j,k 的结果为（   ）。

　　A．.T. 10/10/11　　　　　　　　B．7 10/10/11

C. .T. FOXPRO   D. 7 FOXPRO

(3) main.prg 中 ?j,k 结果为（ ）。

  A. 7 FOXPRO   B. .T. "FOXPRO"

  C. .T. FOXPRO   D. .T. 10/10/11

(4) PARAMETERS k 的作用是，定义变量 k 为（ ）。

  A. 私有变量   B. 参数

  C. 全局变量   D. 局部变量

20. 阅读程序，并选择：

```
SET TALK OFF
USE student
INDEX ON -英语 TO student
CLEAR
i=1
DO WHILE i<=5
        IF 性别="女"
            ? 学号+SPACE(5)+姓名+ SPACE(5)+STR(英语，4)
        ENDIF
        SKIP
        i=i+1
ENDDO
? "i="+STR(i,3)
RELEASE ALL
USE
SET TALK OFF
RETURN
```

(1) 程序的执行结果为查询 student 数据表中（ ）。

  A. 前 5 名中女生的英语成绩   B. 后 5 名中女生的英语成绩

  C. 前 5 名学生的英语成绩   D. 后 5 名学生的英语成绩

(2) 循环结束，循环变量 i 的结果为（ ）。

  A. 0   B. 1

  C. 5   D. 6

(3) 命令 CLEAR 的作用是（ ）。

  A. 清屏   B. 清除所有内存变量

  C. 清除所有字段变量   D. 关闭数据表

(4) 命令 RELEASE ALL 的作用是（ ）。

  A. 清屏   B. 清除所有内存变量

  C. 清除所有字段变量   D. 关闭数据表

21. 有以下程序段

```
x=12
y=23
b="101011"
n=LEN(b)
i=1
DO WHILE i<=n
    c=SUBSTR(b,i,1)
    IF VAL(c)=1
        sf="*"
    ELSE
        sf ="+"
    ENDIF
    ss="x"+"&"+"sf. "+"y"
    ? "结果"+STR(&ss,4)
    x=x+2*i
    y=y+I
    i=i+1
ENDDO
    RETURN
```

（1）第一次循环的输出为（　　）。

A. 38   B. 458

C. 276   D. 53

（2）第四次循环 sf 的值为（　　）。

A. +   B. *

C. "+"   D. "*"

（3）循环中 x 的最后值为（　　）。

A. 24   B. 54

C. 12   D. 64

22. 有以下程序段，程序的运行结果是（　　）。

```
DIMENSION a(3,3)
i=1
DO WHILE i<4
  j=1
  DO WHILE j<4
    a(i,j)=i*j
    ?? a(i,j)
    j=j+1
  ENDDO
```

```
    ?
    i=i+1
ENDDO
RETURN
```

A. 1 2 3   B. 3 6 9   C. 1 3 2   D. 1 2 3

    2 4 6   2 4 6   2 6 4   4 6 2

    3 6 9   1 2 3   3 9 6   9 6 3

23. 有以下程序段，系统窗口上输出的最终结果是（   ）。

```
CLEAR
STORE 0 TO m,n
DO WHILE .T.
    n=n+2
    DO CASE
        CASE INT(n/3)*3=n
            LOOP
        CASE n>10
            EXIT
        OTHERWISE
            m=m+n
    ENDCASE
END DO
? "m=",m,"n=",n
RETURN
```

A. m=24 n=14   B. m=14 n=10

C. m=12 n=24   D. m=24 n+12

24. 若数据表文件 xscj.dbf 有 8000 条记录，其结构是姓名(C,8)、成绩(N,6,2)。有命令文件如下，运行该程序,系统窗口上显示（   ）。

```
SET TALK OFF
USE xscj
j=0
DO WHILE NOT EOF()
    j=j+成绩
    SKIP
ENDDO
? "平均分"+STR(j/8000,6,2)
RETURN
```

A. 平均分：j/8000   B. 字符串溢出

C. 平均分：xxx.xx(x 代表数字)   D. 数据类型不匹配

25. 设数据表 cj.dbf 有 2 条记录，内容如下：

记录号	XM	EF
1	李四	500.00
2	张三	600.00

有如下程序段，该程序执行的结果是（　　　）。

```
USE cj
M.EF=0
DO WHILE NOT EOF()
    M.EF=M.EF+EF
    SKIP
ENDDO
? M.EF
RETURN
```

A. 1100.00 　　　　　　　　　　　B. 1000.00

C. 1600.00 　　　　　　　　　　　D. 1200.00

26. 执行如下命令序列，最后的输出结果是（　　　）。

```
STORE 2012 TO a
STORE "2012 " TO b
STORE "A " TO m
? &m+&b
```

A. 20122012 　　　　　　　　　　B. 4024

C. A2012 　　　　　　　　　　　　D. 语法错误

27. 调用程序和被调用程序之间的数据传递要求（　　　）。

A. 调用程序和被调用程序中的参数必须一一对应

B. 由 WITH 提供的参数不能为逻辑型

C. 由 WITH 提供的参数必须是变量

D. 被调用程序中不能改变 PARAMATERS 指定的变量值

28. 以下程序段的功能是（　　　）。

```
n=26
DO WHILE n>=1
    ?? CHR(64+n)
    n=n-1
ENDDO
RETURN
```

A. 正序显示 26 个小写英文字母　　B. 逆序显示 26 个小写英文字母

C. 正序显示 26 个大写英文字母　　D. 逆序显示 26 个大写英文字母

29. 有以下程序段，执行执行该主程序后，系统窗口显示的结果是（　　）。

```
*** 主程序 ff1.prg ***        *** 子程序 ff2.prg ***
a=4                           PARA k,m,n
b=5                           k=k+3
c=6                           a=m+4
DO ff2 WITH 12,b+c,A.         n=b+5
? "a=",A.                     ? "k=",k
RETURN                        RETURN
```

A．k=15　　　B．k=15　　　C．k=14　　　D．k=16
　　a=15　　　　　a=10　　　　　a=10　　　　　a=10

30. 以下是关于选择结构程序段，其中的错误原因是（　　）。

```
bb="ASB"
IF NOT bb
ELSE
        ? "ASB"
ENDIF
```

A．缺 IF　　　　　　　　　　　B．条件错
C．IF 和 ELSE 之间缺少语句　　　D．IF ELSE-ENDIF 格式错

31. 有如下程序文件 f1.prg，则执行结果是（　　）。

```
CLEAR
STORE 1 TO m,k
DO WHILE m<5
    ?? "*" at m+2
    m=m+1
ENDDO
RETURN
```

A．*　　　　　　　　　　　　　B．*****
　　　*
　　　　*
　　　　　*
C．****　　　　　　　　　　　D．****

32. 有如下主程序和子程序，执行命令 DO main 后，系统窗口上显示的结果为
（　　）。

```
*** 主程序 main.prg        *** 子程序 sub.prg
   CLEAR                      PRIVATE k
   k="111"                    k="222"
   DO suB.                    k=k+"333"
   ? k                        ? k
```

```
SET TALK ON                    RETURN
RETURN
```

A. 111　　　　　B. 222333　　　　C. 111222　　　　D. 333222
222333　　　　　　111　　　　　　　333　　　　　　　111

二、填空题

1. 填空完成下面的程序：

```
USE std
ACCEPT "请输入待查学生姓名: " TO xm
DO WHILE NOT EOF( )
        IF _____
            ? "姓名: ",姓名, "成绩: ",STR(成绩,3,0)
        ENDIF
        SKIP
ENDDO
CANCEL
```

2. 有学生数据表文件 student.dbf，其中编号字段为 N 型并且其值从 1 开始连续排列，下面程序的功能是按编号的 1、9、17、25…规律抽取学生参加计算机模拟考试，最后在系统窗口上显示参考学生的编号和姓名，请进行程序填空。

```
USE student
DO WHILE NOT EOF()
    IF MOD _____
        ?? 编号,姓名
    ENDIF
    SKIP
ENDDO
USE
RETURN
```

3. 下面的程序运行结果为：7 21 35，请填空。

```
tt=0
ss=0
DO WHILE .T.
    tt=tt+1
    ss=7*tt
    IF MOD(tt,2)=0
        LOOP
    ELSE
```

```
                ?? ss
            ENDIF
         IF tt_____
               EXIT
            ENDIF
      ENDDO
   RETURN
```

4. 有学生数据表文件 student.dbf。笔试成绩(N)和上机成绩(N)字段中的数据已经录入，另有一个等级字段(C)，如果笔试成绩和上机成绩都达到 80 分(含 80 分)，应在等级字段中填入"A"。有如下程序，请填空：

```
   USE student
   DO WHILE .NOT .EOF()
         IF 笔试成绩>=80 AND 上机成绩>=80

            _____
         ENDIF
         SKIP
   ENDDO
   USE
   RETURN
```

5. 有查询程序如下，请完成填空：

```
   USE student INDEX st
   ACCEPT "请输入准考证号：" TO num
   SEEK _____
   IF FOUND( )
      ? 姓名，"成绩："+STR(成绩,3,0)
   ELSE
      ? "没有此考生"
   ENDIF
   USE
   RETURN
```

6. 完成下面实现计算 P=1+1/(2*2)+…+1/(10*10)的程序

```
   p=0
   n=1
   DO WHILE n<=10
     p=p+1/(n*n)

     _____
```

```
    ENDDO
    ? p
    RETURN
```

7. 现有数据表 student.dbf，编写程序，由使用者从键盘上输入要删除的学号，并显示该记录的姓名、班级后暂停，提示使用者"是否真删除(Y/N)?"，若使用者选用 "Y" 就将该记录真的删除；否则重新输入学号，然后询问 "是否继续做删除(Y/N)：" 若选 "Y" 反复执行程序，否则运行结束。请完成该程序：

```
USE student
DO WHILE .T.
    CLEAR
    xh=SPACE(6)
    ACCEPT "请输入要删除记录的学号： " TO xh
    LOCATE FOR _____
    IF EOF()
        WAIT "无此记录，按任一键继续！"
        LOOP
    ENDIF
    ? 姓名+"        "+班级
    a=" "
    WAIT "是否真的要删除(Y/N)： " TO a
    IF a="Y"
        _____
        _____
        a =" "
        WAIT "是否继续删除(Y/N)： " TO a
        IF a<>"Y"
            EXIT
        ENDIF
    ENDIF
ENDDO
CANCEL
```

8. 以下程序是输出如练习图 6.3 所示图形，请填空完善程序：

```
CLEAR
? "*" AT 30
FOR i=2 TO 6
    ? "*"+ _____ +"*" AT _____
ENDFOR
```

```
           *
          * *
         *   *
        *     *
       *       *
      *         *
     *           *
     *************
```

练习图 6.3

```
? REPL("*",2*i-1) AT 31-i
RETURN
```

9. 运行 xy.prg 程序后，将在系统窗口上显示如练习图 6.4 所示乘法表：
请对下面的程序填空：

```
*** 输出乘法表 ***
    CLEAR
    FOR j=1 TO 9
        ? STR(j,2)+"  "
        FOR _____
            ?? _____
        ENDFOR
        ?
    ENDFOR
RETURN
```

1	1							
2	2	4						
3	3	6	9					
4	4	8	12	16				
5	5	10	15	20	25			
6	6	12	18	24	30	36		
7	7	14	21	28	35	42	49	
8	8	16	24	32	40	48	56	64
9	9	18	27	36	45	54	63	72	81

练习图 6.4

10. 设有 student.dbf 数据表，存放全体学生的情况，下面的程序可以选择列出:全体同学情况，全体男同学情况，全体女同学情况。在程序中使用功能键 F1(码值 28)、F2(码值-1)、F3(码值-2)、ESC(码值 27)等进行选择，在程序中还用了 INKEY(0)函数，该函数返回用户按键的 ASCII 码值，ASCII 码值在 0 到 255 之间，圆括号内为数值表达式，缺省表示立即返回，若为一个正数，则为等待的秒数，若为 0，表示无限期等待。

```
SET TALK OFF
CLEAR
aa="LIST"
bb="LIST FOR XB=[男]
cc="LIST FOR XB=[女]
USE student
DO WHILE .T.
    ? "F1：全体同学   F2：全体男同学   F3：全体女同学"
    ?? "ESC：退出"
    ? "请选择："
    j=INKEY(0)
    CLEAR
    DO CASE
        CASE j=28
            _____
        CASE j=-1
            _____
        CASE j=-2
```

```
            _____
       CASE _____
           EXIT
       ENDCASE
    ENDDO
 CLOSE ALL
 RETURN
```

11. 有学生表文件 student.dbf 如下：

学号	姓名	性别	数学	外语
11	张心琳	女	80	95
18	赵红红	女	91	88
33	吴成	男	96	72
41	李新新	女	88	71
31	张呈林	男	99	80
10	国庆	男	85	81

在命令窗口执行以下命令序列：

```
SET TALK OFF
USE student
DELETE ALL FOR 数学>90
COUNT ALL TO tb
? tb
SET TALK ON
USE
```

执行后，变量 tb 显示值是_____。

12. 设数据表 student.dbf 有字段：学号(C,6)，姓名(C,8)，年龄(N,2)，成绩(N,3)。要求从系统窗口中输入数据。运行程序之后，可以一直添加记录，直到不需要录入为止，请完成以下程序：

```
SET TALK OFF
USE student
ans="Y"
DO WHILE UPPER(yn)= "Y"
   APPEND BLANK
   ACCEPT "学号：" TO 学号
   ACCEPT "姓名：" TO 姓名
   INPUT "年龄：" TO 年龄
   INPUT "成绩：" TO 成绩
   _____
```

```
            WAIT "继续录入吗(Y/N)： " TO yn
    ENDDO
    USE
    RETURN
```

13. 有一备份成绩程序，功能是将 VFP 默认目录中 9 个班的成绩数据表复制到优盘 H 中，数据表分别是 CHJ1.dbf，CHJ2.dbf，…复制后文件名前面冠以年号，分别为：2011BCHJ1.dbf，2011BCHJ2.dbf，…。请填空完成以下程序：

```
    CLEAR
    ACCEPT "请输入四位年号： " TO nh
    i=1
    DO WHILE i<=9
        dbn="CHJ"+STR(i,1,1)
        bdbn= _____
        USE &dbn
        COPY TO _____
        i=i+1
    ENDDO
    USE
    RETURN
```

14. 有如下口令程序，若今天是 2012 年 2 月 25 日，应输入的口令是（   ）。

```
    CLEAR
    DO WHILE .T.
        ? "请输入口令： "
        SET CONSOLE OFF                && 不显示输入内容
        INPUT TO pw
        SET CONSOLE ON
        IF DATE( )=pw
            EXIT
        ELSE
            WAIT "口令不对，请重新输入！ "
            CLEAR
        ENDIF
    ENDDO
    RETURN
```

15. 下面程序的功能是接受数据表文件名，显示数据表的字段名、字段类型、宽度和小数位数，请阅读程序并填空。

```
    SET TALK OFF
```

```
CLEAR
dbname=SPACE(10)
yn="Y"
DO WHILE UPPER(yn)="Y"
    ACCPET "请输入数据表文件名：" TO dbname
    fname=TRIM(dbname)+".dbf"
    IF NOT FILE(fname)
        ? "数据表不存在!"
        LOOP
    ENDIF
    USE _____
    COPY TO xyz STRU EXTENDED.            && 以表的字段名为记录生成
一个新表，新表各字段名默认为：field_name、field_type、field_len 等
    USE xyz
    ? "字段名：" AT 10
    ?? "类型：" AT 21
    ?? "宽度：" AT 32
    ?? "小数位：" AT 42
    DO WHILE NOT EOF()
        ? FIELD_NAME AT 10
        ?? _____ AT 21
        ?? STR(FIELD_LEN,3) AT 32
        ?? STR(FIELD_DEC,3) AT 42
        SKIP
    ENDDO
    USE
    WAIT "是否继续(Y/N)：" TO yn
ENDDO
SET TALK ON
RETURN
```

16. 下面程序用于逐个显示职称为教授的数据记录，请进行程序填空。

```
USE teacher
DO WHILE NOT EOF( )
    CLEAR
    IF 职称<>"教授"
        SKIP
        _____
    ENDIF
```

```
        DISPLAY
        WAIT "按任意键继续！"
        SKIP
    ENDDO
    USE
    RETURN
```

17. 请根据程序运行结果填空：

```
*** sub.prg 子程序 ***
    PARAMETERS a,b,c,d
    d=b*b-4*a*c
    DO CASE
        CASE d<0
            d=100
        CASE d>0
            d=200
        CASE d=0
            d=10
    ENDCASE
    RETURN
*** main.prg 主程序 ***
    STORE 2 TO b,d
    STORE 1 TO a,c
    DO sub WITH a,b,c,d
    ? D.                        && 写出 d 的值是（      ）
    STORE 3 TO a2,a4
    STORE 1 TO a1,a3
    DO sub WITH a1,a2,a3,a4
    ? a4                        && 写出 a4 的值是（      ）
    DO sub WITH 6,8,10,d
    ? d                         && 写出 d 的值是（      ）
    CANCEL
```

18. 下面是一个通用的交换记录程序，能按要求对换某表文件任意两 TS 记录的内容，YGE 将程序补充完整。

```
    CLEAR
    ACCEPT "请键入表文件名：" TO db
    IF NOT FILE("&db..dbf")
        WAIT "无此表文件！按任意键退出。"
```

```
    RETURN
ENDIF
DIMENSION ar1(1),ar2(1)
STORE 1 TO r1,r2
INPUT "请输入第 1 个记录号: " TO r1
INPUT "请输入第 2 个记录号: " TO r2
GO r1
SCATTER TO ar1
GO r2
SCATTER TO ar2
GATHER FROM ar1
GO r1
_____
RETURN
```

19. 下面程序的功能是将随机产生的一组数按从大到小的顺序排列，将程序补充完整。

```
SET TALK OFF
DIME a(10)
i=1
FOR I=1 TO 10
    a(i)=RAND()*100
ENDFOR
i=1
DO WHILE i<=9
    j=i+1
    DO WHILE j<=10
        IF _____
            b=a(i)
            a(i)=a(j)
            a(j)=b
        ENDIF
        _____
    ENDDO
ENDDO
i=1
FOR i=1 TO 10
    ? i,a(i)
ENDFOR
RETURN
```

20. 以下程序段的作用是，找出 100 以内的所有素数，请完成程序段：

```
CLEAR
flag=0
num=0
FOR i=1 TO 100 STEP 2
    FOR j=2 TO _____
        IF MOD _____
            flag=1
            EXIT
        ENDIF
    ENDFOR
    IF _____
      ?? i
      num=num+1
      IF MOD (num, 10)=10
          ?
      ENDIF
    ELSE
          _____
    ENDIF
ENDFOR
RETURN
```

三、读程序，写出运行结果

1. 数据表文件 ks.dbf 中有成绩字段。有如下程序，请写出运行结果。

```
USE KS
mx=0
DO WHILE NOT EOF()
        mx=MAX(成绩,mx)
ENDDO
? mx
RETURN
```

2. 有如下程序，请写出运行结果。

```
STORE 0 TO x,y
DO WHILE .T.
        x=x+1
        y=y+1
        IF x>=100
```

```
            EXIT
        ENDIF
    ENDDO
    ? "y="+STR(y,3)
    RETURN
```

3. 有如下程序，请写出运行结果。

```
    CLEAR
    FOR i=1 TO 5
        ? REPL("*",8) AT 31-i
    ENDFOR
    RETURN
```

4. 有如下程序，请写出运行结果。

```
    CLEAR
    FOR i=1 TO 5
        ? REPL("*",2*(6-i)-1) AT 31+i
    ENDFOR
    RETURN
```

5. 有如下程序，请写出运行结果。

```
    CLEAR
    FOR i=1 TO 5
        ? REPL("*",2*i-1) AT 31-i
    ENDFOR
    FOR j=1 TO 4
        ? REPL("*",2*(5-j)-1) AT 32-i+j
    ENDFOR
    RETURN
```

6. 有如下程序，请写出运行结果。

```
    CLEAR
    f1=1
    f2=1
    FOR i=1 TO 4
        ?? f1,f2
        f1=f1+f2
        f2=f1+f2
    ENDFOR
    RETURN
```

7. 有如下程序，请写出运行结果。

```
CLEAR
FOR m=10 TO 30
    IF m%7=0 OR "7"$STR(m,2)
        ?? M
    ENDIF
ENDFOR
RETURN
```

8. 有如下程序，请写出运行结果。

```
STORE 0 TO i,s
DO WHILE .T.
    i=i+2
    s=s+i
    IF i>=16
        EXIT
    ENDIF
ENDDO
? "s="+STR(s,3)
RETURN
```

9. 有以下程序，若输入大于 3 的数，请写出运行结果。

```
DO WHILE .T.
        CLEAR
        ? "1—查询        2—打印        3—退出"
            INPUT "请输入选择的数字： " TO gg
            DO CASE
            CASE gg=1
            DO DD.                          && 调用查询子程序
            CASE gg=2
            DO GR                           && 调用打印子程序
            CASE gg=3
                EXIT
            OTHERWISE
                LOOP
        ENDCASE
ENDDO
RETURN
```

10. 有如下程序，请写出运行结果。

```
STORE "1" TO i
DO WHILE i<"9"
    a&i=VAL(i)*VAL(i)
    i=STR(VAL(i)+1,1)
ENDDO
i=STR(VAL(i)-1,1)
? a&i
RETURN
```

11. 阅读以下程序，并给出运行结果。

```
CLEAR
STORE 0 TO x,y,s1,s2,s3
DO WHILE x<10
  x=x+1
  DO CASE
    CASE INT(x/2)=x/2
        s1=s1+x/2
    CASE MOD(x,3)=0
        s2=s2+x/3
    CASE INT(x/2)<>x/2
        s3=s3+1
  ENDCASE
ENDDO
? s1,s2,s3
RETURN
```

12. 有如下程序，请写出运行结果。

```
x=0
y=0
DO WHILE x<101
    x=x+1
    IF INT(x/3)<>x/3
        LOOP
    ENDIF
    y=y+1
ENDDO
? "y="
?? STR(y,2)
RETURN
```

13. 有如下程序，请写出运行结果。

```
DIMENSION k(2,3)
i=1
DO WHILE i<=2
      j=1
      DO WHILE j<=3
          k(i,j)=i*j
          ?? k(i,j), " "
          j=j+1
      ENDDO
      ?
      i=i+1
ENDDO
RETURN
```

14. 下面程序运行时输入 1 和 5，则执行结果是（   ）。

```
*** main.prg ***
   INPUT "输入 K 的值：" TO k        *** sub.prg ***
   INPUT "输入 M 的值：" TO m        PARA p,n
   STORE 0 TO s,A.                STORE 1 TO p,l
   i=k                            DO WHILE l<=n
   DO WHILE i<=m                      p=p*l
      DO sub WITH a,I                 l=l+1
      s=s+A.                      ENDDO
      i=i+1                       RETURN
   ENDDO
   ? "S=",s
   RETURN
```

15. 有以下程序，请写出执行后的显示结果（   ）。

```
*** main.prg ***              *** sub.prg ***
   CLEAR                         PRIVATE b
   a=1                           a=10
   b=2                           b=20
   DO suB.                       ? a,b
   ? a,B.                        RETURN
   RETURN
```

16. 如下 3 个程序，请写出执行主程序后的运行结果。

```
*** main.prg 主程序 ***          *** sub1.prg 子程序 ***
    STORE 2 TO x1,x2,x3              x2=x2+1
    x1=x1+1                          DO sub2
    DO sub1                          ? x1+x2+x3
    ? x1+x2+x3                       RETURN
    RETURN                      **** sub2.prg 子程序 ***
                                    x3=x3+1
                                    RETURN TO MASTER
```

17. 有以下两个程序，请写出执行主程序后的运行结果。

```
*** main.prg ***                *** subpro.prg ***
    CLEAR                           PARAMETERS q
    p=100                           q=200
    q=100                           ? "q="+STR(q,3)
    DO subpro WITH p                RETURN
    ? "q="+STR(q,3)
    CANCEL
```

18. 有如下主程序 main.prg 和自定义函数 aa.prg，请写出执行主程序后的运行结果。

```
*** main.prg ***                *** 自定义函数 aa.prg ***
    a="ABCD"                        PARAMETER x,y
    b="14"                          SET TALK OFF
    ? aa(a,b)                       f=x-y
    RETURN                          RETURN f
```

19. 有以下主程序 main.prg 和子程序 sub.prg，请写出执行主程序后的运行结果。

```
*** main.prg 主程序              *** sub.prg 子程序
    CLEAR                           PRIVATE x,a1
    PUBLIC a1                       PUBLIC a2
    x=1                             x=10
    y=2                             y=20
    a1=40                           a1=30
    DO suB.                         a2=22
    ? a1,a2,x,y                     ? a1,a2,x,y
    RETURN                          RETURN
```

20. 下面是字符串加密程序。如果输入字符串 "ABCD"，请写出运行结果。

```
CLEAR
aa=SPACE(10)
ACCEPT "输入字符串" TO aa
```

```
? "原数据="+aa
eaa=""
long=LEN(aa)
i=1
DO WHILE i<=long
   eaa=eaa+CHR(ASC(SUBSTR(aa,i,1))+i+long)
   i=i+1
ENDDO
aa=eaa
? "加密后="+aa
eaa=""
long=LEN(aa)
i=1
DO WHILE i<=long
   eaa=eaa+CHR(ASC(SUBSTR(aa,i,1))-i-long)
   i=i+1
ENDDO
aa=eaa
? "解密后="+aa
RETURN
```

四、程序设计题

1. 随机产生 2 个两位整数，如果都是奇数或都是偶数则相加，否则相乘。

2. 对于学生成绩表 xsdab.dbf，输入一个学生的学号，请查询其所有成绩信息。

3. 求阶乘：n!

4. 求累加和：$1+\dfrac{1}{2}+\dfrac{1}{3}+\cdots+\dfrac{1}{n}$。

5. 随机产生 20 个两位整数，存放在一个数组中，要求逆序输出。比如，5 个数 78、45、66、34、89，要求输出结果为 89、34、66、45、78。

6. 编程求：1+（1+2）+（1+2+3）+（1+2+3+4）+…+（1+2+3+…+100）。要求分别用单重循环和双重循环来实现。

7. 编写一个自定义函数，功能是判断一个整数是否是素数，将整数作为函数的参数。

8. 编程求两个整数的最大公约数。比如，两个数 80 和 100，均能被 2、4、8、10、20 整除，这些数都是它们的公约数（分解因子），但只能 20 称为它们的最大公约数。

9. 设有学生表、成绩表和课程表的结构如下：

学生表（xs.dbf）：学号/C/7，姓名/C/6，性别/C/2。

成绩表（cj.dbf）：学号/C/7（有重复值），课程号/C/5（有重复值），考试成绩/N/5/1。

课程表（kc.dbf）：课程号/C/4，课程名/C/12。

按如下要求编写一个程序：

根据以上 3 张表，键盘任意输入一门课程的课程号，按如下格式显示课程名及选修该门课程的学生姓名、成绩，计算并显示该门课程的平均分、最高分和最低分，其格式如下：

```
           选修的课程号：××××        课程名：××××××
      ************************************************************
              学生姓名        成绩
              ……           ……
              ……           ……

      ************************************************************
           平均分：×××.×   最高分：×××.×   最低分：×××.×
```

10. 有营业员数据表文件 yyy.dbf 和日销售数据表文件 rxs.dbf 如下：

*** rxs.dbf   *** yyy.dbf

营业员代码	品名	数量	单价	营业额
101	电视	3	1230.40	0000.00
102	电话	4	223.00	0000.00
101	电扇	5	334.00	0000.00
103	电话	3	223.00	0000.00
102	电视	1	1230.40	0000.00

营业员代码	姓名	性别
101	天涯	女
102	海角	男
103	风声	男
104	水起	女

编程要求：① 计算出 rxs.dbf 中的营业额字段的值。注：营业额=数量*单价

② 根据用户输入的营业员代码，查询某个营业员全天的营业额，按如下格式显示输出结果：

```
           代码：101
           姓名：天涯    性别：女
           品名      营业额
           电视      3691.20
           电扇      1670.00
           营业额：    5361.20
```

练习7 可视化程序设计

7.1 例题分析

一、选择题

1. 下列事件中，最先被触发的是（　　）。

  A. LoaD.　　　　　　　　　　　　B. Unload

  C. Init　　　　　　　　　　　　　D. Destroy

【参考答案】A

【例题分析】Load 事件在创建表单之前发生，该事件代码从表单装入内存至表单被释放期间只运行一次。Load 事件代码中常使用 SET 命令组来设置系统运行的初始环境。Init 在创建表单时时触发该事件，该事件发生在 Load 事件后，也只执行一次。当表单创建后，成为活动窗口时，将发生 Activate 事件，该事件在表单每次成为活动窗口时发生，可能发生多次。Destroy 是释放表单时触发该事件，先于 Unload 事件发生。Unload 事件在表单被释放时发生，是释放表单或表单集的最后一个事件。另外，释放表单时在Destroy 事件发生前会发生 QueryUnload 事件。

2. 在表单设计器环境下，要选定表单中某命令按钮组里的某个命令按钮，可以（　　）。

  A. 单击命令按钮

  B. 双击命令按钮

  C. 先用鼠标右键单击命令按钮组，并选择"编辑"命令，然后再单击命令按钮

  D. 以上 B 和 C 都可以

【参考答案】C

【例题分析】在表单设计器中，双击表单或双击表单中的控件，均表示打开"代码窗口"。单击命令按钮是选中命令按钮组。另外，也可以在"属性"对话框中，在控件名下拉列表中选择按钮对象。

3. 关于表格控件，下列说法中不正确的是（　　）

  A. 表格的数据源可以是表、视图、查询　B. 表格中的列控件不包含其他控件

  C. 表格能显示一对多关系中的子表　　　D. 表格是一个容器对象

【参考答案】B

【例题分析】表格控件是容器类控件，由表格、列、列标题、列控件组成，列控件可显示表的一个字段，由列标题和列控件组成，所以 B 答案是错的。表格可以从数据环境中创建，也可以利用表格生成器创建。表格的数据源可以是表、视图、查询。表格最常见的用途是，当某个控件显示父表数据时，表格中就显示子表中的数据。

4. 在 VFP 中，表单是（　　）。

  A. 窗口界面　　　　　　　　　　　B. 一个表中各个记录的清单

  C. 数据库中各个表的清单　　　　　D. 数据库查询的列表

【参考答案】A

【例题分析】在 VFP 中表单实际是指程序运行的一个窗口，是人与计算机之间的一个可视化操作界面，与 Windows 中的程序窗口是相同的概念。在 VFP 中各种对话框、向导、设计器等窗口统称为表单。表单与表是两个完全不同的概念。

5.（　　）是面向对象程序设计中程序运行的最基本实体。

  A．类   B．对象

  C．方法   D．函数

【参考答案】B

【例题分析】对象是类的一个实例，是面向程序设计方法中最基本的概念，是构成程序的基本单位和运行实体。它是用来描述客观事物的一个实体，由一组表示其静态特征的数据（即：属性）和可执行的一组操作（即：方法程序，简称方法，是与对象相关联的过程）组成。

6．对象的（　　）是指对象可以执行的动作或它的行为。

  A．方法   B．属性

  C．事件   D．控件

【参考答案】A

【例题分析】在 VFP 中，每个对象都有自己的属性、事件和方法。属性是用来描述和反映对象的特性的参数，属性定义了对象的特征或某一方面的行为，对象中的数据就保存在属性中。事件是对象能识别和响应的动作，是一些预先定义好的特定动作。程序员可以编写相应的代码对此动作进行响应。事件是固定的。用户不能创建新的事件。方法也称为方法程序，是对象能够执行的一个的操作，是一段完成一个具体功能的程序代码的集合。对象建立后，可以在应用程序的任意位置调用该对象所具有的方法。

7．在容器对象的嵌套层次中，事件的处理遵循独立性原则，即（　　）。

  A．每个对象识别并处理属于自己及其下层的事件

  B．每个对象识别并处理属于自己及其下层的方法

  C．每个对象识别并处理属于自己的事件

  D．每个对象识别并处理属于自己的方法

【参考答案】C

【例题分析】在容器对象的嵌套层次中，事件的处理遵循独立性原则，意思是指每个对象识别并处理属于自己的事件。方法与事件是两个不同的概念。

8．表单 Myform（即 Name 属性为 Myform）中有一个命令按钮控件 Cmd1，单击 Cmd1 时要将 Cmd1 上面显示的文字设置为"关闭"，正确命令是（　　）。

  A．Thisformset.Cmd1.Caption="关闭"   B．Myform.Cmd1="关闭"

  C．Thisform.Cmd1.Caption="关闭"   D．This.Cmd1.Caption="关闭"

【参考答案】C

【例题分析】表单中的引用分为绝对引用和相对引用。绝对引用就是从包含该对象的最外面的容器对象名开始，一层一层向内引用。最外面的容器一般为表单或表单集。需要注意的是，最外面容器名称不是其 Name 属性值，而是其表单或表单集文件名，除非使用 Do Form 命令中的 Name 子句改变表单或表单集名称。相对引用是指引用地址从

指定参照对象算起到目标对象为止。一般来说，引用对象本身的属性方法和事件，使用"This"；引用与本身对象处于同一容器中的对象，使用"This.parent.引用对象名"；引用当前表单中的对象，使用"Thisform.对象名"。

　9．下列关于表单控件基本操作的叙述中，不正确的一项是（　　）。

　　　A．要在"表单控件"工具栏中显示某个类库文件中自定义类，可以单击工具栏中的"查看类"按钮，然后在弹出的菜单中选择"添加命令"

　　　B．要在表单中复制新控件，可以按住"Ctrl"键并拖放该控件

　　　C．当表单运行时，用户可以按"Tab"键选择表单中的控件，控件的 Tab 次序决定了选择控件的次序

　　　D．要使表单中所有控件具有相同的大小，可单击"布局"工具栏中的"相同大小"按钮

【参考答案】B

【例题分析】B 项的操作实际上是移动控件。在用鼠标拖放控件的同时按住"Ctrl"键，可使控件移动时不再对齐网格，能更加精确控制控件的拖放位置。复制控件的操作是：先选定控件，接着选择"编辑"菜单中"复制"命令，然后选择"编辑"菜单中"粘贴"命令，最后将复制产生的新控件拖动到需要的位置。

　10．Show 方法可以用来显示表单，其作用相当于将（　　）。

　　　A．表单的 Enabled 属性设置为.F.　　　B．表单的 Visible 属性设置为.F.

　　　C．表单的 Visible 属性设置为.T.　　　D．表单的 Enabled 属性设置为.T.

【参考答案】C

【例题分析】Show 方法表示显示菜单，并使表单成为活动对象。Enabled 属性用来指定表单或控件能否响应由用户引发的事件，当设置为.T.时，表示对象是有效的，能被选择，能响应用户引发的事件；设置为.F.时，表示对象无效，不能被选择，不能响应用户引发的事件。Visible 属性用来指定对象是可见或是隐藏，设置为.F.，表示对象是隐藏的；设置为.T.，表示对象是可见的。

二、判断题

　1．表单设计器启动后，VFP 系统窗口上将出现表单设计器窗口和属性窗口。

【参考答案】对

【例题分析】在 VFP 中打开表单设计器后，系统窗口中将同时出现"表单设计器"窗口、"属性"窗口、"表单控件"工具栏、"表单设计器"工具栏、"表单"菜单。

　2．控件类对象的封装性比容器类对象更加严密，一般放置在容器类对象中，可以对控件类对象中的组件单独进行修改或操作。

【参考答案】错

【例题分析】控件类对象封装性比容器类对象更加严密，但灵活性比容器类对象差。控件类对象必须作为一个整体来访问或处理，不能单独对其中的组件进行修改或操作。容器类对象一般用于包含其他控件。

　3．在"文本框生成器"的"样式"选项卡中选定"平面"复选框，相当于将 BorderStyle 属性值设置为 3D。

【参考答案】错

【例题分析】在"文本框生成器"中的"样式"选项卡中选定"平面"复选框相当于将 SpecialEffect 属性值设置为 Plain。将 SpecialEffect 属性值设置为 3D,相当于选定"三维"复选框。BorderStyle 属性值设置为 1,相当于选定"单线"复选框。BorderStyle 属性值设置为 0,相当于选定"无"复选框。

4. 在 VFP 中,对象的 Name 属性只能接收数值型数据。

【参考答案】错

【例题分析】对象的 Name 属性用于指定在代码中引用对象的名称,其名称必须是字符型的。对于表示对象宽度的 Width 属性、表示对象的高度的 Height 等属性,只能接收数值型数据。

5. 一般情况下,运行表单时,在产生了表单对象后,将调用表单对象的 Refresh 方法显示表单。

【参考答案】错

【例题分析】表单常用方法有:Release 方法将表单从内存中释放;Refresh 方法重新绘制表单或控件,并刷新它的所有值;Show 方法用于显示表单;Hide 方法用于隐藏表单。

6. 在表单控件中,有些控件只能用于输出,如标签;而有些控件即可用于输出,也可用于输入,如文本框、编辑框等。

【参考答案】对

【例题分析】在 VFP 中,根据控件的基本功能,大致可将控件分为 5 类:输出类控件、输入类控件、控制类控件、容器类控件、连接类控件。其中输出类控件有:标签、图像、线条、形状。输入类控件有:文本框、编辑框、列表框、组合框、微调控件。控制类控件有:命令按钮、命令按钮组、复选框、选项按钮、计时器。容器类控件有:表格,页框,OLE 容器。连接类控件有:ActiveX 控件、ActiveX 绑定控件、超级链接。这种分类方法也不是绝对的,如文本框,主要用于输入操作,特殊情况下,也可用于输出操作。

7. 利用布局工具栏中的按钮可以对表单中选定的控件进行居中、对齐等操作。

【参考答案】对

【例题分析】设计表单时,常用的工具栏有:"表单控件"工具栏;对控件进行居中、对齐等操作是在布局工具栏上进行的。

8. 编辑框控件与文本框控件的区别是:在编辑框中只能输入或编辑一行文本,而在文本框中可以输入或编辑多行文本。

【参考答案】错

【例题分析】编辑框控件和文本框控件都可用于输入、编辑或者显示文本。文本框中只能编辑一行文本,编辑行可以编辑多行文本。此外编辑框还允许自动换行并能用方向键、PageUp 和 PageDown 键以及滚动条来浏览文本。文本框主要用于处理字符型、数值型数据(使用文本框输入数值型数据后,要使用 VAL 函数进行转换),而编辑框主要用于内容较多的文本型数据编辑,如数据表中的备注型字段。

9. 在设计代码时,应该用 Name 属性值而不能用 Caption 属性值来引用对象;在同一作用域内两个对象可以有相同的 Name 属性值,但不能有相同的 Caption 属性值。

【参考答案】错

【例题分析】Name 属性是 VFP 用于识别不同对象的唯一标志。在同一作用域内不同对象的 Name 属性不允许相同。Caption 属性用来存储对象的显示标题文本，其内容可以任意设置。在设计代码时，应该用 Name 属性值而不能用 Caption 属性值来引用对象。

10．在表单中添加控件后，要改变其各种属性的值，必须使用"属性"窗口。

【参考答案】错

【例题分析】改变控件的属性，可以通过"属性"窗口，也可以通过相应的生成器为其设置常用属性，还可以在程序代码执行时通过代码设置属性。

三、填空题

1．在面向对象方法中，类之间共享属性和操作的机制称为（　　　）。

【参考答案】继承

【例题分析】类是面向对象语言中必备的程序语言结构，用来实现抽象数据类型。类与类之间的继承关系实现了类之间的共享属性和操作，一个类可以在另一个已定义的类的基础上定义，这样使该类型继承了其父类的属性和方法，当然，也可以定义自己的属性和方法。

2．要运行表单，可以在"命令"窗口中输入（　　　）命令。

【参考答案】DO　FORM　<表单文件名>

【例题分析】要运行表单，可以选择【表单】菜单中的【执行表单】命令，也可以单击常用工具栏上的 🖳 按钮。如果要在程序中运行一个表单，或者要在"命令"窗口中运行表单，可以使用命令：DO FORM <表单文件名>

3．表单文件的扩展名为（　　　），表单备注文件的扩展名为 SCT。

【参考答案】SCX

【例题分析】表单建立完成后，保存在扩展名为（.scx）的表单文件和扩展名为（.sct）的表单备注文件中。两个文件缺一不可，否则无法打开表单重新编辑。

4．在程序中用 WITH　MyForm　…　ENDWITH 修改表单对象的宽度属性为 300，然后再显示该表单，其中"…"处的正确代码应为（　　　）。

【参考答案】.Width=500　.Show

【例题分析】WITH　…　ENDWITH 命令中可以同时指定对象的多个属性，也可以执行的对象方法。属性和方法的左边必须有字符"."。宽度属性名称为 Width，高度属性名称为 Height；显示表单方法为 Show，隐藏表单方法为 Hide。

5．在 VFP 中，如果一个控件的（　　　）或（　　　）属性值为.F.，将不能获得焦点。

【参考答案】Enabled、Visible

【例题分析】在 VFP 中，对象被选定，它就获得了焦点，获得焦点的标志是文本框内的出现光标、命令按钮出现虚线框等。焦点可以通过单击对象获得，也可以按 Tab 键切换对象来获得，也可以用代码方式为控件设置焦点。对象要获得焦点，其前提条件是可见的，并且是有效可用的。Enabled 属性决定对象是否可用，Visible 属性决定对象是可见的还是隐藏的。

6. 对于表单及控件的绝大多数属性，其数据类型通常是固定的，如 Caption 属性接收（　　　）型数据。

【参考答案】字符型

【例题分析】Caption 属性用于指定对象的标题文本，只能接收字符型数据。

7. 在命令窗口中输入（　　　）命令，即可打开表单设计器新建一个表单。

【参考答案】CREATE FORM

【例题分析】打开表单设计器，可以使用"文件"菜单中的"新建"菜单项，也可以使用工具栏中的"新建"按钮 。在"命令"窗口中，CREATE FORM 命令表示打开表单设计器"新建"一个表单，MODIFY FORM 命令表示打开表单设计器"修改"一个已经存在的表单。

8. 如果想在表单上添加多个同类型的控件，则可在选定控件按钮后单击（　　　）按钮，然后在表单的不同位置单击，就可以添加多个同类型的控件。

【参考答案】按钮锁定

【例题分析】要在表单上添加控件，先在"表单控件"工具栏中选定需要的控件按钮，然后在表单上单击鼠标左键（按默认大小添加），或者在表单上使用拖动操作（按拖动大小添加）。如果要同时添加多个同类控件，需要单击选定"按钮锁定"按钮 ；添加多个同类控件结束后，需要再次单击取消选定"按钮锁定"按钮。

9. 每个类，都有自己的（　　　）、（　　　）、（　　　）。

【参考答案】属性、事件、方法

【例题分析】在 VFP 中，类分为两种：基类和子类。系统自身提供的类称为基类。基类包括容器类和控件类。每个基类都有自己的属性、方法和事件。子类是以其他类（父类）定义为起点，对其进行扩充或修改所定义的一个新类（属性、方法可以扩充、修改；事件是固定的，用户不能创建新的事件）。子类将继承任何对父类所做的修改。

10. 利用数据环境，将表中备注型字段拖到表单中，将产生一个（　　　）。

【参考答案】编辑框控件

【例题分析】把数据环境中数据表的字段拖到表单中时，字符型字段、数值型字段（包括货币型、浮动型、双精度、整形）、日期型字段均产生文本框控件，逻辑型字段产生复选框字段，备注型字段产生编辑框字段，通用型字段产生 ActiveX 绑定控件。另外，在数据环境中拖动数据表的标题栏，将会产生一个表格控件。

四、读程序写出运行结果

1. 有如练习图 7-1 所示表单。Text1 的 Value 属性设置为：{^2011-01-01}。其余属性均为默认值。在 Command1 的 Click 事件中有如下代码：

```
Thisform.Label1.Caption=VARTYPE(Thisform.Text1.Text)
Thisform.Label2.Caption=Thisform.Text1.Text
Thisform.Label3.Caption=VARTYPE(Thisform.Text1.Value)
Thisform.Label4.Caption=Thisform.Text1.Value
```

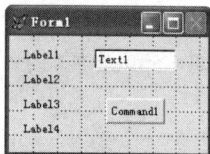

练习图 7.1

（1）请写出执行表单后，Text1 中能够输入_____类型的数据。

（2）如执行表单后，不改变 Text1 中的内容，分析单击 Command1 后标签 label1~4 分别显示_____、_____、_____、_____。

【参考答案】（1）日期

（2）C　01/01/2011　　D　程序报错

【例题分析】文本框的 Text 属性用于返回文本框中显示的文本内容。文本框的 Value 属性用于指定或返回文本框中的值（即对 Text 属性的内容进行处理后的结果）。因为 Value 属性已经设置为日期型数据，所以在表单执行后 Text1 中只能够输入日期型数据（如 Value 属性设置为空，则输入的数据类型默认为字符型）。对于本文框的 Text 属性，其内容总是为字符型，对于 Value 属性，其类型与设定的类型一致。标签的 Caption 属性，其类型为字符型，此时文本框的 Value 属性为日期型，因而程序第四名出错。

2．有如练习图 7.2 所示表单。在表单中添加有一个编辑框控件 Edit1 和一个命令按钮组控件 CommandGroup1。CommandGroup1 的 ButtonCount 属性设置为 3。设置自认为合适的字体、字号、字型，其余属性均为默认值。

在 CommandGroup1 的 Click 事件中有如下程序代码：

```
DO CASE
  CASE This.Value=1
    Thisform.Edit1.Value="VFP 简单、易学"
    This.Command1.Caption="宋体"
  CASE This.Value = 2
    Thisform.Edit1.Value="学习方法很重要"
    This.Command2.Caption="黑体"
  CASE This.Value = 3
    Thisform.Edit1.Value="多看例题多思考"
    This.Command3.Caption="隶书"
ENDCASE
Thisform. Edit1.FontName=This.Buttons(This.Value).Caption
```

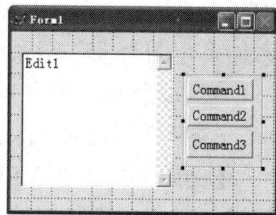

练习图 7.2

（1）请写出表单运行后，鼠标单击 Command1 后表单中编辑框 Edit1 中显示_____，字体是_____，命令按钮上面的文字变成_____；

（2）请写出表单运行后，鼠标单击 Command2 后表单中编辑框 Edit1 中显示_____，字体是_____，命令按钮上面的文字变成_____；

（3）请写出表单运行后，鼠标单击 Command3 后表单中编辑框 Edit1 中显示_____，字体是_____，命令按钮上面的文字变成_____；

【参考答案】（1）VFP 简单、易学　　宋体　　宋体

（2）学习方法很重要　　黑体　　黑体

（3）多看例题多思考　　隶书　　隶书

【例题分析】命令按钮组控件中各命令按钮可以分别单独设置 Click 事件代码，也可将代码加入命令按钮组的 Click 事件代码中，让组中所有命令按钮的 Click 事件代码都

用同一段程序代码，命令按钮组的 Value 属性用来指明单击了哪个按钮。访问命令按钮组中的成员，可以使用 Name 属性引用（如 This.Command2.Caption），也可使用 Buttons 属性（通过指定命令按钮在组中的索引号来访问，如 This.Buttons(1).Caption）。

3. 有如练习图 7.3 所示表单。表单 Form1 中添加有一个文本框 Text1 和 3 个复选框 Check1、Check2、Check3。设置自认为合适的字体、字号、字型，所有属性均为默认值。

在 Form1 的 Init 事件中有如下代码：

```
Thisform.Text1.Value="好好学习"
Thisform.Check1.Caption="粗体"
Thisform.Check2.Caption="斜体"
Thisform.Check3.Caption="下划线"
```

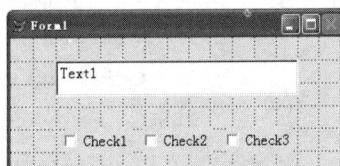

练习图 7.3

在 Check1 的 Click 事件中有如下代码：

```
x=Thisform.Check1.Value
DO CASE
    CASE x=0
        Thisform.Text1.FontBold = .F.
    CASE x=1
        Thisform.Text1.FontBold = .T.
ENDCASE
```

在 Check2 的 Click 事件中有如下代码：

```
IF Thisform.Check2.Value = 1
    Thisform.Text1.FontItalic = .T.
ELSE
    Thisform.Text1.FontItalic = .F.
ENDIF
```

在 Check3 的 Click 事件中有如下代码：

```
Thisform.Text1.FontUnderline = NOT Thisform.Text1.FontUnderline
```

在 Text1 的 InteractiveChange 事件中如下代码：

```
IF ALLTRIM(Thisform.Text1.Value) = = ""
    Thisform.Check1.Value = 2
    Thisform.Check2.Value = 2
    Thisform.Check3.Value = 2
ELSE
    IF Thisform.Text1.FontBold
        Thisform.Check1.Value = 1
    ELSE
```

```
        Thisform.Check1.Value = 0
    ENDIF
    IF Thisform.Text1.FontItalic
        Thisform.Check2.Value = 1
    ELSE
        Thisform.Check2.Value = 0
    ENDIF
    IF Thisform.Text1.FontUnderline
        Thisform.Check3.Value = 1
    ELSE
        Thisform.Check3.Value = 0
    ENDIF
ENDIF
```

请写出表单执行后，表单中文本框 Text1 中显示什么，复选框 Check1、Check2、Check3 分别显示_____、_____、_____文字。

【参考答案】粗体　　斜体　　下划线

【例题分析】表单的 Init 事件发生在窗体建立时，一般用来对表单进行初始化操作。复选框有三种可能的状态，由 Value 属性决定，分别对应不同的显示外观：0 表示未选中，1 表示选中，2 显示为灰色（不允许选择）。程序中使用了 3 种不同的方法来对复选框进行处理：直接取反、DO CASE 语句、IF 语句，其效果是一样的，请用心体会。文本框的 InteractiveChange 事件在文本框中的内容发生改变时发生(如删除、输入文字时)。文本框的 FontBold、FontiTalic、FontUnderline 分别表示"粗体"、"斜体"、"下划线"，取值为".T."或".F."。当重新在文本框中输入内容时，为了保证显示的文字格式与复选框的选取状态一致，需要对文本框的当前状态进行判断(如 IF Thisform.Text1.FontBold 语句)，然后进行不同的设置。

4. 如练习图 7.4 所示，在表单 Form1 中有 1 个标签 Lable1 和 1 个文本框 Text1，其中标签 Lable1 的 Caption 属性为"请输入一个数"，设置自认为合适的字体、字号、字型。在文本框的 Valid 事件中有如下代码：

练习图 7.4

```
x=VAL(Thisform.Text1.Value)*0.8
ThisForm.Text1.Value=STR(x)
ThisForm.Label1.Caption="结果是："
```

如果在表单运行后，在文本框 Text1 中输入"100"，然后单击表单空白处 2 次，请写出表单中 Text1 和 Label1 中最后显示的内容_____、_____。

【参考答案】结果是：　　　64

【例题分析】在表单空白处单击，则表单获得焦点，文本框 Text1 失去焦点，在失去焦点前，会发生 Valid 事件。第一次单击，取得 Text1 中的字符"100"，通过 VAL 转换变为数值，然后乘 0.8，即等 80，再通过 STR 转换为字符型"80"后放回 Text1 中。第二次单击，"80"取出变为"64"放回 Text1 中。

5．如练习图 7.5 所示，在表单 Form1 中有 3 个标签 Lable1、Label2、Label3 和 1 个文本框 Text1。在文本框的 InteractiveChange 事件中有如下代码：

```
x=VAL(thisform.Text1.Value)
DO CASE
    CASE x<=5000
        y=0
    CASE x<=8000
        y=(x-5000)*0.05
    OTHERWISE
        y=(x-8000)*0.1+150
ENDCASE
Thisform.Label3.Caption=ALLTRIM(str(y,10,2))
```

练习图 7.5

如果在表单运行后，在文本框 Text1 中分别输入"6500"和"12500"，请写出 Label3 中分别显示的内容_____、_____。

【参考答案】75.00　600.00

【例题分析】当文本框中的内容发生变化时，产生 InteractiveChange 事件。当输入 6500 时，满足条件 $x<=8000$，执行 $y=(x-5000)*0.05$ 语句。STR(y,10,2)表示将 y 中内容变为长度为 10，小数位为 2 位的字符型，长度不足 10，则在前面增加空白。ALLTRIM 表示将字符的前后空白去掉。输入 12500 时，前面条件都不满足，执行 OTHERWISE 的语句。

6．如练习图 7.6 所示，在表单 Form1 中有 3 个标签 Lable1、Label2、Label3 和 1 个文本框 Text1、1 个命令按钮 Command1。在 Command1 的 Click 事件中有如下代码：

练习图 7.6

```
x=VAL(Thisform.Text1.Value)
Thisform.Label2.Caption=ALLTRIM(str(x*4,10,2))
Thisform.Label3.Caption=ALLTRIM(str(x^2,10,2))
```

如果在表单运行后，在文本框 Text1 中输入"12"，然后单击 Command1 按钮，请分别写出 Label2、Label3 中分别显示的内容_____、_____。

【参考答案】48.00　144.00

【例题分析】从图中可以看出，Text1 为左对齐方式，表示 Text1 中输入的内容默认为字符型。因而 VAL(Thisform.Text1.Value)函数将输入的字符型"12"转换为数值 12。str(x*4,10,2)表示将 $x*4$ 的结果，即 48 转换为长度为 10，小数位 2 位的字符型，ALLTRIM 则去掉前后的空白。x^2 表示 X 的平方。

7．有 1 个表单 Form1，在 Form1 中有 2 个标签 Lable1、Label2 和 1 个命令按钮 Command1，如练习图 7.7 所示。

在表单 Form1 的 Init 事件中有如下代码：

练习图 7.7

```
Thisform.Label1.Caption="1"
Thisform.Label2.Caption="1"
```

在 Command1 的 Click 事件中有如下代码：

```
x=VAL(Thisform.Label1.Caption)
y=VAL(Thisform.Label2.Caption)
x=x+y
y=y+x
IF x>100 AND y>100
    x=1
    y=1
ENDIF
Thisform.Label1.Caption=STR(x,3)
Thisform.Label2.Caption=STR(y,3)
```

当表单运行后，连续单击 Command1 按钮 3 次，请写出 Label1 和 Label2 中分别显示的内容_____、_____。

【参考答案】① 13 ② 21

【例题分析】第一次单击后，x=1+1=2,y=1+2=3；第二次单击后，x=2+3=5,y=3+5=8；第三次单击后，x=5+8=13,y=8+13=21。

五、程序设计题

1. 有如练习图 7.8 所示表单，要求：运行表单后在文本框 Text1 中输入圆的半径，单击"计算"按钮，在文本框 Text2 中显示圆的面积。请写出要用到的事件名称及其相应代码。

【参考答案】"计算"为命令按钮控件，要用到它的单击事件 Click。其代码如下：

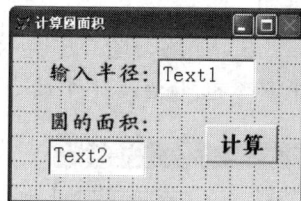

练习图 7.8

```
r=Thisform.Text1.Value
r=VAL(r)
s=PI()*r*r
Thisform.Text2.Value=s
```

【例题分析】输入圆的半径值，利用公式 $S=\pi r^2$ 求圆的面积。使用 VFP 计算时，须将公式 $S=\pi r^2$ 转换成 VFP 的表达式 S=PI()*r*r，其中 PI()为求 π 值的函数。使用面向对象方法时，输入控件一般采用文本框，输出控件一般采用文本框或标签。

文本框中输入内容为字符型，进行算术运算前，要使用 VAL()函数将其转变为数值型。

2. 有如练习图 7.9 所示表单，运行后，在 Text1 和 Text2 中分别输入一个数，当光标移到 Test3 中时，比较大小 Text1 和 Text2 中数的大小，并在 Text3 中把最大的一个数显示出来；单击"关闭"按钮，可以关闭表单。（1）请写出需要用到的控件种类、个数、名称及其主要属性设置（2）请写出需要用到事件及所属控件（3）请写出相应的事件代码。

【参考答案】（1）需要用到 3 个标签，其名称分别为
Lable1、Label2、Label3，其 Caption 属性分别为"输入第一
个数"、"输入第二个数"、"较大数是"；需要用到 3 个文本框，
其名称分别为 Text1、Text2、Text3；需要用到 1 个命令按钮，
其名称为 Command1，其 Caption 属性为"关闭"。

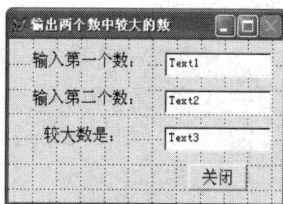

练习图 7.9

（2）需要用到文本框 text3 的"GotFocus"事件和命令按
钮 Commnad1 的 Click 事件。

（3）Text3 的 GotFocus 事件代码如下：

```
x=VAL(Thisform.Text1.Value)
y=VAL(Thisform.Text2.Value)
Thisform.Text3.Value=MAX(x,y)
```

Command1 的 Click 事件代码如下：

```
Thisform.Release
```

【例题分析】光标移到 text3 中时，将触发 Text3 的 GotFocus 事件；两个数比较大
小，输出最大数，可以利用求最大值的函数 MAX() 来完成；文本框输入的内容为字符型，
需使用 val() 函数将其转换为数值型；单击"关闭"按钮，将发生"关闭"按钮的 Click
事件；关闭表单一般调用表单的 Release 方法。

练习图 7.10

3. 有一个表，表名为 zg.dbf，其表结构和数据如表所
示。现在要使用如练习图 7.10 所示表单按职工号查找职
工，然后显示、修改其"简历"。如输入职工号没有找到，
显示"查无此人"。修改简历后，单击"更新"按钮可将
修改结果送回表中。如没有单击"更新"按钮，则修改结
果不送回。（1）请写出需要用到的控件种类、个数、名称
及其主要属性设置；（2）请写出需要用到事件及所属控
件；（3）请写出相应的事件代码。

数据表：zg.dbf

职工号	姓名	性别	简历
1001	张三	男	
1002	李四	女	

【参考答案】（1）表单左边需要使用 3 个标签，其名称分别为 Label1、Label2、
Label3，其 Caption 属性分别为"职工号"、"姓名"、"简历"。表单中间需要 2 个文本框，
其名称分别为 Text1、Text2，还需要 1 个编辑框，其名称为"Edit1"。表单右边需要 2
个命令按钮，其名称分别为"Command1"、"Command2"，其 Caption 属性分别为"查
找"、"更新"。

（2）需要使用 Command1 的 Click 事件和 Command2 的 Click 事件。

（3）Command1 的 Click 事件代码如下：

```
USE zg
LOCATE FOR ALLTRIM(职工号)=ALLTRIM(Thisform.Text1.Value)
IF FOUND()
    Thisform.Edit1.Value=简历
ELSE
    MESSAGEBOX("查地此人")
ENDIF
USE
```

Command2 的 Click 事件代码如下：

```
USE zg
LOCATE FOR ALLTRIM(职工号)=ALLTRIM(Thisform.Text1.Value)
REPLACE 简历 WITH ALLTRIM(Thisform.Edit1.Value)
USE
```

【例题分析】由于不允许自动更新简历，则不能使用将控件与数据表绑定，也不必使用数据环境。需要更新数据表时，选将记录指针定位到正确位置，然后使用 REPLACE 替换命令即可。

4．某节目中，需要计算评委给选手的评分，评分规则是：在如练习图 7.11 所示表单中输入 5 位评委的评分，去掉一个最高分，去掉一个最低分，求平均分。（1）请写出需要用到的控件种类、个数、名称及其主要属性设置；（2）请写出需要用到事件及所属控件；（3）请写出相应的事件代码。

【参考答案】（1）表单最上方需要用到 5 个标签，其名称分别为 Label1、Lable2、Lable3、Label4、Label5，其 Caption 属性分别为 "得分-1"、"得分-2"、"得分-3"、"得分-4"、"得分-5"。表单中间需要 5 个文本框，其名称分别为 Text1、Text2、Text3、Text4、Text5。表单左下方需要 3 个标签，其名称分别为 Lable6、Lable7、Lable8，其 Caption 属性分别为 "去掉一个最高分："、"去掉一个最低分："、"最后得分（平均）："。表单下部中间需要 3 个标签，其名称分别为 Label9、Label10、Label11。表单下部右边需要 1 个命令按钮，其名称为 Command1，其 Caption 属性为 "评分"。

练习图 7.11

（2）需要用到 Command1 的 Click 事件。

（3）Command1 的 Click 事件代码如下：

```
n=5
DIMENSION x(n)
FOR i=1 TO n STEP 1
    k=ALLTRIM(STR(i))
    x(i)=VAL(Thisform.Text&k..Value)
ENDFOR
FOR i=1 TO n-1
    FOR j=i+1 TO n
        IF x(i)>x(j)
            temp=x(i)
            x(i)=x(j)
            x(j)=temp
        ENDIF
    ENDFOR
ENDFOR
s=0
FOR i=2 TO n-1
    s=s+x(i)
ENDFOR
pjf=s/(n-2)
Thisform.Label9.Caption=ALLTRIM(STR(x(n)))
Thisform.Label10.Caption=ALLTRIM(STR(x(1)))
Thisform.Label11.Caption=ALLTRIM(STR(pjf,10,2))
```

【例题分析】本程序首先要从 5 个文本框中取出 5 个评分,然后需要对 5 个评分进行排序。为了进行排序操作,可以使用数据来存储取出的 5 个评分。为了加强程序的通用性,程序开始设置 n=5,如需要 10 个评委评分,只需在表单中添加 10 个文本框,然后修改程序 n=10 即可。为了在循环中引用多个文本框,程序中使用了宏替换函数 Thisform.Text&k.Value(注意:k 后面有 2 个小数点,1 个作为宏替换函数的结束标志,1 个作为对象引用之间的分隔符)。由于宏替换函数要求变量类型的字符型,程序中使用 k=ALLTRIM(str(i))将 i 变量转换为字符型 k 使用。

5. 有 1 个学生表和 1 个选课表,表名分别为 xs 和 xk,其表结构和数据如下所示。在如练习图 7.12 所示表单中,输入课程名,查询选修了该课程的学生的姓名、专业、成绩(成绩按从高到低的顺序显示)以及选修该门课程的平均成绩。关闭表单时要求关闭所有打开的表文件。(1)请写出需要用到的控件种类、个数、名称及其主要属性设置;(2)请写出需要用到事件及所属控件;

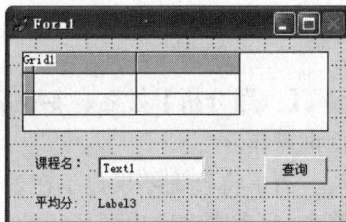

练习图 7.12

（3）请写出相应的事件代码。

学生表（xs.dbf）

学号	姓名	性别	专业	寝室
1001	张三	男	思想政治教育	5-1
1002	李四	女	历史学	3-2

选课表（xk.dbf）

学号	课程名	成绩
1001	大学英语1	80.00
1001	体育	90.00
1002	大学英语1	85.00

【参考答案】（1）表单 Form1 上部需要 1 个表格控件，其名称为 Grid1，所有属性使用默认值。

表单下部左边需要 2 个标签，其名称分别 Label1、Label2，其 Caption 属性分别为"课程名"、"平均分"。

表单下部中间需要 1 个文本框和 1 个标签，文本框名称为 Text1，标签名称为 Lable3，所有属性使用默认值。

表单下部右边需要 1 个命令按钮，其名称为 Command1，其 Caption 属性为"查询"。

（2）需要用到表单的 Unload 事件和命令按钮的 Click 事件。

（3）命令按钮 Command1 的 Click 事件代码如下：

```
SELECT 姓名,专业,成绩 FROM xs,xk WHERE xs.学号=xk.学号 AND ALLTRIM(课程名)=ALLTRIM(Thisform.Text1.Text) ORDER BY 成绩 DESC INTO CURSOR temptable
Thisform.Grid1.RecordSource="temptable"
Thisform.Refresh
SET TALK OFF
SELECT xk
AVERAGE 成绩 FOR 课程名=ALLTRIM(Thisform.Text1.Text) to pj
Thisform.Label3.Caption=ALLTRIM(STR(pj,10,2))
SET TALK ON
```

表单 Form1 的 Unload 事件代码如下：

```
CLOSE ALL
```

【例题分析】姓名、专业字段属于 xs 表，成绩字段属于 xk 表，本例需要使用多表查询操作。

为了将查询结果显示在表格控件中，使用 SELECT … INTO CURSOR 按要求从 xs 表和 xk 表中选取出要显示的记录，建立临时表，然后在表格控件 Grid1 中显示。

为了求得平均分，可以使用 AVERAGE 命令。由于使用 Select 命令后，相关的表已经自动打开，所以在 SELECT 命令执行后，可以直接使用 USE 命令选择 xk 表（由于同时使用了 xs 表和 xk 表，在求平均分之前，必须先选择 xk 表）。为了防止 AVERAGE 命令的交互式输入干扰，需要使用 SET TALK OFF 命令。

由于用户使用文本框输入课程名时，可能多输入看不见的空白，所以需要使用 ALLTRIM 函数去掉空白。

对于 Caption 属性，其类型为字符型，向其中送入平均分时，需要使用 Str 函数将平均分转换为字符型。

表单关闭时，将发生 Unload 事件，在此事件中使用 CLOSE ALL 命令关闭所有表文件。

7.2 习题

一、选择题

1. 设置文本框显示内容的属性是（　　）。

    A．Value   B．Caption

    C．Name   D．InputMask

2. 表单文件的扩展名是（　　）。

    A．frm   B．prg

    C．scx   D．vcx

3. 关于"类"的叙述中，错误的是（　　）。

    A．类是相似对象的集合，而对象是类的实例

    B．一个类包含了相似对象的特征和行为方法

    C．类并不实行任何行为操作，它仅仅表明该怎样做

    D．类可以其定义的属性、事件和方法进行实际的行为操作

4. 下列说法中，错误的是（　　）。

    A．事件既可以由系统引发，也可以由用户激发

    B．事件集合不能由用户创建，是唯一的

    C．事件代码既能在事件引发时执行，也能够像方法一样被显示出来

    D．在容器对象的嵌套层次里，事件的处理应遵循独立性原则，即每个对象识别并处理属于自己的事件

5. 为了隐藏在文本框中输入的信息，用占位符代替显示用户输入的字符，需要设置的属性是（　　）。

    A．Value   B．ControlSource

    C．InputMask   D．PasswordChar

6. 假设某表单的 Visible 属性的初值为.F.，能将其设置为.T.的方法是（　　）。

    A．Hide   B．Show

    C．Release   D．SetFocus

7. 让隐藏的 MeForm 表单显示在屏幕上的命令是（　　）。

    A．MeForm.Display   B．MeForm.Show

    C．MeForm.List   D．MeForm.See

8．在 VFP 中，下面关于属性、方法和事件的叙述错误的是（　　　　）。

　　A．属性用于描述对象的状态，方法用于表示对象的行为

　　B．基于同一个类产生的两个对象可以分别设置自己的属性值

　　C．事件代码也可以像方法一样被显式调用

　　D．在创建一个表单时，可以添加新的属性、方法和事件

9．创建一个名为 student 的新类，保存新类的类库名称是 mylib，新类的父类是 Person，正确的命令是（　　　　）。

　　A．CREATE CLASS mylib OF student AS Person

　　B．CREATE CLASS student OF Person AS mylib

　　C．CREATE CLASS student OF mylib AS Person

　　D．CREATE CLASS Person OF mylib AS student

10．表单中为表格控件指定数据源的属性是（　　　　）。

　　A．DataSource　　　　　　　　　　B．DataFrom

　　C．RecordSource　　　　　　　　　D．RecordForm

11．下列关于 OOP（面向对象程序设计）的叙述，错误的是（　　　　）。

　　A．OOP 的中心工作是程序代码的编写

　　B．OOP 以对象及其数据结构为中心展开工作

　　C．OOP 以"方法"表现处理事物的过程

　　D．OOP 以"对象"表示各种事物，以"类"表示对象的抽象

12．在 VFP 中，假设表单上有一选项组：⊙男〇女，初始时该选项组的 Value 属性值为 1。若选项按钮"女"被选中，该选项组的 Value 属性值是（　　　　）。

　　A．1　　　　　　　　　　　　　　　B．2

　　C．男　　　　　　　　　　　　　　D．女

13．设置表单标题的属性是（　　　　）。

　　A．Title　　　　　　　　　　　　　B．Text

　　C．BiaoTi　　　　　　　　　　　　D．Caption

14．执行命令 MyForm=CreateObject("Form")可以建立一个表单。为了让该表单在屏幕上显示，应该执行命令（　　　　）。

　　A．MyForm.List　　　　　　　　　B．MyForm.Display

　　C．MyForm.Show　　　　　　　　　D．MyForm.ShowForm

15．页框控件也称作选项卡控件，在一个页框中可以有多个页面，决定页面个数的属性是（　　　　）。

　　A．Count　　　　　　　　　　　　　B．Page

　　C．Num　　　　　　　　　　　　　D．PageCount

16．打开已经存在的表单文件的命令是（　　　　）。

　　A．MODIFY FORM　　　　　　　　B．EDITFORM

　　C．OPEN FORM　　　　　　　　　D．READ FORM

17．假定一个表单里有一个文本框 Text1 和一个命令按钮组 CommandGroup1。命令按钮组是一个容器对象，其中包含 Command1 和 Command2 两个命令按钮。如果要在

Command1 命令按钮的某个方法中访问文本框的 Value 属性值，正确的表达式是（　　）。

  A．This.ThisForm.Text1.Value   B．This.Parent.Parent.Text1.Value

  C．Parent.Parent.Text1.Value   D．This.Parent.Text1.Value

18．下面关于数据环境和数据环境中两个表之间关联的陈述中，正确的是（　　）。

  A．数据环境是对象，关系不是对象

  B．数据环境不是对象，关系是对象

  C．数据环境是对象，关系是数据环境中的对象

  D．数据环境和关系都不是对象

19．下面属于表单方法名（非事件名）的是（　　）。

  A．Init   B．Release

  C．Destroy   D．Caption

20．下列表单的哪个属性设置为真时，表单运行时将自动居中（　　）。

  A．AutoCenter   B．AlwaysOnTop

  C．ShowCenter   D．FormCenter

21．下面关于命令 DO FORM xx NAME yy LINKED 的陈述中，正确的是（　　）。

  A．产生表单对象引用变量 xx，在释放变量 xx 时自动关闭表单

  B．产生表单对象引用变量 xx，在释放变量 xx 时并不关闭表单

  C．产生表单对象引用变量 yy，在释放变量 yy 时自动关闭表单

  D．产生表单对象引用变量 yy，在释放变量 yy 时并不关闭表单

22．表单里有一个选项按钮组，包含两个选项按钮 Option1 和 Option2，假设 Option2 没有设置 Click 事件代码，而 Option1 以及选项按钮和表单都设置了 Click 事件代码，那么当表单运行时，如果用户单击 Option2，系统将（　　）。

  A．执行表单的 Click 事件代码 B．执行选项按钮组的 Click 事件代码

  C．执行 Option1 的 Click 事件代码 D．不会有反应

23．表单名为 myForm 的表单中有一个页框 myPageFrame，将该页框的第 3 页（Page3）的标题设置为"修改"，可以使用代码（　　）。

  A．myForm.Page3.myPageFrame.Caption="修改"

  B．myForm.myPageFrame.Caption.Page3="修改"

  C．Thisform.myPageFrame.Page3.Caption="修改"

  D．Thisform.myPageFrame.Caption.Page3="修改"

24．在面向对象方法中，实现信息隐蔽是依靠（　　）。

  A．对象的继承   B．对象的多态

  C．对象的封装   D．对象的分类

25．在 VFP 中，Unload 事件的触发时机是（　　）。

  A．释放表单   B．打开表单

  C．创建表单   D．运行表单

26．假设在表单设计器环境下，表单中有一个文本框且已经被选定为当前对象。现在从属性窗口中选择 Value 属性，然后在设置框中输入：={^2001-9-10}-{^2001-8-20}。请问以上操作后，文本框 Value 属性值的数据类型为（　　）。

A．日期型　　　　　　　　B．数值型

C．字符型　　　　　　　　D．以上操作出错

27．在表单设计中，经常会用到一些特定的关键字、属性和事件。下列各项中属于属性的是（　　）。

A．This　　　　　　　　　B．ThisForm

C．Caption　　　　　　　　D．Click

28．下面选项中不属于面向对象程序设计特征的是（　　）。

A．继承性　　　　　　　　B．多态性

C．类比性　　　　　　　　D．封装性

29．在 VFP 中调用表单文件 myForm 的正确命令是（　　）。

A．DO　myForm　　　　　　B．DO　Table　myForm

C．DO　FORM　myForm　　　D．RUN　myForm

30．在 VFP 中，释放表单时会引发的事件是（　　）。

A．UnLoad 事件　　　　　　B．Init 事件

C．Load 事件　　　　　　　D．Release 事件

31．关闭表单的程序代码是 ThisForm.Release。Release 是（　　）。

A．表单对象的标题　　　　B．表单对象的属性

C．表单对象的事件　　　　D．表单对象的方法

32．扩展名为 SCX 的文件是（　　）。

A．备注文件　　　　　　　B．项目文件

C．表单文件　　　　　　　D．菜单文件

33．假设表单上有一选项组：●男○女，其中第一个选项按钮"男"被选中。请问该选项组的 Value 属性值为（　　）。

A．.T.　　　　　　　　　　B．"男"

C．1　　　　　　　　　　　D．"男"或 1

34．以下所列各项属于命令按钮事件的是（　　）。

A．Parent　　　　　　　　B．This

C．ThisForm　　　　　　　D．Click

35．下面关于类、对象、属性和方法的叙述中，错误的是（　　）。

A．类是对一类相似对象的描述，这些对象具有相同种类的属性和方法

B．属性用于描述对象的状态，方法用于表示对象的行为

C．基于同一个类产生的两个对象可以分别设置自己的属性值

D．通过执行不同对象的同名方法，其结果必然是相同的

36．当一个命令按钮获得焦点后，按回车键，即可激活该命令按钮的（　　）事件。

A．Click　　　　　　　　　B．MouseMove

C．Init　　　　　　　　　　D．Unload

37．假设某个表单中有一个命令按钮 cmdClose，为了实现当用户单击此按钮时能够关闭该表单的功能，应在该按钮的 Click 事件中写入语句（　　）。

A．Thisform.Close　　　　　B．Thisform.Erase

C．Thisform.Release　　　　D．Thisform.Return

38．如果在运行表单时，要使表单的标题显示"登录窗口"，则可以在 Form1 的 Load 事件中加入语句（　　）。

  A．Thisform.Caption="登录窗口" B．Form1.Caption="登录窗口"

  C．Thisform.Name="登录窗口"   D．Form1.Name="登录窗口"

39．如果想在运行表单时，向表单中的文本框 Text2 中输入字符，回显字符显示的是"*"，则可以在 Form1 的 Init 事件中加入语句（　　）。

  A．Form1.Text2.PasswordChar="*"

  B．Form1.Text2.Password="*"

  C．Thisform.Text2.Password="*"

  D．Thisform.Text2.PasswordChar="*"

40．为表单建立了快捷菜单 MYMENU，调用快捷菜单的命令代码 DO mymenu.mpr WITH THIS 应该放在表单的（　　）事件中。

  A．Destroy   B．Init

  C．Load.   D．RightClick

41．让控件获得焦点，使其成为活动对象的方法是（　　）。

  A．Show   B．Release

  C．SetFocus   D．GotFocus

42．下面关于表单若干常用事件的描述中，正确的是（　　）。

  A．释放表单时，Unload 事件在 Destroy 事件之前引发

  B．运行表单时，Init 事件在 Load 事件之前引发

  C．单击表单的标题栏，引发表单的 Click 事件

  D．上面的说法都不对

43．如果文本框的 InputMask 属性值是 #99999，允许在文本框中输入的是（　　）。

  A．+12345   B．abc123

  C．$12345   D．abcdef

44．在当前表单的 Label1 控件中显示系统时间的语句是（　　）。

  A．Thisform.Label1.Caption=TIME()

  B．Thisform.Label1.Value=TIME()

  C．Thisform.Label1.Text=TIME()

  D．Thisform.Label1.Control=TIME()

45．在 VFP 中，为事件编写代码，不能打开代码编辑窗口的是（　　）。

  A．单击该对象   B．双击该对象

  C．选定显示菜单的代码命令 D．选定该对象的快捷菜单中的代码命令

46．一个对象的名字，由对象的（　　）属性决定。

  A．Caption   B．Name

  C．Value   D．Object

47．假设某个表单中有一个命令按钮 cmdClose，为了实现当用户单击此按钮时能够关闭该表单的功能，应在该按钮的 Click 事件中写入语句（　　）。

  A．Thisform.Close   B．Thisform.Erase

  C．Thisform.Release   D．Thisform.Return

48. 表单的 BackColor 属性用于设置表单的（　　　）。

    A. 高度　　　　　　　　　　　　B. 宽度

    C. 背景色　　　　　　　　　　　D. 前景色

49. 假定一个表单里有一个文本框 Text1 和一个命令按钮组 CommandGroup1，命令按钮组是一个容器对象，其中包含 Command1 和 Commmand2 两个按钮。如果要在 Command1 命令按钮的某个方法中访问文本框 Text1 的 value 属性值，正确的是（　　　）。

    A. This.Parent.Parent.Text1.Value　　　B. This.Parent.value

    C. Parent.Text1.value　　　　　　　　　D. This.Parent.Text1.value

50. 下面是关于表单数据环境的叙述，其中错误的是（　　　）。

    A. 可以在数据环境中加入与表单操作有关的表

    B. 数据环境是表单的容器

    C. 可以在数据环境中建立表之间的联系

    D. 表单自动打开其数据环境中的表

51. 下列属于"容器类"控件的是（　　　）。

    A. 命令按钮　　　　　　　　　　B. 标签

    C. 文本框　　　　　　　　　　　D. 表格

52. 下列关于事件的说法，错误的是（　　　）。

    A. 一种预先定义好的特定动作，由用户或系统激活

    B. 基类的事件是系统预先定义好的，是唯一的

    C. 基类的事件可以由用户自定义

    D. 可以激活事件的用户动作包括击键、单击鼠标、移动鼠标等

53. 下列关于属性的说法，正确的是（　　　）。

    A. 属性只是对象的内部特征

    B. 属性是对象的固有特性，用各种类型的数据表示

    C. 属性是对象的外部特性

    D. 属性是对象固有的方法

54. 以下关于 VFP 类的说法，不正确的是（　　　）。

    A. 类具有继承性和封装性

    B. 用户必须给基类定义属性，否则出错

    C. 子类一定具有父类的全部属性

    D. 用户可以按照已有的类派生出多个子类

55. 命令按钮组是（　　　）。

    A. 控件　　　　　　　　　　　　B. 控件类对象

    C. 容器　　　　　　　　　　　　D. 容器类对象

56. 下面关于属性、方法和事件的叙述中，错误的是（　　　）。

    A. 属性用于描述对象的状态，方法用于表示对象的行为

    B. 基于同一个类产生的两个对象可以分别设置自己的属性值

    C. 在新建一个表单时，可以添加新的属性、方法和事件

    D. 事件代码也可以像方法一样被显示调用

57．控件有自己的属性、方法和（　　）。

　　A．图形　　　　　　　　　　　　B．事件

　　C．容器　　　　　　　　　　　　D．形状

58．下列有关命令按钮的 MiddleClick 事件的叙述，正确的是（　　）。

　　A．鼠标双击对象时引发　　　　　B．鼠标单击对象时引发

　　C．鼠标右击对象时引发　　　　　D．鼠标中间键单击对象时引发

59．在表单中加入一个复选框 Check1 和一个文本框 Text1，编写复选框的 Click 事件代码为：Thisform.Text1.Visible＝This.Value，则当单击复选框后（　　）。

　　A．文本框可见

　　B．文本框不可见

　　C．文本框是否可见则复选框的当前值决定

　　D．文本框是否可见与复选框的当前值无关

60．关于表格控件，下列说法中不正确的是（　　）。

　　A．表格的数据源可以是表、视图、查询

　　B．表格中的列控件不包含其他控件

　　C．表格能显示一对多关系中的子表

　　D．表格是一个容器对象

61．计时器控件的主要属性是（　　）。

　　A．Enabled　　　　　　　　　　B．Caption

　　C．Interval　　　　　　　　　　D．Value

62．决定微调控件最大值的属性是（　　）。

　　A．KeyboardHighValue　　　　　B．Value

　　C．KeyboardLowValue　　　　　D．MaxValue

63．若要用文本框来显示数据表中的某一个字段的值，则应将文本框对象的（　　）属性设置为所要显示的字段名。

　　A．ControlSource　　　　　　　B．RecordSource

　　C．Source　　　　　　　　　　D．Text

64．控件的（　　）属性用于设置控件距容器顶边的坐标值。

　　A．Top　　　　　　　　　　　　B．Left

　　C．Width　　　　　　　　　　　D．Height

65．设计表单时，向表单中添加控件的工具栏是（　　）。

　　A．表单设计器工具栏　　　　　　B．布局工具栏

　　C．调色板工具栏　　　　　　　　D．表单控件工具栏

66．若不允许修改文本框的内容，应将其（　　）属性设置为.T.。

　　A．ReadOnly　　　　　　　　　B．Value

　　C．ScrollBars　　　　　　　　　D．MaxLengh

67．若要获得列表框 List1 中已经选择的列表项的内容，正确语句是（　　）。

　　A．Thisform.Listl.List　　　　　B．Thisform.Listl.Text

　　C．Thisform.Listl.ListIndex　　　D．Thisform.Listl.Value

68．当用户在键盘上按下一个键时就会产生（　　　）事件。
   A．Click   B．MouseMove C．DblClick D．KeyPress

69．当文本框中的内容发生变化时，自动触发（　　　）事件。
   A．Click   B．KeyPress C．LostFocus D．InteractiveChange

70．要为命令按钮"退出"定义为一个热键 E，则应在命令按钮的 Caption 属性中输入内容（　　　）。
   A．\<E 退出 B．\\<E 退出 C．\E 退出\\ D．<E 退出>

二、填空题

1．在面向对象程序设计中，对象所具有的特征被称为对象的（　　　），对象的（　　　）就是对象可以执行的动作或它的行为。

2．命令按钮的 Cancel 属性的默认值是（　　　）。

3．可以使编辑框的内容处于只读状态的两个属性是 ReadOnly 和（　　　）。

4．在表单中设计一组复选框（CheckBox）控件是为了可以选择（　　　）个或（　　　）个选项。

5．为了在文本框输入时隐藏输入信息（如显示"*"），需要设置该控件的（　　　）属性。

6．若某个对象被选中，它就获得了焦点。在程序代码中，要使当前表单中的文本框 Text1 获得焦点，可以使用命令（　　　）。

7．在运行表单时最先引发的表单事件是（　　　）事件。

8．在表单中，当使用鼠标单击命令按钮时，会触发命令按钮的（　　　）事件。

9．在 VFP 中，假设表单上有一选项组：○男○女，该选项组的 Value 属性值赋为""。当其中的第一个选项按钮"男"被选中，该选项组的 Value 属性值为（　　　）。

10．在 VFP 表单中，用来确定复选框是否被选中的属性是（　　　）。

11．为使表单运行时在系统窗口中居中显示，应设置表单的 AutoCenter 属性值为（　　　）。

12．在表单设计器中可以通过（　　　）工具栏中的工具快速对齐表单中的控件。

13．要将一个弹出式菜单作为某个控件的快捷菜单,通常是在该控件的（　　　）事件代码中添加调用弹出式菜单程序的命令。

14．在面向对象方法中，类的实例称为（　　　）。

15．释放和关闭当前表单的方法是（　　　），刷新当前表单的命令是（　　　）。

16．在 VFP 的表单设计中，为表格控件指定数据源的属性是（　　　）。

17．在将设计好的表单存盘时，系统生成扩展名分别是 SCX 和（　　　）两个文件。

18．在 VFP 中为表单指定标题的属性是（　　　）。

19．在 VFP 中表单的 Load 事件发生在 Init 事件之（　　　）。

20．在表单中确定控件是否可见的属性是（　　　）。

21．在 VFP 中，建立事件循环的命令是（　　　），结束事件循环的命令是（　　　）。

22．当命令按钮 Command1 发生单击事件时，要使用相对引用将其显示文字改为

"斜体"，可以使用命令（　　）。

23．在表单可以包含的各种控件中，下拉列表框的默认名称为（　　）。

24．如果要修改表单中的容器类对象时，必须先激活该容器，即在右击后弹出的快捷菜单中选择（　　）命令。

25．数据绑定是指将表单中的控件与（　　）中的数据源联系起来，通常由控件的（　　）属性来指定。

26．当单击命令按钮时，要把表单的背景变为蓝色，则应该在其 Click 事件中输入代码（　　）。

27．若要使标签随着其显示文字多少自动改变大小，则应该设置（　　）属性为 .T.。

28．复选框、文本框、列表框等控件的 InteractiveChange 事件在（　　）时发生。

29．VFP 中基类有两种，即（　　）和（　　）。

30．（　　）是描述对象行为的过程，是对当某个对象接受了某个消息后所采取的系列操作的描述。

三、程序题

1．有"口令表"数据表文件 klb.dbf 如下。当用户输入用户名和口令并单击"登录"按钮时，若用户名输入错误，则提示"用户名错误"；若用户名输入正确，而口令输入错误，则提示"口令错误"。表单运行结果如练习图 7.13 所示。

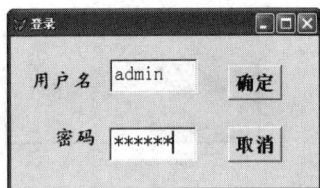

练习图 7.13

口令表 klb.dbf

用户名/10	口令 C/20	备注/M
Admin	123	管事员
张三	333	普通用户

2．设计如练习图 7.14 所示表单，在文本框 Text1 中输入"美丽的山城"，单击"显示"命令按钮，在标签 Label2 中显示"美-丽-的-山-城"，要求用图片作表单背景。请编写"显示"命令按钮的 Click 事件代码。

3．设计如练习图 7.15 所示表单，其中文本框 Text1、Text2 的 Value 属性的初值为 0。其功能是表单运行后在文本框 Text1 中输入一个奇数 n，光标移到文本框 Text2 中可以计算数列 1，3，5，…，n 的平方和，并将结果显示在文本框 Text2 中，要求用图片作表单背景，2 个标签设置为透明方式。请编写文本框 Text2 的 Gotfocus 事件代码。

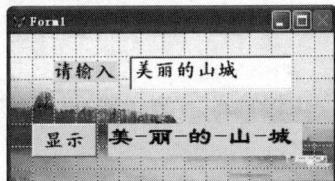

练习图 7.14

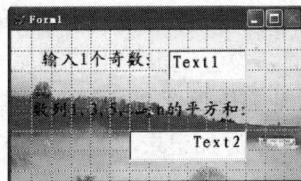

练习图 7.15

4. 已知数据表 xsb.dbf 中的记录如下所示。

xsb.dbf

学号/C/5	姓名/C/8	总分/N/3	性别/C/2
09104	郑刚	543	男
09202	王康	589	男
09111	刘伟	625	女
09203	万里	615	男
09305	赵萍	588	女

设计如练习图 7.16 所示表单，将学生.dbf 添加到表单的数据环境中，表单运行后，当在上面一个文本框 Text1 中输入"男"或"女"时，单击"输出"命令按钮，在下面一个文本框 text2 中的输出男生或女生的人数。要求用图片作表单背景，2 个标签设置为透明方式。

5. 如练习图 7.17 所示表单，编写一个简易计算器。要求在第 1、2 个文本框中输入数字，选择运算符，则将算出的结果放到第 3 个文本框中。

练习图 7.16

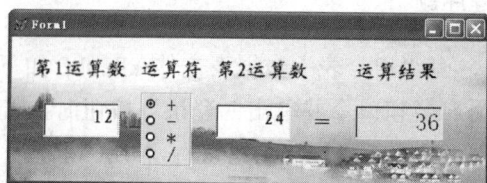

练习图 7.17

6. 设计如练习图 7.18 所示表单，计算一元二次方程的根。要求在第一排 3 个文本框中分别输入 a、b、c 的值，单击"计算"按钮，则在第二排、第三排文本框中分别输出 2 个根。

7. 设计如练习图 7.19 所示表单，使用数据环境，浏览如前面第 4 题所示的学生数据表 xsb.dbf 所示数据。要求如下：姓名、学号、性别只能浏览，不能修改；总分可以修改；单击表单下方不同按钮，可以转向相应的记录。

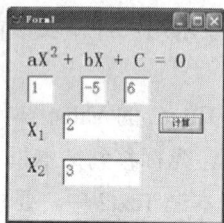

练习图 7.18

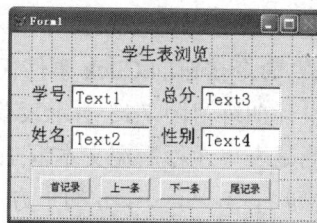

练习图 7.19

8. 设计如练习图 7.20 所示表单。要求可以使用图中所列选项按钮、复选框、微调控件等工具，设置编辑框中所编辑文本的各种格式。

9. 设计如练习图 7.21 所示表单。利用数据环境，可以向前面第 4 题所示的数据表 xsb.dbf 中所示添加记录、删除记录。

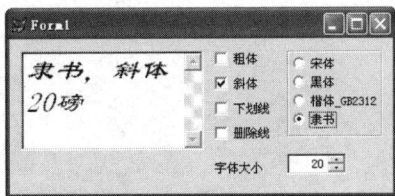

练习图 7.20

练习图 7.21

要求：单击"添加记录"按钮前，文本框中数据只能浏览，不能修改；单击"添加记录"按钮后，清除所有文本框中原有数据，以便录入新记录，同时"确认"、"取消"按钮变为可用，其他按钮变为不可用，单击"确认"表示数据录入完成，单击"取消"表示放弃录入，然后"确认"、"取消"按钮变为不可用，其他按钮变为可用；在浏览记录时，单击"删除记录"按钮可删除当前浏览的记录，记录删除后不再显示，删除记录前要弹出对话框让用户确认，如练习图 7.22 所示。

10. 在设计表单过程中，经常要对数据表进行浏览操作，在表单中往往要设计多个按钮，以便用户选择"上一条"、"下一条"、"首记录"、"尾记录"、"指定记录号"等操作。现在设计一个"类"，名称为"浏览类"，包含以上所列功能，以便在以后表单设计过程中直接引用，简化程序设计。基本要求：浏览类能够显示当前表中共有多少条记录，当前正在浏览第几条；能够直接指定记录号，转到指定记录，如练习图 7.23 所示。

练习图 7.22

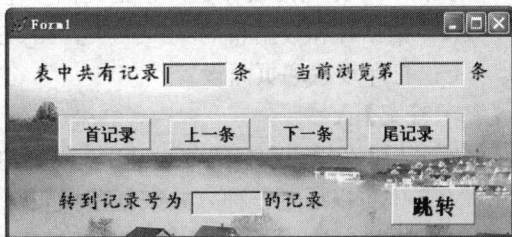

练习图 7.23

练习 8　报表与标签

8.1　例题分析

一、选择题

1. 报表设计完成后，在默认情况下保存后会生成几个文件（　　）。

  A．1　　　　　　　　　　　　B．2

  C．3　　　　　　　　　　　　D．4

【参考答案】B

【例题分析】报表设计完成后，在保存时会生成 2 个文件。分别是报表文件和报表备注文件。

2. 标签设计完成，保存后生成的标签文件的扩展名为（　　）。

  A．FRX　　　　　　　　　　B．FRT

  C．LBX　　　　　　　　　　D．LBT

【参考答案】C

【例题分析】标签设计完成后，在保存时，默认会生成标签文件和标签备注文件。对应的扩展名分别为 .lbx 和 .lbt。

3. 在报表和标签的设计中，包括的两个基本组成部分为（　　）。

  A．数据源和数据布局　　　　B．控件和字体

  C．打印设置和页面设置　　　D．查询和视图

【参考答案】A

【例题分析】在报表和标签的设计中，包括的两个基本组成部分为数据源和数据布局。

4. VFP 中可以通过三种方式来创建报表，分别是报表设计器、快速报表和（　　）。

  A．报表向导　　　　　　　　B．报表模板

  C．报表模型　　　　　　　　D．报表模式

【参考答案】A

【例题分析】VFP 中可以通过三种方式来创建报表，分别是报表设计器、快速报表和报表向导。

5. 在命令窗口中，可以输入以下哪一个命令来打开报表设计器（　　）。

  A．CREATE LABEL　　　　　B．MODIFY LABEL

  C．CREATE REPORT　　　　　D．CREATE MENU

【参考答案】C

【例题分析】在命令窗口中，可以输入 CREATE REPORT 来打开报表设计器创建一个新的报表。

6. 报表设计器中的"页标头"带区在打印时（　　）。

  A．每页打印一次　　　　　　B．每页打印两次

C．整个报表打印一次　　　　　　　D．整个报表打印两次

【参考答案】A

【例题分析】报表设计器中的"页标头"带区通常放置字段名等内容，在打印时每页打印一次。

7．默认情况下，将报表设计中数据源里的字段放置在标题带区，则显示时（　　）。

A．将该字段所有记录的值依次显示　B．仅显示该字段第一条记录的值

C．显示该字段任意一条记录的值　　D．显示该字段前两条记录的值

【参考答案】B

【例题分析】在没有做程序处理和设置的前提下，将报表设计中数据源里的字段放置在标题带区时显示的是该字段的第一条记录的值。如果将字段放置在细节带区则依次显示该字段所有记录的值。

8．设计报表过程中，在报表里需要直接输入显示文字时，可以使用的控件为（　　）。

A．标签控件　　　　　　　　　　B．图片控件

C．域控件　　　　　　　　　　　D．线条控件

【参考答案】A

【例题分析】使用标签控件可以直接输入要在报表中显示的文字。

9．在设计报表的过程中，下列哪个控件能向其中添加数据源里的字段或表达式（　　）。

A．标签控件　　　　　　　　　　B．图片控件

C．域控件　　　　　　　　　　　D．线条控件

【参考答案】C

【例题分析】在报表设计器中放置了域控件后，可对域控件添加字段或表达式。

10．要打开一个在默认目录中已有的标签文件，可通过在命令窗口中输入（　　）。

A．MODIFY LABEL [文件名]　　　B．CREATE LABEL [文件名]

C．OPEN LABEL [文件名]　　　　D．NEW LABEL [文件名]

【参考答案】A

【例题分析】可通过在命令窗口输入 MODIFY LABEL [文件名]命令来打开一个已有的标签文件。

二、判断题

1．报表设计完成后，保存的报表文件的扩展名为 .fnt。

【参考答案】错

【例题分析】报表设计完成保存后，会生成报表文件和报表备注文件。其中报表文件的扩展名为.fnx。

2．标签设计完成保存后，会生成标签文件和标签备注文件。

【参考答案】对

【例题分析】标签设计完成保存后，会生成标签文件和标签备注文件，扩展名分别为 .lbx 和 .lbt。

3．使用"报表设计器"还可对已经由"快速报表"和"报表向导"创建的报表进行修改。

【参考答案】对

【例题分析】"报表设计器"可以根据使用者的要求，自由地设计报表。使用"报表设计器"比使用"快速报表"和"报表向导"更灵活，它还可以对已经由"快速报表"和"报表向导"创建的报表进行修改。

4．在打开"报表设计器"时没有出现"报表设计器"工具栏和"报表控件"工具栏，使用者可以通过"显示"菜单下的"工具栏"选项来打开。

【参考答案】对

【例题分析】在"报表设计器"处于打开状态时，还会出现用于报表设计的常用工具栏——"报表设计器"工具栏和"报表控件"工具栏。如果在打开"报表设计器"时没有出现"报表设计器"工具栏和"报表控件"工具栏，使用者可以通过"显示"菜单下的"工具栏"选项来打开。

5．在报表设计时，总结带区中的内容会在每页打印一次。

【参考答案】错

【例题分析】总结带区一般放置整个报表的总结等内容，位置在报表最后。在打印时，每个报表打印一次。

6．在报表设计时，视图可以作为报表的数据源。

【参考答案】对

【例题分析】数据环境定义了报表使用的数据源，它包括了表、视图和关系。

7．在报表设计时，如果数据源中数据发生变化，打印出来的数据并不会随之发生改变。

【参考答案】错

【例题分析】数据源只是提供数据的来源，如果数据源指定数据有所改变，打印出来的数据会随之发生变化。

8．标签设计完成后，保存的标签备注文件扩展名为 .lbx。

【参考答案】错

【例题分析】应该为.lbt。标签设计完成后，在保存时，默认会生成标签文件和标签备注文件。对应的扩展名分别为 .lbx 和 .lbt。

9．在为报表设置数据源时，如果选择数据表只能选择自由表。

【参考答案】错

【例题分析】在选择数据表作为报表的数据源时，既可使用自由表也可以选择使用数据库里的表。

10．要将数据源中通用字段里的图片显示在报表中，应该使用域控件。

【参考答案】错

【例题分析】应该使用"图片/ActiveX 绑定控件"向报表中添加包含图片或 OLE 对象的通用型字段。

三、填空题

1．报表备注文件的扩展名为（   ）。

【参考答案】.frt

【例题分析】报表保存后，会生成报表和报表备注两个文件，报表文件的扩展名为.frx，报表备注文件的扩展名为 .frt。

2．标签文件的扩展名为（　　）。

【参考答案】.lbx

【例题分析】标签保存后，会生成标签和标签备注两个文件，标签文件的扩展名为.lbx，标签备注文件的扩展名为 .lbt。

3．列标头的内容在打印时，（　　）打印一次。

【参考答案】每列

【例题分析】列标头用于多列报表，打印时每列打印一次。一般放置该列的列标题等内容，位置在页标头之后。

4．报表设计时，在（　　）添加数据源。

【参考答案】数据环境

【例题分析】数据环境定义了报表使用的数据源，它包括了表、视图和关系。

5．如果要对数据源中字段求和、求平均值、求最大值等操作，应使用（　　）控件。

【参考答案】域

【例题分析】可以使用域控件向报表内添加字段或表达式。并可对添加的字段或表达式进行计算——求和、求平均值、求最大值等。

8.2　习题

一、选择题

1．报表设计完成后，保存报表文件，报表文件的扩展名为（　　）。

A．.frx　　　　　　　　　　　B．.frt
C．.lbx　　　　　　　　　　　D．.lbt

2．报表设计完成后，保存报表文件，生成的报表备注文件的扩展名为（　　）。

A．.frx　　　　　　　　　　　B．.frt
C．.lbx　　　　　　　　　　　D．.lbt

3．标签设计完成后，保存标签文件，生成的标签文件的扩展名为（　　）。

A．.frx　　　　　　　　　　　B．.frt
C．.lbx　　　　　　　　　　　D．.lbt

4．标签设计完成后，保存标签文件，生成的标签备注文件的扩展名为（　　）。

A．.frx　　　　　　　　　　　B．.frt
C．.lbx　　　　　　　　　　　D．.lbt

5．如果通过命令窗口输入命令来创建一个新的报表文件，可以使用命令（　　）。

A．CREAT REPORT　　　　　B．CREAT LABEL
C．MODIFY REPORT　　　　　D．MODIFY LABEL

6．如果通过命令窗口输入命令来打开一个已经存在的报表文件，可以使用命令（　　）。

A．CREAT REPORT　　　　　B．CREAT LABEL

　　C．MODIFY REPORT　　　　　　　　D．MODIFY LABEL
　　7．如果通过命令窗口输入命令来创建一个新的标签文件，可以使用命令（　　　）。
　　　　A．CREAT REPORT　　　　　　　　B．CREAT LABEL
　　　　C．MODIFY REPORT　　　　　　　　D．MODIFY LABEL
　　8．如果通过命令窗口输入命令来打开一个已经存在的标签文件，可以使用命令
（　　　）。
　　　　A．CREAT RÉPORT　　　　　　　　B．CREAT LABEL
　　　　C．MODIFY REPORT　　　　　　　　D．MODIFY LABEL
　　9．下列可以作为 VFP 中报表数据源的是（　　　）。
　　　　A．表　　　　　　　　　　　　　　B．视图
　　　　C．查询　　　　　　　　　　　　　D．以上均可
　　10．在 VFP 中要插入图片，应该使用的报表控件为（　　　）。
　　　　A．标签　　　　　　　　　　　　　B．域控件
　　　　C．图片/ActiveX 绑定控件　　　　　D．以上均可

二、判断题

　　1．报表设计完成后，保存的报表文件的扩展名为.frx。
　　2．报表设计完成保存后，会生成报表文件和报表备注文件。
　　3．在报表设计时，页标头带区中的内容会在每页打印一次。
　　4．在报表设计时，自由表可以作为报表的数据源。
　　5．创建新的标签文件时，可以通过在命令窗口输入命令 CREATE LABEL 来打开
标签设计器。

三、填空题

　　1．VFP 报表设计完成后，保存文件时会生成两个文件，一个是报表文件，另一个
是对应的（　　　）文件。
　　2．VFP 可通过三种方式来创建报表文件："报表设计器"、"快速报表"和（　　　）。
　　3．VFP 中的报表由数据布局和（　　　）构成。
　　4．VFP 的报表向导中，在确定数据依据哪个字段来进行分组时，最多可选择（　　　）
层分组。
　　5．VFP 的标签向导中确定记录的排序方式时，系统将按照选定字段的顺序对记录
进行排序。最多可选择（　　　）个字段。

练习9　菜单与工具栏

9.1　例题分析

一、选择题

1. 通过菜单设计器来设计菜单，在没有生成菜单程序文件的情况下保存后会生成几个文件（　　）。

    A．1   B．2

    C．3   D．4

【参考答案】B

【例题分析】VFP 中的菜单文件保存后，会生成菜单和菜单备注两个文件，菜单文件的扩展名为.mnx，菜单备注文件的扩展名为 .mnt。

2. 菜单设计完成后，保存后得到的菜单文件的扩展名为（　　）。

    A．.mnx   B．.mnt

    C．.lbx   D．.lbt

【参考答案】A

【例题分析】VFP 中的菜单文件保存后，会生成菜单和菜单备注两个文件，其中菜单文件的扩展名为 .mnx。

3. 菜单设计完成后，生成的菜单程序文件的扩展名为（　　）。

    A．mnx   B．mnt

    C．mpr   D．mpx

【参考答案】C

【例题分析】在将菜单设计完成后，可将其生成菜单程序文件以供执行。生成的菜单程序文件的扩展名为 .mpr。

4. 快捷菜单又叫做（　　）。

    A．下拉菜单   B．菜单列表

    C．顶层菜单   D．弹出式菜单

【参考答案】D

【例题分析】可以在设计了快捷菜单的窗口中点击鼠标右键，就会在鼠标的一侧显示出快捷菜单。快捷菜单也叫做弹出式菜单。

5. 在命令窗口中，可以输入以下哪一个命令来打开菜单设计器（　　）。

    A．CREATE LABEL   B．MODIFY LABEL

    C．CREATE REPORT   D．CREATE MENU

【参考答案】D

【例题分析】在命令窗口中，可以输入 CREATE MENU 来打开菜单设计器创建一个新的菜单。

6. 要在默认目录中打开一个已有的菜单文件，可以在命令窗口输入（   ）。

    A．CREATE MENU [文件名]   B．MODIFY MENU [文件名]

    C．OPEN MENU [文件名]   D．NEW MENU [文件名]

【参考答案】B

【例题分析】在命令窗口输入 MODIFY MENU [文件名]可打开一个已有的菜单文件。

7. 假设有名为 M.MPR 的菜单程序文件，要执行该菜单程序，可通过命令（   ）。

    A．DO　M.MPR   B．CREATE MENU M.MPR

    C．MODIFY MENU M.MPR   D．OPEN M.MPR

【参考答案】A

【例题分析】生成扩展名为".mpr"的菜单程序后，就可以在 VFP 系统菜单中的"程序"菜单下选择"运行"菜单项来执行指定的菜单程序。或者在命令窗口中输入：DO *.mpr 来执行该菜单程序。

8. 自定义工具栏类要派生于工具栏基类，工具栏基类的名称为（   ）。

    A．Toolbar   B．Tool

    C．Form   D．CheckBox

【参考答案】A

【例题分析】工具栏基类的名称为 Toolbar。

9. 要将快捷菜单清除掉，释放其占用的内存空间，可以使用命令（   ）。

    A．RELEASE POPUS <快捷菜单名>   B．DEL POPUS <快捷菜单名>

    C．CLEAR POPUS <快捷菜单名>   D．ERASE POPUS <快捷菜单名>

【参考答案】C

【例题分析】要将快捷菜单清除掉，释放其占用的内存空间，可以使用命令 RELEASE POPUS <快捷菜单名>。

10. 如果菜单项的名称是"编辑"，快捷键字母为 E，则在设计菜单时应该在菜单名称该输入（   ）。

    A．编辑(\<E)   B．编辑(\<E>)

    C．编辑(\E)   D．编辑(E)

【参考答案】A

【例题分析】若菜单项需要设置快捷键，则可以在名称后加(\<字母)，生成菜单名后就会在这个字母下方显示一条下划线，同时在执行菜单程序时，用户可以通过 Alt 键与这个字母的组合键来打开这个菜单。

二、判断题

1. 菜单设计完成后，保存的菜单备注文件的扩展名为 .frt。

【参考答案】错

【例题分析】VFP 中的菜单文件保存后，会保存为菜单和菜单备注两个文件，菜单文件的扩展名为.mnx，菜单备注文件的扩展名为 .mnt。

2. 菜单设计完成保存后，会保存为菜单文件和菜单备注文件。

【参考答案】对

【例题分析】菜单设计完成保存后，会保存为菜单和菜单备注两个文件，菜单文件的扩展名为 .mnx，菜单备注文件的扩展名为 .mnt。

3. 在菜单名上点击鼠标后，以下拉列表的方式显示出该菜单对应的各个菜单选项。这样的菜单叫做下拉式菜单。

【参考答案】对

【例题分析】应用程序菜单一般分为下拉式菜单和快捷菜单，在菜单名上点击鼠标后，以下拉列表的方式显示出该菜单对应的各个菜单选项。这样的菜单叫做下拉式菜单。

4. 快捷菜单又叫做弹出式菜单。

【参考答案】对

【例题分析】在应用程序中，还有一种菜单，可以在设计了快捷菜单的窗口中点击鼠标右键，就会在鼠标的一侧显示出快捷菜单。快捷菜单也叫做弹出式菜单。

5. "快速菜单"选项可以将 VFP 的默认系统菜单的内容显示在"菜单设计器"中。

【参考答案】对

【例题分析】"快速菜单"选项可以将 VFP 的默认系统菜单的内容显示在"菜单设计器"中，允许用户对这些菜单内容进行增加、删除或修改，从而可以快速建立起一个用户自定义的菜单。

6. 菜单设计完成保存后，只有生成菜单程序才能执行。

【参考答案】对

【例题分析】菜单设计完成保存后，保存为菜单文件和菜单备注文件。只有生成菜单程序才能执行。

7. 设置了菜单名称为编辑(\<E)，则可以通过 Ctrl+E 快捷键打开该菜单项。

【参考答案】错

【例题分析】应该通过 Alt+E 来打开该菜单项。在设置菜单名称时，若菜单项需要设置快捷键（热键），则可以在名称后加(\<字母)，生成菜单名后就会在这个字母下方显示一条下划线，同时在执行菜单程序时，用户可通过 Alt 键与这个字母的组合键来打开这个菜单。

8. 在设置菜单的结果列时，如果选择的是"命令"选项，则可以输入多条命令。

【参考答案】错

【例题分析】在结果列中选择"命令"项，右边会出现一个文本框，可以输入一个命令，当执行菜单程序选择此菜单项时，就执行输入的命令。这里只能输入一条命令。

9. 菜单设计完成后，生成的菜单程序文件的扩展名是 .mpr。

【参考答案】对

【例题分析】生成菜单程序文件后菜单才能执行，菜单程序文件的扩展名是 .mpr。

10. 在建立表单菜单时，要将菜单"常规选项"中的顶层表单选项选中。

【参考答案】对

【例题分析】如果要让菜单显示在表单中，当菜单设计好后，在"常规选项"窗口中选择"顶层表单"复选按钮，表示这个菜单是结合表单的顶层菜单。

三、填空题

1. 菜单备注文件的扩展名为（　　　）。

【参考答案】.mnt

【例题分析】菜单设计完成保存后，会保存为菜单和菜单备注两个文件，菜单文件的扩展名为.mnx，菜单备注文件的扩展名为 .mnt。

2. 菜单文件的扩展名为（　　　）。

【参考答案】.mnx

【例题分析】菜单设计完成保存后，会保存为菜单和菜单备注两个文件，菜单文件的扩展名为.mnx，菜单备注文件的扩展名为 .mnt。

3. 菜单程序文件的扩展名为（　　　）。

【参考答案】.mpr

【例题分析】菜单设计完成后要生成菜单程序文件才可以执行，菜单程序文件的扩展名为 .mpr。

4. 在应用程序中，菜单一般分为下拉式菜单和（　　　）。

【参考答案】快捷菜单

【例题分析】在应用程序中，菜单一般分为下拉式菜单和快捷菜单，快捷菜单又叫做弹出式菜单。

5. 要在创建表单时使用自定义的工具栏类，需要先将它添加到（　　　）工具栏中。

【参考答案】表单控件

【例题分析】要在创建表单时使用自定义的工具栏类，需要先将它添加到"表单控件"工具栏中。这样在设计表单的时候，就可以直接从"表单控件"工具栏中进行使用。

9.2　习题

一、选择题

1. 菜单设计完成后，保存菜单定义的文件扩展名为（　　　）。

    A．.mnx　　　　　　　　　　B．.mnt

    C．.mpr　　　　　　　　　　D．.mnu

2. 菜单设计完成后，保存菜单定义文件，生成的菜单备注文件的扩展名为（　　　）。

    A．.mnx　　　　　　　　　　B．mnt

    C．.mpr　　　　　　　　　　D．mnu

3. 菜单设计完成后，要生成菜单程序代码才可以执行，生成的菜单程序文件的扩展名为（　　　）。

    A．.mnx　　　　　　　　　　B．.mnt

    C．.mpr　　　　　　　　　　D．.mnu

4. 如果通过命令窗口输入命令来创建一个新的菜单定义文件，可以使用命令（　　　）。

    A．CREAT MENU　　　　　　B．CREAT MNX

    C．MODIFY MENU　　　　　D．MODIFY MNX

5. 如果通过命令窗口输入命令来打开一个已经存在的菜单定义文件，可以使用命令（　　　）。

    A．CREAT MENU　　　　　　B．CREAT MNX

    C．MODIFY MENU　　　　　D．MODIFY MNX

6. 如果菜单项的名称是"文件",快捷键字母为 F,则在设计菜单时应该在菜单名称该输入(   )。

    A. 文件(\<F)   B. 文件(\<F>)

    C. 文件(\F)   D. 文件(F)

7. 如果菜单项的名称是"文件",快捷键字母为 F,在菜单程序执行时可通过下列哪一个选项的组合键来打开"文件"菜单(   )。

    A. Ctrl+F   B. Alt+F

    C. Shift+F   D. Tab+F

8. 假设已经生成了名为 MYMENU 的菜单程序文件,则执行该菜单程序文件的命令为(   )。

    A. DO MYMENU   B. DO MYMENU.mnx

    C. DO MYMENU.mpr   D. DO MYMENU.mnt

9. 用于自定义工具栏的基类是(   )。

    A. Toolbar   B. Button

    C. Menu   D. Label

10. 从用户菜单返回到 VFP 系统菜单可以使用命令(   )。

    A. SET SYSMENU TO DEFAULT   B. SET DEFAULT TO MENU

    C. SET DEFAULT SYSMENU   D. SET SYSMENU DEFAULT

二、判断题

1. 菜单设计完成后,保存的菜单文件的扩展名为.frx。
2. 菜单设计完成后,会保存成菜单文件和菜单备注文件。
3. 菜单程序文件的扩展名为.mpr。
4. 工具栏基类的名称为 Toolbar。
5. 应用程序中的菜单一般分为下拉式菜单和快捷菜单。

三、填空题

1. VFP 菜单设计完成后,保存菜单定义的文件时会生成两个文件,一个是菜单文件,另一个是对应的(   )文件。
2. VFP 中常用的菜单类型有两种,分别是(   )菜单和快捷菜单。
3. 在应用程序中需要生成 VFP 系统默认的系统菜单时,可以使用(   )来快速完成。
4. 在"快捷菜单"关联的表单等对象退出时,可以将"快捷菜单"清除掉,释放其占用的内存空间。可通过命令(   )来完成。
5. 用户自定义的工具栏类可以存储到可视类库中,可视类库的扩展名为(   )。

附录1　Visual FoxPro 程序设计模拟试题——笔试试题（一）

（100 分 120 分钟）

一、单项选择题（每小题 1 分，共 30 分）

1. Visual FoxPro 数据库管理系统的数据模型是（　　）。
   A．关系型　　　　B．结构型　　　　C．层次型　　　　D．网状型

2. 下列选项中，不能作为 Visual FoxPro 变量名的是（　　）。
   A．X123　　　　　B．LISTING　　　C．14DD　　　　　D．DE_23

3. 在已打开的表文件中有"学号"字段，此外又定义了一个内存变量"学号"，要把内存变量"学号"的值传送给当前记录的学号字段，应使用命令（　　）。
   A．学号=M->学号
   B．REPLACE 学号　WITH　M->学号
   C．STORE　M->学号　TO　姓名
   D．GATHER FROM　M->学号　FIELDS 学号

4. 在下列表达式中，运算结果为字符型数据的是（　　）。
   A．CTOD("12/24/2006")-28　　　　　B．len("1234"+"5678")
   C．"100"+"100"="200"　　　　　　　D．time()

5. 已知 x="04/24/2008"，则表达式 10+&x 的计算结果是（　　）。
   A．数值型　　　　B．字符型　　　　C．日期型　　　　D．数据类型不匹配

6. 设 a=3，则执行命令 ?a=a+1 后，变量 A 的值为（　　）。
   A．3　　　　　　B．4　　　　　　　C．.T.　　　　　　D．.F.

7. 在执行命令 DIMENSION A(5,7)后，数组 A 所包含的数组元素的个数为（　　）。
   A．5　　　　　　B．7　　　　　　　C．12　　　　　　D．35

8. Visual FoxPro 表达式："XYZ">"AB">.f. 的值是（　　）。
   A．难以确定　　　B．.F.　　　　　　C．.T.　　　　　　D．非法表达式

9. 在查询过程中，执行命令 LOCATE FOR <条件> 已找到符合条件的第一条记录，若要将指针定位到符合条件的第二条记录上，可使用命令（　　）。
   A．CONTINUE　　B．SKIP　　　　　C．GO 2　　　　　D．SKIP NEXT 2

10. 有数据表文件，cj.dbf，按姓名/C/8 的升序。上机成绩/N/6.2 的降序建立索引，正确的命令是（　　）。
    A．INDEX ON　姓名-上机成绩　TAG CJIDX
    B．INDEX ON　姓名+STR(-上机成绩,6,2) TAG CJIDX
    C．INDEX ON　姓名+STR(1000-上机成绩,6,2) TAG CJIDX
    D．INDEX ON　姓名/A, 上机成绩/D　TAG CJIDX

11. 下列命令使用时不要求对数据表进行排序或索引的是（　　）。
    A．SEEK，DELETE　　　　　　　B．LOCATE，COUNT
    C．TOTAL，LOCATE　　　　　　D．FIND，LOCATE

12. 以下关于 Visual FoxPro 的数据库操作的叙述中，正确的是（　　）。

A．OPEN DATABASE 和 MODIFY DATABASE 的功能相同

B．打开数据库之后，数据库包含的数据表并不一定被打开

C．使用 DELETE DATABASE 命令删除数据库的同时，数据库所包括的所有数据库表均被删除

D．当打开数据表时，数据表所属的数据库也被打开

13．SQL 的数据操作语句不包括（　　）。

A．INSERT　　　B．UPDATE　　　C．SELECT　　　D．CHANGE

14．某自由表已打开，其中有姓名(C,10)、笔试成绩(N,3)等字段，要直接显示当前记录的姓名及笔试成绩，错误的命令是（　　）。

A．DISP 姓名,笔试成绩　　　　　　B．? 姓名, 笔试成绩

C．? 姓名+笔试成绩　　　　　　　D．? 姓名+STR(笔试成绩,3)

15．Visual FoxPro 表达式：SQRT(25)*MOD(-2,7)的值是（　　）。

A．35　　　　　B．-10　　　　　C．10　　　　　D．25

16．数据表已经打开，姓名字段为主控索引，且数据表中有若干条姓张的记录。执行"FIND 张"命令后，要想使指针指向下一个姓张的记录的命令是（　　）。

A．GO NEXT　　B．SKIP　　　C．CONTINUE　D．FIND 张

17．Visual FoxPro 参照完整性规则不包括（　　）。

A．查询规则　　B．更新规则　　C．删除规则　　D．插入规则

18．在表单运行时，要改变表单的标题为："用户登录"，需要执行事件代码（　　）。

A．Thisform.Name="用户登录"　　B．Thisform.Caption="用户登录"

C．Thisform.Caption=用户登录　　D．Thisform.Value="用户登录"

19．建立两个数据表的永久关系，要求（　　）。

A．两个表且都必须索引

B．两个表都不需要索引

C．只有父表必须索引，子表可以不需要索引

D．只有子表必须索引，父表可以不需要索引

20．命令 SELECT 0 的功能是（　　）。

A．随机选择一个空闲工作区

B．选择区号最大的空闲工作区

C．选择当前工作区区号加 1 的工作区

D．选择区号最小的空闲工作区

21．在 Visual FoxPro 的查询设计器中的"排序依据"选项卡对应的 SQL 短语是（　　）。

A．INTO　　　B．ORDER BY　　　C．WHERE　　　D．GROP BY

22．视图设计器的选项卡与查询设计器的选项卡几乎一样，只是视图设计器中的选项卡比查询设计器中的选项卡多一个（　　）。

A．字段　　　B．排序依据　　　C．联接　　　D．更新条件

23．在教师表 jsb.dbf 中查询"出生日期"的年份值在 1970 年到 1980 年间的教师信息，应输入命令（　　）。

    A．SELECT * FROM jsb WHERE 1970<YEAR(出生日期)<1980

    B．SELECT 信息 FROM jsb WHERE YEAR(出生日期) BETWEEN 1980 AND 1970

    C．SELECT * FROM jsb WHERE YEAR(出生日期) BETWEEN 1970 AND 1980

    D．SELECT 信息 WHERE 1970<YEAR(出生日期)<1980 量 FROM jsb

24．与下列语句序列等效的删除命令是（   ）。

```
DO WHILE .T.
    IF 性别<>"男"
        EXIT
    ENDIF
    IF  政治面目="群众"
        DELETE
    ENDIF
    SKIP
ENDDO
```

    A．DELETE FOR 性别="男" .AND. 政治面目="群众"

    B．DELETE WHILE 性别="男" .AND. 政治面目="群众"

    C．DELETE FOR 性别="男" WHILE 政治面目="群众"

    D．DELETE WHILE 性别="男" WHILE 政治面目="群众"

25．下列有关 SQL 的错误叙述是（   ）。

    A．SQL 语句可以重新指定列的顺序

    B．SQL 语言能嵌入到程序设计中以程序方式使用

    C．SQL 语句中的 DISTINCT 短语可省略选择字段中包含重复数据的记录

    D．SQL 语言是一种高度过程化的语言

26．下列几组控件中，均为容器类的是（   ）。

    A．表单、计时器、组合框   B．选项按钮组、表单、表格

    C．列表框、文本框、下拉列表框   D．表单、命令按钮组、ActiveX 绑定控件

27．在程序中用 PRIVATE 语句定义的内存变量有以下特性（   ）。

    A．可以在所有过程中使用   B．只能在定义该变量的过程中使用

    C．只能在定义该变量的过程中及本过程所嵌套的子过程中使用

    D．只能在定义该变量的过程中及父过程（即该过程的调用者）中使用

28．复合结构索引文件的类型名称是（   ）。

    A．PJT   B．PRG   C．CDX   D．MEM

29．在下面关于面向对象的叙述中，错误的是（   ）。

    A．每个对象在系统中都有唯一的对象标识

    B．基于同一个类产生的两个对象可以分别设置自己的属性值

    C．一个子类能够继承其父类的所有属性和方法

    D．在用户自定义类中，可以添加新的属性和事件

  30．如要设定学生年龄有效性规则在 15～25 岁之间，当输入的数值不在此范围内，则给出错误信息，须对数据库表定义（   ）。

A．实体完整性　　　　　　　　B．域完整性

C．参照完整性　　　　　　　　D．以上各项都需要定义

二、判断题（正确的打"√"，错误的打"×"。每小题 1 分，共 10 分）

1．关系的每一个分量必须是一个不可分的数据项。　　　　　　　（　　）

2．ZAP 命令能删除数据表中的所有记录，无论是否作了删除标志。　　（　　）

3．函数 MOD(-13,-3) 的运算结果与表达式 14%-3 的结果是一样的。　（　　）

4．数据表刚打开时的记录指针是指向首记录并且 BOF() 函数的值为 .T.。（　　）

5．DATE()+YEAR(DATE())是一个错误的表达式。　　　　　　　（　　）

6．"学生".OR."教师"是合法的逻辑表达式。　　　　　　　　　　（　　）

7．自由表中可建主索引、候选索引、唯一索引和普通索引。　　　　（　　）

8．对象的状态用属性描述，对象的行为用方法描述。　　　　　　　（　　）

9．若要访问用户在文本框中所输入的文本，可从文本框的 Caption 属性获得。

（　　）

10．表单数据环境的表或视图能随着表单的运行而打开。　　　　　（　　）

三、填空题（每空 2 分，共 20 分）

1．以下程序的功能是统计 100 以内能被 8 整除的整数的个数。

```
SET TALK OFF
x=0
n=0
DO WHILE X<=100
  x=x+1
  IF _____①_____
    LOOP
  ENDIF
    _____②_____
ENDFOR
? N
RETURN
```

2．设计如附图 1.1 所示的表单，其中文本框 Text1、Text2 的初值均为 0，其功能是在文本框 Text1 中输入任意一个正整数，单击"计算"命令按钮，能够在文本框 Text2 中得到该数的阶乘，单击"关闭"命令按钮，可以关闭表单。请完善下列属性和事件代码。

（1）文本框 Text1、Text2 属性的值为 0；

（2）"计算"命令按钮的 click 事件代码：

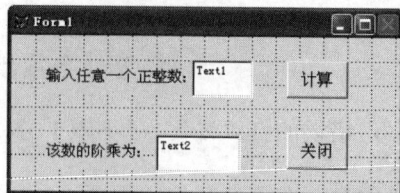

附图 1.1 设计界面

```
x=1
FOR n=1 TO    ③
    x=x*N
ENDFOR
    ④
```

(3)"关闭"命令按钮的 Click 事件代码: ⑤

3. 有一学生成绩表 stu.dbf 对 "编号" 已经建立复合结构索引。其内容如下:

记录号	编号	高数	外语	计算机
1	0701120	90	98	78
2	0701128	85	76	81
3	0702003	77	87	67
4	0702010	50	60	87
5	0710010	65	73	55
6	0713108	76	80	90

学生编号的含义是: 1-2 位代表年级, 3-4 位代表专业, 最后 3 位代表一个专业全部同学的顺序号。以下程序的功能是分组汇总各专业同学各门功课的总成绩和三门课程的总成绩, 按顺序输出它们。请填空完成。

```
USE STU
SET ORDER TO    ⑥
? "专业编号      高数      外语      计算机"
DO WHILE .not.eof()
    STORE 0 TO  k1, k2, k3
    BH=SUBSTR(编号,3,2)
DO WHILE SUBSTR(编号,3,2)=BH  AND    ⑦
k1=k1+高数
k2=k2+外语
k3=k3+计算机
SKIP
ENDDO
?    ⑧
ENDDO
USE
```

4. "缩略语"检索是指一个全称汉字（如：教育委员会）可以被一些缩简汉字（如：教委）定位。以下 VFP 函数实现了缩略语检索，基本思想是把缩略语的各个单字（一个汉字）提出来，如果它们都包含在全称汉字中，则检索成功，函数返回真。缩略语检索函数格式为：ISEQUL(全称汉字内容 m，缩略语内容 ms)。请填空完成函数功能。

```
FUNCTION ISEQUL
PARAMETERS  m, ms
len1=INT(LEN(ms)/2)
FOR n=1  TO  len1
s1=SUBS(ms, n*2-1,2)
IF _____⑨_____
    EXIT
ENDIF
ENDFOR
IF n<=len1
    RETURN .F.
ELSE
_____⑩_____
ENDIF
RTETURN
```

四、读程序写出运行结果（每小题 5 分，共 20 分）

1. 有一表单程序的运行界面如附图 1.2 所示。

以下是其文本框控件的 Valid 事件代码。程序运行后，在文本框输入"45673"。请写出程序运行结果（文本框的新值）。

```
x=VAL(Thisform.Text1.Value)
y=100
DO WHILE x>0
   y=y-x%10
   x=INT(x/10)
ENDDO
Thisform.Text1.Value=STR(y)
```

附图 1.2　数据处理

运行结果

2. 设有数据表 st.dbf 的结构内容如下：

记录号	编号(C)	性别(C)	成绩(N)
1	001	男	86
2	122	女	62

3	225	男	58
4	220	女	79
5	010	女	89

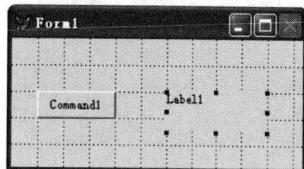

设计如附图 1.3 所示表单，将 st.dbf 添加到表单的数据环境中，表单运行后，单击命令按钮"Command1"，标签 Label1 将显示什么？

"Command1"命令按钮的 Click 事件代码：

附图 1.3　设计界面

```
x=1
cj=成绩
SCAN
    IF=成绩>cj
        cj=成绩
        x=RECNO()
    ENDIF
ENDSCAN
GO x
Thisform.Refresh
z=学号+SPACE(2)+性别+SPACE(2)+ALLT(STR(成绩))
Thisform.Label1.Caption=z
```

> 运行结果

3. 下面程序运行时输入 5，请写出程序执行结果。

```
SET TALK OFF
CLEAR
INPUT "请输入层数" TO N
FOR k=1 TO N
    ?? SPACE(N-k)
    FOR j=1  TO k
        ?? "*"
    ENDFOR
    ?
ENDFOR
RETURN
```

> 运行结果

4. 右边程序的运行结果是什么？

主程序 main.prg	*sub1.prg	*sub2.prg
CLEAR	PARA	PRIV a
a=1	PRIV c	a=2
b=2	a=10	b=2*a

> 运行结果

```
c=3              b=20            ?a,b,c
DO sub1 WITH a   c=30            RETU
?a,b,c           ?a,b,c
RETU             DO sub2
                 RETU
```

五、程序设计题（共 20 分，第 1 小题 8 分，第 2 小题 12 分）

1．编写一个程序计算：s=1+2+3+…+N，N 的值由用户确定。

2．设有学生表、成绩表和课程表的结构如下：

学生表（xs.dbf）：学号/C/7，姓名/C/6，性别/C/2。

成绩表（cj.dbf）：学号/C/7（有重复值），课程号/C/5（有重复值），考试成绩/N/5/1。

课程表（kc.dbf）：课程号/C/4，课程名/C/12。

按如下要求编写一个程序：

根据以上三个表，通过键盘任意输入一课程的课程号，按如下格式显示课程名及选修该门课程的学生姓名、成绩，计算并显示该门课程平均分、最高分和最低分，格式如下：

```
选修的课程号：XXXXXX        课程名：XXXXXX
学生姓名        成绩
……            ……
……            ……
平均分：XXX．X    最高分：XXX．X    最低分：XXX．X
```

附录2 Visual FoxPro 程序设计模拟试题——笔试试题（二）

（100 分 120 分钟）

一、单项选择题（每小题 1 分，共 30 分）

1. 表达式 LEN('ABC'-'DE')的值是（　　）。

　　A. 1　　　　　　B. 3　　　　　　　　C. 5　　　　　　D. 7

2. 数据表中逻辑型、日期型、备注型字段的宽度分别为（　　）。

　　A. 2，8，8　　　B. 2，4，10　　　　C. 1，8，任意　　D. 1，8，4

3. 查询设计器中"筛选"选项卡对应的 SQL 短语是（　　）。

　　A. ORDER BY　　B. JOIN　　　　　C. INTO　　　　　D. WHERE

4. 打开数据库的命令是（　　）。

　　A. MODIFY DATABASE　　　　　　B. OPEN DATABASE
　　C. CREATE DATABASE　　　　　　D. DELETE DATABASE

5. 下列命令中，不能求出当前表中所有记录中正确的是（　　）。

　　A. COUNT all to x　　　　　　　　B. RECCOUNT ()
　　C. CALCULATE CNT() to x　　　　　D. SUM TO COUNT

6. 关于 Visual FoxPro 的数组，下面说法中正确的是（　　）。

　　A. 使用数组之前都要先声明或定义
　　B. 数组中各数组元素的数据类型可以不同
　　C. 定义数组后，系统为数组的每个数组元素赋以数值 0
　　D. 数组元素的下标下限是 0

7. 已知 st="畅通森林宜居重庆"，以下表达式运行结果为字符串"森林重庆"的是（　　）。

　　A. "森林"$st AND LEN(st)　　　　　B. LEFT(st,5,4)+SPACE(4)
　　C. AT("森林",st)+LEFT(st,4)　　　　D. SUBSTR(st,5,4)+RIGHT(st,4)

8. 在 Visual FoxPro 中，利用 ZAP 命令对当前数据表的记录作了删除操作，则当前数据表的 RECNO(),EOF(),BOF()的值为（　　）。

　　A. 1 .T. .T.　　　　B. 0.T. .T.　　　　C. 1 .T. .F.　　D. 0 .T. .F.

9. 表单文件的扩展名是（　　）。

　　A. .frx　　　　　B. .cdx　　　　　　C. .mpr　　　　　D. .scx

10. 已知 D="04/25/2009"，问表达式 LEN（SPACE（5））+&D 的计算结果是（　　）。

　　A. 数值型　　　　B. 字符型　　　　　C. 日期型　　　　D. 数据类型不匹配

11. 已知 a=DATE()，以下正确的表达式是（　　）。

　　A. VARTYPE(a)+7　　　　　　　　B. VARTYPE(ab)-90
　　C. VARTYPE(ab)+a.　　　　　　　D. VARTYPE(a)- '9'

12. 函数 STR(-345.6.3)的返回值是（　　）。

　　A. -345　　　　　B. -34　　　　　　C. 345　　　　　D. ***

13. 语句 RELEASE ALL LIKE X?能够删除的内存变量是（　　　）。

    A. _X　　　　　　　B. X_007　　　　　　C. xx　　　　　　D. x123

14. Viaual FoxPro 数组变量的维数有（　　　）。

    A. 只有一维　　　　　　　　　　　　　B. 一维和二维

    C. 只有二维　　　　　　　　　　　　　D. 一维、二维、三维

15. 将数据库表从数据库移出后，该表（　　　）。

    A. 成为自由表　　B. 被删除　　　　　C. 放入回收站　　D. 内容被清空

16. 使用 USE 命令打开一个数据表后，若要显示其中的记录，可使用的命令是（　　　）。

    A. BROWSE　　　　B. SHOW　　　　　C. VIEW　　　　　D. OPEN

17. 在已打开的表文件中有"学号"字段，此外又定义了一个内存变量"学号"，要把内存变量的"学号"的值传送给当前记录的学号字段，应用使用命令（　　　）。

    A. 学号=M->学号

    B. REPLACE 学号 WITH M->学号

    C. STORE M->学号 TO 姓名

    D. GATHER FROM M->学号 FILESDS 学号

18. 在 Visual FoxPro 中，使用 SQL 命令将职工表 ZG.DBF 中的职工年龄 AGE 字段的值增加 1 岁，应该使用的命令是（　　　）。

    A. REPLACE AGE WITH AGE+1　　　　B. UPDATE AG AGE WITH AGE+1

    C. UPDATE SET AGE WITH AGE+1　　　D. UPDATE ZG SET AGE=AGE+1

19. 从学生档案表 XSDA.DBF 中查询所有姓赵的学生信息，可使用 SQL 语句是（　　　）。

    A. SELECT * FROM ZGXX WHERE LEFT(姓名,2)="赵"

    B. SELECT * FROM ZGXX WHERE RIGHT(姓名,2)="赵"

    C. SELECT * FROM ZGXX WHERE SUBSTR(姓名,2)="赵"

    D. SELECT * FROM ZGXX WHERE STR (姓名,2)="赵"

20. 从学生表中查询所有年龄大于 22 岁的学生并显示其姓名，其 SQL 命令是（　　　）。

    A. SELECT 年龄 FROM 学生表 WHERE　姓名>22

    B. SELECT 年龄 FROM 学生表 WHERE　max(姓名)

    C. SELECT 姓名 FROM 学生表 WHERE　年龄>22

    D. SELECT 姓名 FROM 学生表 WHERE　BETWEEN(年龄,22,20)

21. 下列选项中，不属于 SQL 数据定义功能的是（　　　）。

    A. SELECT　　　　B. CREATE　　　　C. ALTER　　　　D. DROP

22. SQL 查询语句中 ORDER BY 子句的功能是（　　　）。

    A. 对查询结果进行排序　　　　　　　　B. 分组统计查询结果

    C. 限定分组检索结果　　　　　　　　　D. 限定查询条件

23. 下面是关于表单数据环境的叙述，其中错误的是（　　　）。

    A. 可以在数据环境中加入与表单操作有关的表

　　B．数据环境是表单的容器

　　C．可以在数据环境中建立表之间的联系

　　D．表单自动打开其数据环境中的表

24．执行下列命令后，屏幕显示结果是（　　　）。

```
a="加强逻辑思维训练好"
b=LEN(a)/2
?SUBSTR(a,IIF(MOD(b,-2)=-1,b,b+1),4)
```

　　A．加强　　　　　B．逻辑　　　　　　C．思维　　　　D．训练

25．下列程序的运行结果是（　　　）。

```
DIMENSION  x(6)
STORE 1 TO x(1),(x)2 ·
FOR i=3 TO 5
    x(i)=2*x(i-1)
ENDFOR
? x(6)
```

　　A．.F.　　　　　　B．.T.　　　　　　C．16　　　　　D．32

26．在 Visual Foxpro 中，为了将表单从内存中释放（清除），可将表单中退出命令按钮的 Click 事件代码设置为（　　　）。

　　A．Thisform.Refresh　　　　　　　　B．Thisform.Delete

　　C．Thisform.Hide　　　　　　　　　 D．Thisform.Release

27．创建对象时发生的事件是（　　　）。

　　A．LostFocus　　　B．InteractiveChange　　C．Init　　　　D．load

28．用二维表来表示数据实体之间的联系的数据模型是（　　　）。

　　A．关系型　　　　B．结构型　　　　　C．层次型　　　　D．网状型

29．以下程序段执行后，数据记录指针指向（　　　）。

```
DIMENSION  a(3)
a(1)='top'
a(2)='bottom'
a(3)='skip'
GO &a(2)
```

　　A．表头　　　　　B．表的末记录　　　C．第 5 条记录　 D．第 2 条记录

30．在 Visual FoxPro 中，下列各项的数据类型所占空间的字节数相等的是（　　　）。

　　A．日期型和逻辑型　　　　　　　　　B．日期型和通用型

　　C．逻辑型和备注型　　　　　　　　　D．备注型和通用型

二、判断分析题（每小题 1 分，共 10 分）

1．命令 ?a=1 和命令 STORE 1 toa,b,c 都可以给内存变量 a 赋值 1。　　　　（　　　）

2．只有数据库表才能建立主索引。　　　　　　　　　　　　　（　　）

3．一个表可在多个工作区中打开。　　　　　　　　　　　　　（　　）

4．命令 WAIT　TO　M 的作用是等待输入一个字符到变量 M 中。（　　）

5．在 SQL 查询中，不允许重新指定列的顺序。　　　　　　　　（　　）

6．在 SQL 查询语句中，TOP 短语不需要与 ORDER　BY 短语配对使用。（　　）

7．可以通过查询来更新源表中的数据。　　　　　　　　　　　（　　）

8．投影运算就是在一个关系中选出满足指定条件的那些记录。　（　　）

9．逻辑删除记录，形式上就是在记录的前面加上删除标记"*"。　（　　）

10．LOCATE 命令既可以在已打索引的数据表中查询，也可以在关闭索引（或无索引）的数据表中查询。　　　　　　　　　　　　　　　　　　　（　　）

三、程序填空题（每空 2 分，共 20 分）

1．利用文本框、标签控件和命令按钮控件设计如附图 2.1 所示表单，表单界面及 Command1 控件的 Click 事件代码如下所示。执行该表单时,当向 Text1，Text2 中分别输入字符：32,48 后单击 Command1，则 Label2,处显示的内容是 16，请完善程序。

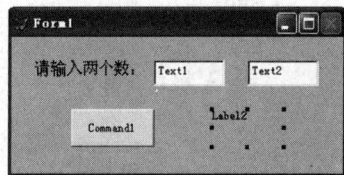

附图 2.1　设计界面

Command1 控件的 click 事件代码：

```
ma=VA1(Thisform.Text1.Value)
mi=VA1(Thisform.Text2.Value)
DO WHILE ____①____
    Tempmin=mi
    mi=ma%mi
    ma=tempmin
ENDDO
Thisform.Labe12.Caption=____②____
```

2．设图书管理数据库中有一个图书表，其结果如下：

图书表（总编号/C，分类号/C，书名/C，作者/C，出版单位/C，单价/N）

试对实现以下功能的 SQL 语句填空。

（1）查询出版单位包括："重庆"和"教育"的图书。

SELECT 书名,作者,出版单位 FROM 图书表 WHERE ____③____ "重庆%" AND 出版单位 1ike "%教育%"。

（2）查询各个出版单位的图书的最高单价和册数。

SELECT 出版单位____④____ COUNT(*) FROM 　图书表____⑤____

3．一数据表 rz.dbf 中有两个日期型字段 D1、D2 和一个数值型的字段 X，每一条记录都包含两个日期（存放在字段 D1 和 D2 中）。以下程序功能是：计算每条记录的 D1，D2 两个日期的相差的天数，即两个日期相差的绝对值，并将结果存放在该记录的字段 X 中。请填空完成。

```
*主程序 main.prg              *子程序 SUB.PRG
    ⑥                        PARPMETERS  R1,R2,TS
T=0                          TS=ABS(   ⑧   )
SCAN                         RETURN
    DO  SUB    ⑦
    REPLACE X WITH T
ENDSCAN
USE
```

4. 有一学生表（学号/C/8、姓名/C/10、生日/D、……）。以下程序的功能是显示所有奇数月出生的学生名单，并统计出七月和九月的学生人数。请填空完成。

```
USE 学生表
S=0
SCAN FOR MONTH(生日)%2#0
       ? 学号, 姓名
    IF       ⑨
         S=S+1
     ENDIF
           ⑩
? S
RETURN
```

四、读程序写出运行结果（每小题 5 分，共 20 分）

1. 如附图 2.2 所示一表单。已知标签 Label1(左)、Label2(右)的初值均为 1，请写出当第三次单击"计算"按钮时，表单上的两个标签显示的数值是什么？

"计算"按钮的 Click 事件代码

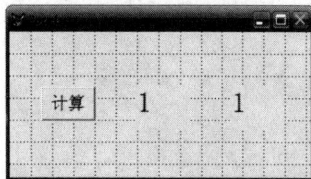

附图 2.2 表单设计界面

```
x=VAL(thisform.Label1.Caption)
y=VAL(thisform.Label2.Caption)
x=x+y
y=y+x
If x>1000 OR y>1000
    x=1
    y=1
ENDIF
Thisform.Label1.Caption=STR(x,3)
Thisform.Label2.Caption=STR(y,3)
```

运行结果

2. 有如下程序，请写出运行结果：

```
STORE 0 to n,s
```

```
    DO WHILE .T.
      n=n+1
      s=s+n
      IF n<5
         LOOP
      ELSE
         EXIT
      ENDIF
    ENDDO
    ? s,n
```

运行结果

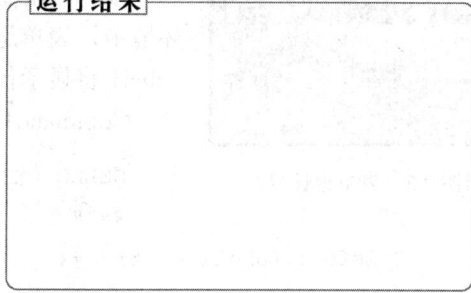

3. 有如下程序，请写出运行结果：

```
    CLEAR ALL
    PUBLIC a,b
      a=1
      b=1
    DO test1
      ?? a,b
      RETURN
      PROCEDURE test1
      PRIVATE a
      a=2
      LOCAL b
      DO test2
      ? a,b
      b=5
      RETURN
      PROCEDURE test2
      a="建国"
      b="60 年大庆"
      RETURN
```

运行结果

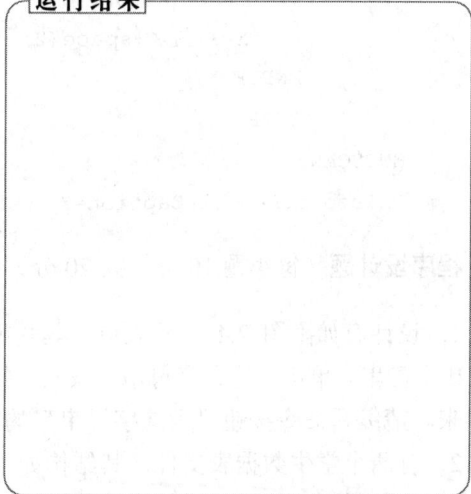

4. 已知数据表 xs.dbf 内容为：

姓名	性别	专业
周淘	女	计算机
章紫逸	女	环境
赵维	女	艺术
李奎	男	机械
季石雨	女	自动化
王保墙	男	管理

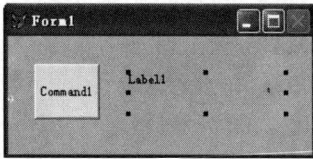

附图 2.3　表单设计界面

设计如附图 2.3 所示表单，将 xs.dbf 添加到表单的数据环境中，表单运行后，单击命令按钮"Command1"，标签 Label1 将显示什么？

Command1 控件的 Click 事件代码：

```
SELECT XS
X=""
Thisform.Label1.Caption=X
SCAN
        IF 性别="男"
            EXIT
        ENDIF
        IF 专业<>"计算机"
            X=X+姓名+space(2)
        ENDIF
        SKIP
ENDSCAN
Thisform.Label1.Caption=X
```

运行结果

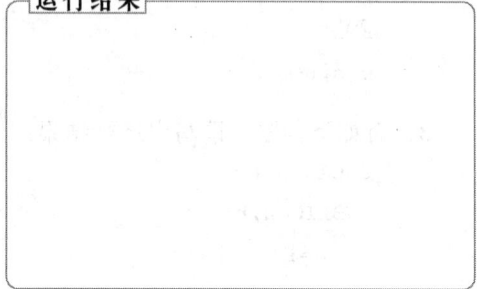

五、程序设计题（每小题 10 分，共 20 分）

1. 设计有如附图 2.4 所示表单，其功能是表单运行后在文本框 Text1 中输入任意 ASCII 字符串，单击"筛选字母串"按钮，找出其中的字母串，在标签 Label2 的位置显示出来。请编写命令按钮"筛选字母串"的 Click 事件代码。

2. 有两个学生数据表文件，其结构如下：

学生档案表 stu.dbf：学号/C、姓名/C、性别/C

学生成绩表 scj.dbf：学号/C、数学/N、英语/N、语文/N、总分/N、奖学金/C

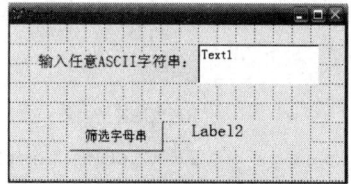

附图 2.4　表单设计界面

按如下要求编写程序：

计算 SCJ.DBF 中的"总分"，并根据总分填写"奖学金"字段（总分>=360，奖学金字段值为"一等"；360>总分>=340，奖学金字段值为"二等"；其余奖学金字段值为"三等"）。

统计获一等奖学金的人数，并按如下格式输出：

获一等奖学金的学生名单

****

学号　　姓名　　总分

————　————　————

————　————　————

总计：　————人

附录3 Visual FoxPro 程序设计模拟试题——上机试题（一）

（100 分 60 分钟）

1．建立一个工资管理数据库，文件名为 gzgl.dbc，并输入数据（40 分）

该数据库中包括以附表 3.1 和附表 3.2 所示的两个数据表：工资信息数据表（gz.dbf）和职称代码数据表（dm.dbf），其数据形式如下：

附表 3.1   工资信息数据表（gz.dbf）

职工号	姓名	性别	代码	基本工资	工龄工资	扣款	奖金	实发工资
01041	凌灵威	女	013	1103.00	80.00	25.70	1503	
05101	蓝才和	男	002	1400.00	90.00	31.51	8760	
01030	何先菇	女	015	870.00	50.00	11.00	2310	
04103	关石英	女	001	1680.00	25.00	45.60	2300	
05130	朱武能	男	002	1550.00	15.00	24.00	15	
01025	唐三财	男	013	1213.00	90.00	15.00	879	

附表 3.2   职称代码数据表（dm.dbf）

代码	职称
013	助工
015	技术员
002	工程师
001	高工

要求：将数据库（gzgl.dbc，中的 dm.dbf 和 gz.dbf 两表以"代码"建立一对多永久关系。

2．建立程序文件 com-sql921.prg，要求将完成下列各小题任务的 VFP 数据表操作命令或 VFP-SQL 命令写在该程序文件中。在程序首行用注释语句注明考生姓名和准考证号，并用注释语句标注小题号。（30 分）

（1）将所有职工的基本工资增加 3%。计算各位职工的实发工资，填入实发工资字段。

（2）显示实发工资最高和最低的职工姓名、代码、实发工资。

（3）按代码汇总基本工资、工龄工资、扣款、奖金、实发工资。并显示按代码汇总后的职称、基本工资、工龄工资、扣款、奖金、实发工资；

3．表单设计。按以下要求设计程序界面，表单文件名为:form921.scx。（30 分）

设计如附图 3.1 所示表单，包括 3 个标签，1 个文本框，1 个命令按钮（各控件的主要属性自定）。其中：

① 表单的标题要显示考生自己的姓名和考号。

② 文本框 Text1 的显示初值为 0。

③ 该表单运行后，可以在文本框 Text1 中输入一个正整数 X，单击"求和"命令按钮，则标签 3 中显示 100 以内能被 X 整除的数的和。注意：该标签 3 开始没有显示。

④ 双击表单任意空白处结束表单程序的运行，界面如附图 3.2 所示。

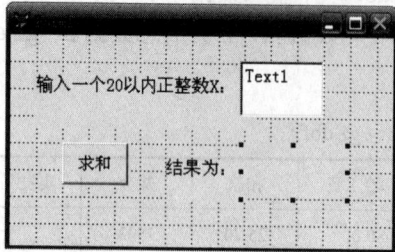

附图 3.1　设计界面

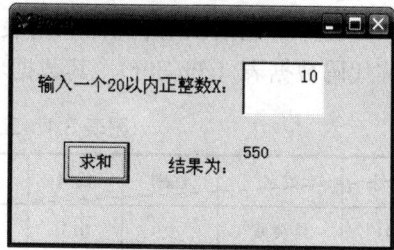

附图 3.2　运行界面

附录4 Visual FoxPro 程序设计模拟试题——上机试题（二）

（100分 60分钟）

1. 建立某校学生选课管理数据库，文件名为 xkgl.dbc，并输入数据（40分）

该数据库中有如附表 4.1 所示的数据表：选课数据表 xk.dbf 和学生数据表 stu.dbf。其数据形式如下：

附表 4.1 数据表

选课数据表 xk.dbf			学生数据表 stu.dbf			
学号	课程名	学期	学号	姓名	性别	系别
96120	高等数学	09101	96120	张三军	男	金融
96125	高等数学	09101	96456	李明敏	女	信息
96456	高等数学	09101	96125	王大兵	男	保险
96456	外语	09101	96556	朱冥	男	保险
96125	外语	09101	…	…	…	…
96120	外语	09102				
96120	程序设计	09102				
96456	程序设计	09102				
96125	程序设计	09102				
…	…					

注：学号字段为字符型。

要求：将数据库（xkgl.dbc．中的 xk.dbf 和 stu.dbf 两表以"学号"建立一对多永久关系。

2. 建立程序文件 com-sql922.prg，要求将完成下列各小题任务的 VFP 数据表操作命令或 VFP-SQL 命令写在该程序文件中。在程序首行用注释语句注明考生姓名和准考证号，并用注释语句标注小题号。（30分）

（1）查询选修了"程序设计"的学生学号、姓名、性别和系别。

（2）查询 09102 学期开设的课程名单（无重复课程名）。

（3）统计"外语"课程选修的人数。

3. 表单设计，按以下要求设计程序界面，表单文件名为 form922.scx（30分）

包括 2 个标签，1 个文本框，1 个命令按钮（各控件的大小、颜色、字体、字号等属性自定）。其中：

① 表单的标题为考生自己的学号和姓名；

② 文本框 Text1 的显示初值为 0；

③ 该表单运行后，可以在文本框 Text1 中输入一个 100～999 之间的正整数，按回车键后，则在标签 Label2 中显示该数是否为水仙花数（水仙花数即指该数各位数的立方和等于该数本身），如附图 4.1 所示；

④ 如果输入的不是 100～999 之间的正整数，按回车键后，则给出信息框提示重新输入，如附图 4.2 所示。

附图 4.1 正确输入的运行效果

附图 4.2 提示重新输入

附录 5 Visual FoxPro 程序设计模拟试题——上机试题（三）

（100 分 60 分钟）

1. 建立一个网吧管理数据库，文件名为 WBGL.DBC，并输入数据（40 分）

该数据库中有如附表 5.1 和附表 5.2 所示的两个表：工作站表（stat.dbf）和网站登录表（log.dbf）。其数据形式如下：

附表 5.1 工作站表（stat.dbf）

IP 地址	区域
202.202.0.1	2
202.202.0.2	2
202.202.0.11	3
202.202.0.12	3
202.202.10.18	5

附表 5.2 网站登录表（log.dbf）

IP 地址	日期	开始时间	结束时间	数据流量
202.202.0.1	2009-10-09	09:12	16:50	
202.202.0.2	2009-10-09	15:30	20:00	
202.202.0.11	2009-10-09	22:30	23:45	
202.202.0.12	2009-10-09	11:30	11:55	
202.202.0.12	2009-10-09	09:00	13:30	
202.202.10.18	2009-10-09	14:09	17:20	

注：开始时间和结束时间以 XX:YY 形式表示，其中 XX 表示小时，YY 表示分钟。

要求：将数据库(WBGL.DBC)中的 STAT.DBF 和 log.DBF 两表以"IP 地址"建立一对多永久关系。

2. 建立程序文件 COM-SQL923.PRG，要求将完成下列各小题任务的 VFP 数据表操作命令或 VFP-SQL 命令写在该程序文件中。在程序首行用注释语句注明考生姓名和准考证号，并请用注释语句标注小题号。（30 分）

（1）网站登陆的数据流量计算公式为：登陆的总秒数/100(单位 KB)。请根据网站登陆的开始、结束时间，计算数据流量并填入 log.dbf 中。

（2）按数据流量从高到低的顺序显示 IP 地址为 202.202.0.12 工作站的登陆明细，包括 IP 地址、区域、开始时间、结束时间、数据流量。

（3）按 IP 地址分类汇总数据流量并显示。

3. 表单设计。按以下要求设计程序界面，表单文件名为 form923.scx。（30 分）

设计如附图 5.1 所示表单，包括 3 个文本框，2 个命令按钮（各控件的大小、颜色、字体、字号等属性由考生自定）。其中：

① 表单的标题：考生自己的考号和姓名。

② 三个文本框的初值为 0。

③ 该表单运行后，在三个文本框内输入三个数，单击排序按钮，则输入的三个数将按由大到小的顺序显示。单击结束按钮退出程序，如附图 5.2 所示。

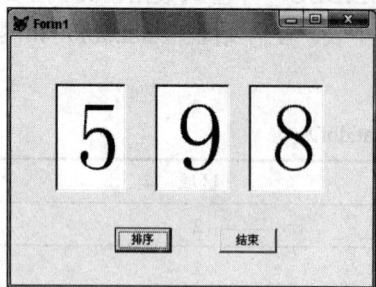

附图 5.1　输入三个数

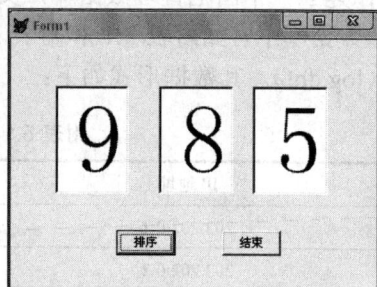

附图 5.2　单击"排序"按钮后

主要参考文献

张高亮. 2010. Visual FoxPro 程序设计实践[M]. 北京：清华大学出版社

应宏，李盛瑜. 2006. Visual FoxPro 程序设计实践教程[M]. 重庆：重庆大学出版社

重庆市教育委员会计算机等级考试委员会编制. 2009 全国高等学校（重庆考区）非计算机专业计算机等级考试大纲.

全国计算机等级考试命题研究组. 2008. 全国计算机等级考试考点分析、题解与模拟[M]. 北京：电子工业出版社

周永恒，周逊. 2006. Visual FoxPro 基础教程实验指导[M]. 北京：高等教育出版社